# 从空间曲线到高斯-博内定理

冯承天◎著

Leonhard Euler
1707年-1783年

华东师范大学出版社
·上海·

**图书在版编目(CIP)数据**

从空间曲线到高斯-博内定理/冯承天著. —上海：华东师范大学出版社，2021
ISBN 978-7-5760-1538-6

Ⅰ. ①从… Ⅱ. ①冯… Ⅲ. ①Gauss-Bonnet 公式 Ⅳ. ①O186.1

中国版本图书馆 CIP 数据核字(2021)第 059778 号

**从空间曲线到高斯-博内定理**

著　　者　冯承天
策划组稿　王　焰
项目编辑　王国红
特约审读　陈　跃
责任校对　时东明
封面设计　卢晓红

出版发行　华东师范大学出版社
社　　址　上海市中山北路 3663 号　邮编 200062
网　　址　www.ecnupress.com.cn
电　　话　021-60821666　行政传真 021-62572105
客服电话　021-62865537　门市(邮购)电话 021-62869887
地　　址　上海市中山北路 3663 号华东师范大学校内先锋路口
网　　店　http://hdsdcbs.tmall.com

印 刷 者　上海景条印刷有限公司
开　　本　787 毫米×1092 毫米　1/16
印　　张　12.75
字　　数　204 千字
版　　次　2021 年 7 月第 1 版
印　　次　2025 年 3 月第 4 次
书　　号　ISBN 978-7-5760-1538-6
定　　价　58.00 元

出 版 人　王　焰

献给热爱研读数学的朋友们

# 总 序

早在20世纪60年代，笔者为了学习物理科学，有幸接触了很多数学好书. 比如：为了研读拉卡(G. Racah)的《群论和核谱》①，研读了弥永昌吉、杉浦光夫的《代数学》②；为了翻译卡密里(M. Carmeli)和马林(S. Malin)的《转动群和洛仑兹群表现论引论》③、密勒(W. Miller. Jr)的《对称性群及其应用》④及怀邦(B. G. Wybourne)的《典型群及其在物理学上的应用》⑤等，仔细研读了岩堀长庆的《李群论》⑥……

在学习的过程中，我深深地感到数学工具的重要性. 许多物理科学领域的概念和计算，均需要数学工具的支撑. 然而，很可惜：关于群的起源的读物很少，且大部分科普读物只有结论而无实质性内容，专业的伽罗瓦理论则更是令普通读者望文生“畏”；如今，时间已过去半个多世纪，我也年逾古稀，得抓紧时机提笔，同广大数学爱好者们重温、分享这些重要的数学知识，一起体验数学之美，享受数学之乐.

深入浅出地阐明伽罗瓦理论是一个很好的切入点，不过，近世代数理论比较抽象，普通读者很难理解并入门. 这就要求写作者必须尽可能考虑普通读者的阅读基础，体会到初学者感到困难的地方，尽量讲清楚每一个数学推导的细节. 其实，群的概念正是从数学家对根式求解的探索中诞生的，于是，

① 梅向明译，高等教育出版社，1959.
② 熊全淹译，上海科学技术出版社，1962.
③ 栾德怀，张民生，冯承天译，华中工学院，1978.
④ 栾德怀，冯承天，张民生译，科学出版社，1981.
⑤ 冯承天，金元望，张民生，栾德怀译，科学出版社，1982.
⑥ 孙泽瀛译，上海科学技术出版社，1962.

我想就从历史上数学家们对多项式方程的根式求解如何求索讲起，顺势引出群的概念，帮助读者了解不仅在物理学领域，而且在化学、晶体学等学科中的应用也十分广泛的群论的起源.

2012年，我的第一本书——《从一元一次方程到伽罗瓦理论》出版. 该书从一元一次方程说起，一步步由浅入深、循序渐进，直至伽罗瓦——一位极年轻的天才数学家，详述他是如何初创群与域的数学概念，如何完美地得出一般多项式方程根式求解的判据. 图书付梓之后，承蒙读者抬爱，多次加印，这让笔者受到很大鼓舞.

于是，我写了第二本书——《从求解多项式方程到阿贝尔不可能性定理——细说五次方程无求根公式》. 这本书的起点稍微高一些，需要读者具备高中数学的基础. 这本书仍从多项式方程说起，但是，期望换一个角度，在"不用群论"的情况下，介绍数学家得出"一般五次多项式方程不可根式求解"结论(也即"阿贝尔不可能性定理")的过程. 在这本书里，我把初等数论、高等代数中的一些重要概念与理论串在一起详细介绍. 比如：为了更好地诠释阿贝尔理论，使之可读性更强一些，我用克罗内克定理来推导出阿贝尔不可能性定理等；为了向读者讲清楚克罗内克方法，引入了复共轭封闭域等新的概念，同时期望以一些不同的处理方法，对第一本书《从一元一次方程到伽罗瓦理论》所涉及的内容作进一步的阐述.

写作本书的过程中，我接触到一份重要的文献——H. Dörrie 的 *Triumph der Mathematik : hundert berühmte Probleme aus zwei Jahrtausenden mathematischer Kulture*, Physica-Verlag, Würzburg, Germany, 1958. 其中的一篇，论述了阿贝尔理论. 该书的最初版本为德文，而该文的内容则过于简略，晦涩难懂，加上中译本系在英译本的基础上译成，等于是在英译德产生的错误的基础上又添了中译英的错误，这就使得该文成了实实在在的"天书". 在笔者的努力下，阿贝尔理论终于有了一份可读性较强的诠释. 衷心期望广大数学爱好者，除了学好数学，也多学一点外语，这样，碰到重要的文献，能够直接查询原版，读懂弄通，此为题外话.

写成以上两本书之后，仍感觉需要进一步补充和提高，于是写了第三本书——《从代数基本定理到超越数——一段经典数学的奇幻之旅》. 本书在写作上，继续沿用前两本的思路，从普通读者知晓的基本的代数知识出发，循序渐进地阐明数学史上的一系列重要课题，比如：数学家们如何证明代数基本定理，如何证明 $\pi$ 和 e 是无理数，并继而证明它们是超越数，期望读者在阅读本书的过程中，掌握多项式理论、域论、尺规作图理论等；也期望在这本书里，对第一本、第二本未讲清楚的地方继续进行补充.

借这三本书再版的机会，我对初版存在的印刷错误进行了修改，对正文的内容进行了补充与完善，使之可读性更强，力求自成体系.

另外，借"总序"作一个小小的新书预告. 关于本系列，笔者期望再补充两本：第四本是《从矢量到张量》，第五本是《从空间曲线到黎曼几何》.[①]笔者认为"矢量与张量""空间曲线与黎曼几何"都是优美而且有重大应用的数学理论，都应该而且能够被简洁明了地介绍给广大数学爱好者.

衷心期望数学——这一在自然科学和人文科学中都有重大应用的工具，能得到更大程度的普及，期望借本系列图书出版的机会，与更多的数学、物理学工作者，数学、物理学爱好者，普通读者分享数学的知识、方法及学习数学的意义，期望大家在学习数学的同时，能体会到数学之美，享受数学！

冯承天

2019 年 4 月 4 日于上海师范大学

① 作者在新书撰写的过程中，已经将"黎曼几何"的内容纳入《从矢量到张量：细说矢量与矢量分析，张量与张量分析》一书，另一册新书中，对该内容不再赘述，书名修改为《从空间曲线到高斯-博内定理》；两册新书出版的顺序可能亦有变化. ——出版者注

# 前　言

旧书不厌百回读，熟读深思子自知.

——苏东坡《送安惇秀才失解西归》

微分几何学是应用数学分析作为工具来研究曲线与曲面在一点邻近区域性质的一门学科. 1736 年，瑞士数学家欧拉开始了对曲线的研究，后经德国数学家高斯的研究又奠定了现代曲面论的基础. 微分几何在力学、物理学与一些工程技术问题上有广泛的应用.

本书是论述空间曲线与曲面理论的一本小册子. 笔者希望通过详细的论述让广大的数学爱好者能掌握这些理论的精髓.

为此，笔者在本书中采用了最简单的数学工具：向量代数与向量函数的求导运算. 不过，为了运算的简洁性，以及为了使有些读者进而能更方便地阅读用张量方式或外微分方法撰写的整体微分几何书籍，书中有时也会使用带上下标的符号与爱因斯坦求和规约.

一系列的教学实践使笔者深信：一位掌握了书中阐明的向量代数与向量函数求导运算的读者，只要勤于思考，一定能掌握曲线和曲面论的精髓，进而欣赏到数学之美；只要乐于思考，也一定能掌握书中的各种数学方法，进而深入到现代微分几何及其应用的前沿中去.

最后，感谢首都师范大学栾德怀教授长期的关心、教导和鞭策. 感谢上海师范大学数学系陈跃副教授的许多宝贵意见和建议. 他给笔者发来了不少资料，也解答了不少问题. 最后要感谢华东师范大学出版社的王焰社长及各位编辑，他们为本书的出版给予了极大的支持和帮助.

希望本书能成为广大数学爱好者在学习曲线与曲面理论时的一本可读性较强的小册子，也极希望得到大家的批评与指正.

2020.11.

# 内容简介

本书共分四个部分，十个章节，是论述空间曲线和曲面理论的一本入门读物.

第一部分阐明了本书使用的数学工具：向量的代数运算以及向量函数的求导运算. 第二部分讨论了曲线的基本概念，引入了弧长参数，也讨论了描述空间曲线变化的曲率与挠率这两个几何量. 最后证明了弗雷内-塞雷公式，并以此证明了曲线的基本定理：曲线的形状是由它的曲率与挠率决定的. 第三部分主要讨论的是曲面上的三个基本形式以及曲面上的一些曲率. 同时也讨论了曲面上的一些方程式，引入了黎曼曲率张量，并以此证明了高斯的“绝妙定理”. 第四部分讨论了曲面上的测地线、测地方程，以及欧拉公式、罗德里格斯公式与恩尼珀定理等. 在本书的最后一章——第十章中，证明了计算测地曲率的刘维尔公式，并用它证明了闭曲面的高斯-博内定理. 据此，引入了闭曲面的欧拉示性数，进而又证明了它是一个拓扑不变量.

为了使得正文重点突出，又使得全书臻于完备，本书还有 12 个附录，它们是正文的补充或扩展.

本书起点低，叙述详尽，论证严格，例子丰富，又前后呼应，是一本论述曲线和曲面理论的可读性较强的小册子. 可供广大的数学爱好者在学习或教授微分几何学时阅读和参考.

# 目　录

## 第一部分　向量及其运算


第一章　向量及其代数运算 …… 3

§1.1　向量的概念 …… 3

§1.2　向量的加法与减法 …… 3

§1.3　向量的数乘 …… 4

§1.4　向量的线性相关性 …… 5

§1.5　$\mathbf{R}^3$ 中的直角坐标系与标准正交基 $\boldsymbol{i}$，$\boldsymbol{j}$，$\boldsymbol{k}$ …… 6

§1.6　直角坐标系下向量加法与数乘的表达式 …… 7

§1.7　向量的内积 …… 8

§1.8　内积与投影 …… 9

§1.9　向量的向量积 …… 10

§1.10　向量的混合积 …… 11

§1.11　向量混合积的一些公式 …… 12

§1.12　求和符号与爱因斯坦规约 …… 14

§1.13　向量三重系 …… 16

第二章　向量的微分运算 …… 18

§2.1　向量函数 …… 18

§2.2　多变量向量函数的偏导数 …… 20

§2.3　泰勒级数与链式法则 …… 22

## 第二部分　曲线理论

第三章　有关曲线的一些概念 …… 27
§3.1　空间曲线的参数表示与正则曲线 …… 27
§3.2　容许参数 …… 29
§3.3　简单曲线 …… 29
§3.4　曲线的正投影 …… 30
§3.5　弧长的定义与弧长的计算 …… 31
§3.6　弧长参数作为容许参数 …… 33
第四章　空间曲线的曲率、挠率以及弗雷内-塞雷公式 …… 35
§4.1　曲线的切线与切向量 …… 35
§4.2　切线方程与法平面方程 …… 36
§4.3　曲线的曲率与曲率向量 $\boldsymbol{k}$ …… 37
§4.4　应用:空间曲线是直线的充要条件 …… 39
§4.5　曲线的主法线与主法线单位向量 $\boldsymbol{n}$ …… 39
§4.6　主法线方程与密切面 …… 40
§4.7　曲线的挠率与副法线 …… 41
§4.8　挠率的计算公式 …… 43
§4.9　平面曲线与挠率 …… 44
§4.10　活动标架系与弗雷内-塞雷公式 …… 45
§4.11　曲线理论的一个基本定理 …… 46

## 第三部分　曲面理论

第五章　曲面的概念与曲面上的第一、第二、第三基本形式 …… 51
§5.1　曲面的表示与正则曲面 …… 51
§5.2　曲面上的 $u^1$，$u^2$ 曲线与切向量 …… 53
§5.3　练习:椭圆抛物面与环面 $T^2$ …… 56

§5.4　曲面上的切平面与活动标架系 …… 58
§5.5　曲面上的三个基本形式 …… 59
§5.6　曲面上的第一基本形式Ⅰ …… 61
§5.7　讨论:平面上的线元 …… 64
§5.8　Ⅰ是 $\mathrm{d}u$，$\mathrm{d}v$ 的正定二次形式 …… 66
§5.9　$\boldsymbol{x}_1$，$\boldsymbol{x}_2$ 作为切平面上的基给出的一些结果 …… 68
§5.10　应用:曲面上曲线的弧长与曲面上的面积 …… 69
§5.11　曲面上的单位法向量 …… 71
§5.12　曲面上的第二基本形式Ⅱ …… 72
§5.13　$L$，$M$，$N$ 的另一种表达式 …… 73
§5.14　曲面上的第二基本形式的几何意义 …… 75
§5.15　$LN-M^2$ 在参数变换下的性质 …… 76
§5.16　曲面上点的分类 …… 77
**第六章　曲面上的一些曲率** …… 81
§6.1　法曲率向量与法曲率 …… 81
§6.2　$\kappa_n$ 与第一基本形式和第二基本形式的关系 …… 82
§6.3　法截线的法曲率$\pm\kappa$ …… 84
§6.4　主曲率、高斯曲率与中曲率 …… 85
§6.5　以 $\kappa_1$，$\kappa_2$ 为根的二次方程的判别式与曲面上的脐点 …… 88
§6.6　曲面上点的主方向 …… 90
§6.7　曲率线与 $u$，$v$ 曲率系 …… 96
§6.8　一道说明题 …… 98
**第七章　曲面上的一些方程式** …… 101
§7.1　曲面上的基本方程之一——高斯方程 …… 101
§7.2　克氏符号 $\Gamma_{ij}^h$ …… 103
§7.3　曲面上的基本方程之二——魏因加滕方程 …… 105
§7.4　魏因加滕方程与第三基本形式Ⅲ …… 107
§7.5　由曲面上的基本方程的可积条件给出的方程 …… 108
§7.6　黎曼曲率张量 $R_{ijk}^h$ 与 $R_{hijk}$ …… 110

§7.7 高斯的“绝妙定理” …… 111
§7.8 Ⅰ，Ⅱ，Ⅲ之间的一个关系 …… 113

## 第四部分 高斯-博内定理

**第八章 测地线** …… 119
§8.1 曲面上的测地线 …… 119
§8.2 最速降线与欧拉-拉格朗日方程 …… 120
§8.3 最速降线是摆线 …… 121
§8.4 曲面上的测地线应满足的微分方程 …… 123
§8.5 弧长作曲线参数时测地线满足的微分方程 …… 124
**第九章 曲率、法曲率与测地曲率** …… 126
§9.1 曲率向量、测地曲率向量与法曲率向量 …… 126
§9.2 测地曲率及其计算 …… 127
§9.3 继续讨论测地线 …… 129
§9.4 欧拉公式 …… 130
§9.5 罗德里格斯公式 …… 133
§9.6 渐近曲线 …… 136
§9.7 恩尼珀定理 …… 138
**第十章 高斯-博内定理** …… 140
§10.1 测地坐标系 …… 140
§10.2 测地坐标系的构成 …… 140
§10.3 用向量混合积、行列式及解析法来表示高斯曲率 …… 143
§10.4 曲线多边形与高斯-博内定理 …… 144
§10.5 测地曲率 $\kappa_g$ 的刘维尔公式 …… 146
§10.6 证明高斯-博内定理 …… 147
§10.7 闭曲面上的高斯-博内定理 …… 149
§10.8 欧拉示性数 $\chi(S)$ …… 150
§10.9 欧拉示性数是一个拓扑不变量 …… 151

§10.10 应用：一些闭曲面的亏格 ······ 152

## 附录

附录 1 曲线曲率的几何意义 ······ 157
附录 2 $\boldsymbol{\kappa}_n=\frac{\mathrm{II}}{\mathrm{I}}$ 的另一种证明 ······ 159
附录 3 曲面上点 $P$ 的带符号的曲率 $\boldsymbol{\kappa}$ 取极值时应满足的方程式 ······ 162
附录 4 变分法中的欧拉-拉格朗日方程 ······ 164
附录 5 最速降线是摆线 ······ 166
附录 6 引入参数 $\bar{u}$，$\bar{v}$ 使曲率线族成为 $\bar{u}$ 参数族与 $\bar{v}$ 参数族 ······ 169
附录 7 测地曲率 $\boldsymbol{\kappa}_g$ 的计算公式 ······ 171
附录 8 证明 $K(EG-F^2)^2=[\boldsymbol{x}_{uu}\boldsymbol{x}_u\boldsymbol{x}_v][\boldsymbol{x}_{vv}\boldsymbol{x}_u\boldsymbol{x}_v]-[\boldsymbol{x}_{uv}\boldsymbol{x}_u\boldsymbol{x}_v]^2$ ······ 173
附录 9 高斯曲率的行列式表达式 ······ 174
附录 10 高斯曲率 $K$ 在正交坐标系下的一个表达式 ······ 176
附录 11 证明测地曲率 $\boldsymbol{\kappa}_g$ 的刘维尔公式 ······ 178
附录 12 关于在 $\oint_C \mathrm{d}\boldsymbol{\theta}+\sum_i \boldsymbol{\alpha}_i=2\pi n$ 中，$n=1$ 的一个说明 ······ 183

参考文献 ······ 184

# 第一部分
# 向量及其运算



我们在这一部分中,论述了学习本书所需要的一些数学知识.在向量及其代数运算的一章中,我们讨论了向量的加法、数乘、内积、向量积以及混合积等内容.同时也叙述了向量的线性相关,向量三重系以及爱因斯坦求和规约等概念与理论.

在第二章中,我们讨论了向量函数的微分运算以及偏导数运算,也论述了向量函数的泰勒级数与求导数的链式法则.

这些数学工具在数学的其他领域中,以及在各物理学科中也有广泛且重要的应用.

# 第一章

# 向量及其代数运算

## §1.1 向量的概念

我们把三维空间 $\mathbf{R}^3$ 中由始点 $A$ 到终点 $B$ 给出的有向线段称为向量，记作 $\overrightarrow{AB}=\mathbf{A}$. 向量 $\mathbf{A}$ 的大小，记为 $|\mathbf{A}|=a$. 下面我们也会用小写粗体字母，如 $\boldsymbol{a}$, $\boldsymbol{b}$, $\boldsymbol{c}$, …来表示向量. 当 $A$, $B$ 两点重合时，此时 $|\overrightarrow{AB}|=0$, 我们把这一向量称为零向量，记为 $\mathbf{0}$. 如果 $|\boldsymbol{a}|=a=1$, 则称它为单位向量. 如果对于向量 $\boldsymbol{a}$, $\boldsymbol{b}$ 有：(i) $|\boldsymbol{a}|=|\boldsymbol{b}|$, (ii) $\boldsymbol{a}$, $\boldsymbol{b}$ 平行且同向，则认为它们是相等的，记作 $\boldsymbol{a}=\boldsymbol{b}$, 再者对于 $\overrightarrow{AB}=\boldsymbol{a}$，定义 $-\boldsymbol{a}=\overrightarrow{BA}$, $-\boldsymbol{a}$ 称为 $\boldsymbol{a}$ 的负向量.

**例 1.1.1** 从我们对向量相等的定义可知：向量与其始点是无关的，即我们讨论的是自由向量. 于是可以对向量作平行移动，而得到同样的向量. 因此，当我们研究若干个向量时，我们总可以把它们的始点移到同一点，以此点作为它们的公共始点.

## §1.2 向量的加法与减法

对于向量 $\overrightarrow{OA}=\boldsymbol{a}$, $\overrightarrow{OB}=\boldsymbol{b}$, 我们以图 1.2.1 所示的向量加法的平行四边形法则作出它们的和 $\boldsymbol{a}+\boldsymbol{b}$：$\boldsymbol{a}+\boldsymbol{b}=\overrightarrow{OC}$, 即以 $OA$, $OB$ 为邻边的平行四边形 $OACB$ 的对角线 $\overrightarrow{OC}$ 为它们的和.

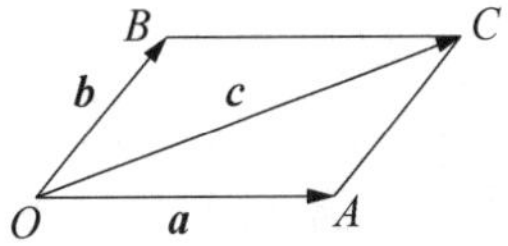

图 1.2.1

对于向量的加法，有下列运算法则

(i) $\boldsymbol{a}+\boldsymbol{b}=\boldsymbol{b}+\boldsymbol{a}$ （交换律）

(ii) $(\boldsymbol{a}+\boldsymbol{b})+\boldsymbol{c}=\boldsymbol{a}+(\boldsymbol{b}+\boldsymbol{c})$ （结合律）

(iii) $\mathbf{0}+\boldsymbol{a}=\boldsymbol{a}$　(存在零元)

(iv) $\boldsymbol{a}+(-\boldsymbol{a})=\mathbf{0}$　(存在负元)

**例 1.2.1**　对于任意向量 $\boldsymbol{a}$，$\boldsymbol{b}$，有

$$|\boldsymbol{a}+\boldsymbol{b}|\leqslant|\boldsymbol{a}|+|\boldsymbol{b}|$$

当且仅当 $\boldsymbol{a}$，$\boldsymbol{b}$ 同方向，或 $\boldsymbol{a}$，$\boldsymbol{b}$ 中有零向量时，等号才成立，而在其他情况，那就有我们熟知的三角形两边之和大于第三边的那一情况.

对于 $\boldsymbol{a}$，$\boldsymbol{b}$ 定义

$$\boldsymbol{a}-\boldsymbol{b}\equiv\boldsymbol{a}+(-\boldsymbol{b})\tag{1.1}$$

这就有了向量的减法.

**例 1.2.2**　从 $\boldsymbol{a}+(\boldsymbol{b}-\boldsymbol{a})=\boldsymbol{a}+[\boldsymbol{b}+(-\boldsymbol{a})]=\boldsymbol{a}+(-\boldsymbol{a})+\boldsymbol{b}=\boldsymbol{b}$，可知 $\boldsymbol{a}+\boldsymbol{x}=\boldsymbol{b}$，有解 $\boldsymbol{x}=\boldsymbol{b}-\boldsymbol{a}$. 而且这个解是唯一的. 这是因为设 $\boldsymbol{a}+\boldsymbol{y}=\boldsymbol{b}$，则从 $(-\boldsymbol{a})+\boldsymbol{a}+\boldsymbol{y}=-\boldsymbol{a}+\boldsymbol{b}$，而有 $\boldsymbol{y}=\boldsymbol{b}-\boldsymbol{a}$.

## §1.3　向量的数乘

用向量 $\boldsymbol{a}$ 我们能构造 $\boldsymbol{a}+\boldsymbol{a}$. 这表示一个大小为 $|\boldsymbol{a}|$ 的 2 倍，方向与 $\boldsymbol{a}$ 相同的向量，记为 $2\boldsymbol{a}$. 把这一概念推广：设 $k$ 是一个实数，即 $k\in\mathbf{R}$，我们把 $k\boldsymbol{a}=\boldsymbol{a}k$ 定义为这样的一个向量：当 $k>0$，它的大小是 $k|\boldsymbol{a}|$，方向与 $\boldsymbol{a}$ 同向；当 $k<0$，它的大小是 $|k||\boldsymbol{a}|$，方向与 $\boldsymbol{a}$ 反向；当 $k=0$，它的零向量 $\mathbf{0}$. 这样定义的数量 $k$ 与向量 $\boldsymbol{a}$ 的数乘，有下列性质：

(i) $k_1(k_2\boldsymbol{a})=(k_1k_2)\boldsymbol{a}$　(结合律)

(ii) $(k_1+k_2)\boldsymbol{a}=k_1\boldsymbol{a}+k_2\boldsymbol{a}$　(分配律)

(iii) $k(\boldsymbol{a}+\boldsymbol{b})=k\boldsymbol{a}+k\boldsymbol{b}$　(分配律)

(iv) $1\boldsymbol{a}=\boldsymbol{a}$　(数乘 1 使原向量不变)

(v) $(-1)\boldsymbol{a}=-\boldsymbol{a}$　(数乘 −1 从原向量得到它的负向量)

**例 1.3.1**　对于任意非零向量 $\boldsymbol{a}$，构造

$$\frac{1}{|\boldsymbol{a}|}\boldsymbol{a}=\frac{\boldsymbol{a}}{|\boldsymbol{a}|}$$

则 $\dfrac{\boldsymbol{a}}{|\boldsymbol{a}|}$ 是单位向量.

## §1.4 向量的线性相关性

对于向量 $\boldsymbol{u}_1, \boldsymbol{u}_2, \cdots, \boldsymbol{u}_n$,若存在不全为零的 $k_1, k_2, \cdots, k_n \in \mathbf{R}$, 而使得

$$k_1\boldsymbol{u}_1 + k_2\boldsymbol{u}_2 + \cdots + k_n\boldsymbol{u}_n = \boldsymbol{0} \tag{1.2}$$

则称 $\boldsymbol{u}_1, \boldsymbol{u}_2, \cdots, \boldsymbol{u}_n$ 是线性相关的. 如果它们不是线性相关的,即由(1.2)一定有 $k_1 = k_2 = \cdots = k_n = 0$ 的结论,则称它们是线性无关的.

如果 $\boldsymbol{u}_1, \boldsymbol{u}_2, \cdots, \boldsymbol{u}_n$ 中有零向量,例如说 $\boldsymbol{u}_1 = \boldsymbol{0}$, 那么我们可以取 $k_1 = 1$, $k_2 = \cdots = k_n = 0$, 而使得(1.2)成立,也即 $\boldsymbol{u}_1, \boldsymbol{u}_2, \cdots, \boldsymbol{u}_n$ 是线性相关的. 下面我们用 $\boldsymbol{a}, \boldsymbol{b}, \boldsymbol{c}, \boldsymbol{d}, \cdots$表示的向量都不是零向量,除非另有说明.

如果 $\boldsymbol{a}, \boldsymbol{b}$ 线性相关,则存在不全为零的 $l, m \in \mathbf{R}$, 使得 $l\boldsymbol{a} + m\boldsymbol{b} = \boldsymbol{0}$. 不失一般性,设 $l \neq 0$,则有 $\boldsymbol{a} = -\dfrac{m}{l}\boldsymbol{b}$. 这表明 $\boldsymbol{a}, \boldsymbol{b}$ 共线. 反过来,若 $\boldsymbol{a}, \boldsymbol{b}$ 共线,则存在 $k \in \mathbf{R}$, $k \neq 0$,使得 $\boldsymbol{b} = k\boldsymbol{a}$. 由此可得 $k\boldsymbol{a} - \boldsymbol{b} = \boldsymbol{0}$, 即 $\boldsymbol{a}, \boldsymbol{b}$ 线性相关. 因此, $\boldsymbol{a}, \boldsymbol{b}$ 线性相关的充要条件是它们共线.

设 $\boldsymbol{a}, \boldsymbol{b}$ 线性无关,于是它们就确定了一个通过它们的平面. 设 $\boldsymbol{c}$ 是平面外的一个向量,那么我们就有 $\boldsymbol{a}, \boldsymbol{b}, \boldsymbol{c}$ 是线性无关的结论. 这可以用反证法来证明:假定它们线性相关,即存在不全为零的 $l, m, n \in \mathbf{R}$,使得 $l\boldsymbol{a} + m\boldsymbol{b} + n\boldsymbol{c} = \boldsymbol{0}$. 我们断言 $n \neq 0$, 否则的话, $l, m$ 不全为零,那么 $\boldsymbol{a}, \boldsymbol{b}$ 就线性相关了. 由 $n \neq 0$,就有 $\boldsymbol{c} = -\dfrac{l}{n}\boldsymbol{a} - \dfrac{m}{n}\boldsymbol{b}$. 这表明 $\boldsymbol{c}$ 位于 $\boldsymbol{a}, \boldsymbol{b}$ 构成的平面之中,这与我们的假设矛盾了. 于是在 $\mathbf{R}^3$ 中存在着 3 个线性无关的向量.

对于这样构成的 $\boldsymbol{a}, \boldsymbol{b}, \boldsymbol{c}$, 我们得出图 1.4.1 所示的 $\mathbf{R}^3$ 的一个坐标系. 对于任意向量 $\boldsymbol{x}$ 沿 $\boldsymbol{a}, \boldsymbol{b}, \boldsymbol{c}$ 分解,而有

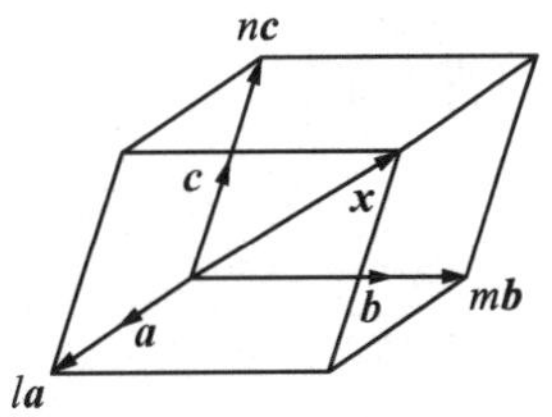

图 1.4.1

$$\boldsymbol{x} = l\boldsymbol{a} + m\boldsymbol{b} + n\boldsymbol{c} \tag{1.3}$$

像我们在力学中对力作的分解那样，数 $l, m, n$ 是唯一存在的. 数组$(l, m, n)$称为向量 $\boldsymbol{x}$ 在 $\boldsymbol{a}, \boldsymbol{b}, \boldsymbol{c}$ 为轴的坐标系中的分量.

**例 1.4.1** $\mathbf{R}^3$ 中任意 4 个向量一定是线性相关的.

讨论向量 $\boldsymbol{a}, \boldsymbol{b}, \boldsymbol{c}, \boldsymbol{d}$. 若 $\boldsymbol{a}, \boldsymbol{b}, \boldsymbol{c}$ 是线性相关的，则存在不全为零的 $l, m, n$ 使得 $l\boldsymbol{a} + m\boldsymbol{b} + n\boldsymbol{c} = \boldsymbol{0}$, 那么就有不全为零的 $l, m, n, 0$，使得 $l\boldsymbol{a} + m\boldsymbol{b} + n\boldsymbol{c} + 0\boldsymbol{d} = \boldsymbol{0}$, 即 $\boldsymbol{a}, \boldsymbol{b}, \boldsymbol{c}, \boldsymbol{d}$ 线性相关. 若 $\boldsymbol{a}, \boldsymbol{b}, \boldsymbol{c}$ 线性无关，则按(1.3)有 $\boldsymbol{d} = l'\boldsymbol{a} + m'\boldsymbol{b} + n'\boldsymbol{c}$. 由此可知 $\boldsymbol{a}, \boldsymbol{b}, \boldsymbol{c}, \boldsymbol{d}$ 线性相关. 由此，我们把 $\mathbf{R}^3$ 称为三维空间.

## §1.5 $\mathbf{R}^3$ 中的直角坐标系与标准正交基 $\boldsymbol{i}, \boldsymbol{j}, \boldsymbol{k}$

在 $\mathbf{R}^3$ 中，如图 1.5.1 引入直角坐标系，其中 $O$ 是原点，沿 $x, y, z$ 轴上分别取单位向量 $\boldsymbol{i}$, $\boldsymbol{j}, \boldsymbol{k}$——它们构成 $\mathbf{R}^3$ 的一个标准正交基. 此时空间中任意点 $P$ 的位置向量 $\overrightarrow{OP} = \boldsymbol{x}$，按(1.3)有

$$\boldsymbol{x} = x\boldsymbol{i} + y\boldsymbol{j} + z\boldsymbol{k} \tag{1.4}$$

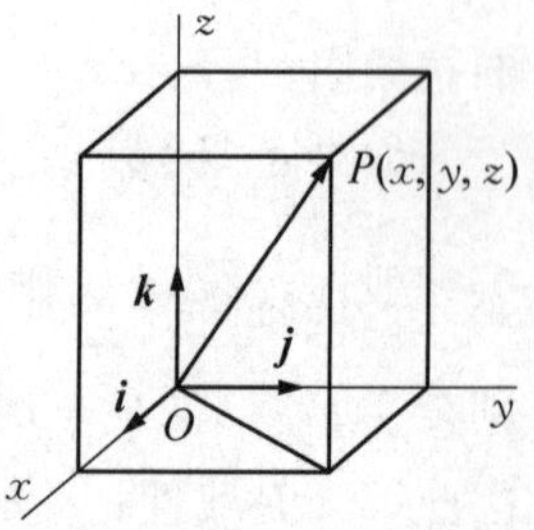

图 1.5.1

这样确定的数组$(x, y, z)$，即点 $P$ 的坐标，也称为 $\boldsymbol{x}$ 关于 $\boldsymbol{i}, \boldsymbol{j}, \boldsymbol{k}$ 的坐标或分量，这可表示为 $P:(x, y, z)$.

**例 1.5.1** 设 $\overrightarrow{OP} = p_1\boldsymbol{i} + p_2\boldsymbol{j} + p_3\boldsymbol{k}$, $\overrightarrow{OQ} = q_1\boldsymbol{i} + q_2\boldsymbol{j} + q_3\boldsymbol{k}$，即 $\overrightarrow{OP}, \overrightarrow{OQ}$ 的分量分别为$(p_1, p_2, p_3)$, $(q_1, q_2, q_3)$，则从

$$\overrightarrow{OP} + \overrightarrow{PQ} = \overrightarrow{OQ}$$

可得

$$\overrightarrow{PQ} = \overrightarrow{OQ} - \overrightarrow{OP} = (q_1 - p_1)\boldsymbol{i} + (q_2 - p_2)\boldsymbol{j} + (q_3 - p_3)\boldsymbol{k}$$

于是 $\overrightarrow{PQ}$ 的分量为$(q_1 - p_1, q_2 - p_2, q_3 - p_3)$.

**例 1.5.2** 由点 $P:(p_1, p_2, p_3)$和点 $Q:(q_1, q_2, q_3)$分别定义点

$P'$：$(p_1+a_1, p_2+a_2, p_3+a_3)$，$Q'$：$(q_1+a_1, q_2+a_2, q_3+a_3)$，则有$\overrightarrow{P'Q'}$：$(q_1-p_1, q_2-p_2, q_3-p_3)$，这与$\overrightarrow{PQ}$的分量是一致的. 事实上，由点$P'$，$Q'$的构造可知，$\overrightarrow{P'Q'}$由$\overrightarrow{PQ}$平移而得出，因此它们大小相等且方向一致，即相等.

## §1.6　直角坐标系下向量加法与数乘的表达式

我们用(1.4)来表示向量$\boldsymbol{a}$，$\boldsymbol{b}$：

$$\boldsymbol{a}=a_1\boldsymbol{i}+a_2\boldsymbol{j}+a_3\boldsymbol{k},\ \boldsymbol{b}=b_1\boldsymbol{i}+b_2\boldsymbol{j}+b_3\boldsymbol{k} \tag{1.5}$$

也可以用它们的各自的分量来表示它们

$$\boldsymbol{a}=(a_1, a_2, a_3),\ \boldsymbol{b}=(b_1, b_2, b_3) \tag{1.6}$$

于是有

$$\boldsymbol{0}=(0, 0, 0) \tag{1.7}$$

$$-\boldsymbol{a}=(-a_1, -a_2, -a_3) \tag{1.8}$$

对于向量的加法，从

$$\boldsymbol{a}+\boldsymbol{b}=(a_1+b_1)\boldsymbol{i}+(a_2+b_2)\boldsymbol{j}+(a_3+b_3)\boldsymbol{k}$$

有

$$\boldsymbol{a}+\boldsymbol{b}=(a_1+b_1, a_2+b_2, a_3+b_3) \tag{1.9}$$

而从

$$k\boldsymbol{a}=ka_1\boldsymbol{i}+ka_2\boldsymbol{j}+ka_3\boldsymbol{k},\ k\in\mathbf{R}$$

有

$$k\boldsymbol{a}=(ka_1, ka_2, ka_3),\ k\in\mathbf{R} \tag{1.10}$$

从勾股定理，有

$$|\boldsymbol{a}|^2=a_1^2+a_2^2+a_3^2$$

因此

$$|\boldsymbol{a}|=\sqrt{a_1^2+a_2^2+a_3^2} \tag{1.11}$$

$$|k\boldsymbol{a}|=\sqrt{(ka_1)^2+(ka_2)^2+(ka_3)^2}=|k||\boldsymbol{a}| \tag{1.12}$$

## §1.7 向量的内积

对于向量 $\boldsymbol{a}$, $\boldsymbol{b}$,我们定义它们的内积

$$\boldsymbol{a}\cdot\boldsymbol{b}=|\boldsymbol{a}||\boldsymbol{b}|\cos\theta \tag{1.13}$$

其中 $\theta$ 是 $\boldsymbol{a}$, $\boldsymbol{b}$ 之间的夹角,记为 $\theta=\measuredangle(\boldsymbol{a},\boldsymbol{b})$. 于是由 2 个向量我们得到了一个数,所以内积也称为数量积,利用这一定义,我们得出内积的下列性质:

(i) $\boldsymbol{a}\cdot\boldsymbol{b}=\boldsymbol{b}\cdot\boldsymbol{a}$ (交换律)

(ii) $(k\boldsymbol{a})\cdot\boldsymbol{b}=k(\boldsymbol{a}\cdot\boldsymbol{b})$ $(k\in\mathbf{R})$

(iii) $\boldsymbol{a}\cdot(\boldsymbol{b}+\boldsymbol{c})=\boldsymbol{a}\cdot\boldsymbol{b}+\boldsymbol{a}\cdot\boldsymbol{c}$ (分配律)

(iv) $\boldsymbol{a}\cdot\boldsymbol{a}\geqslant 0$,对所有 $\boldsymbol{a}$,而且 $\boldsymbol{a}\cdot\boldsymbol{a}=0$,当且仅当 $\boldsymbol{a}=\mathbf{0}$.(正定性)

**例 1.7.1** 对于标准正交基 $\boldsymbol{i}$, $\boldsymbol{j}$, $\boldsymbol{k}$ 有

$$\boldsymbol{i}\cdot\boldsymbol{i}=\boldsymbol{j}\cdot\boldsymbol{j}=\boldsymbol{k}\cdot\boldsymbol{k}=1,\ \boldsymbol{i}\cdot\boldsymbol{j}=\boldsymbol{j}\cdot\boldsymbol{k}=\boldsymbol{k}\cdot\boldsymbol{i}=0 \tag{1.14}$$

前面 3 个等式表明 $\boldsymbol{i}$, $\boldsymbol{j}$, $\boldsymbol{k}$ 都是单位向量,后面 3 个等式表明它们相互垂直.

**例 1.7.2** 由(1.13)我们得出

$$\cos\theta=\frac{\boldsymbol{a}\cdot\boldsymbol{b}}{|\boldsymbol{a}||\boldsymbol{b}|}, \tag{1.15}$$

$$|\boldsymbol{a}\cdot\boldsymbol{b}|\leqslant|\boldsymbol{a}||\boldsymbol{b}| \tag{1.16}$$

(1.16)称为柯西-许瓦尔兹不等式,它是以法国数学家柯西(Augustin-Louis Cauchy, 1789—1857)与德国数学家许瓦尔兹(Hermann Amandus Schwarz, 1843—1921)命名的. 当 $\theta=0$, 或 $\pi$ 时,即 $\boldsymbol{a}$, $\boldsymbol{b}$ 同向或反向时,等式成立.

**例 1.7.3** 若 $|\boldsymbol{a}|=|\boldsymbol{b}|=1$,则从 $\boldsymbol{a}\cdot\boldsymbol{b}=\cos\measuredangle(\boldsymbol{a},\boldsymbol{b})$,有 $-1\leqslant\boldsymbol{a}\cdot\boldsymbol{b}\leqslant 1$.

此时 $\boldsymbol{a}\cdot\boldsymbol{b}=1$,当且仅当 $\boldsymbol{a}=\boldsymbol{b}$; $\boldsymbol{a}\cdot\boldsymbol{b}=-1$,当且仅当 $\boldsymbol{a}=-\boldsymbol{b}$.

关于性质(iii)的证明可参见参考文献中的[10]. 我们现在用这一条性质来推导出用向量的直角坐标的分量计算内积的公式. 对于(1.5)给出的 $\boldsymbol{a}$, $\boldsymbol{b}$, 我们有

$$\begin{aligned}\boldsymbol{a}\cdot\boldsymbol{b}&=(a_1\boldsymbol{i}+a_2\boldsymbol{j}+a_3\boldsymbol{k})\cdot(b_1\boldsymbol{i}+b_2\boldsymbol{j}+b_3\boldsymbol{k})\\&=a_1b_1+a_2b_2+a_3b_3\end{aligned}\tag{1.17}$$

其中我们用到了例 1.7.1 的结果. (1.17)表明,若

$$\boldsymbol{a}=(a_1, a_2, a_3), \boldsymbol{b}=(b_1, b_2, b_3)$$

则

$$\boldsymbol{a}\cdot\boldsymbol{b}=a_1b_1+a_2b_2+a_3b_3\tag{1.18}$$

于是有

$$|\boldsymbol{a}|^2=\boldsymbol{a}\cdot\boldsymbol{a}=a_1^2+a_2^2+a_3^2, |\boldsymbol{b}|^2=\boldsymbol{b}\cdot\boldsymbol{b}=b_1^2+b_2^2+b_3^2\tag{1.19}$$

$$\cos\measuredangle(\boldsymbol{a}, \boldsymbol{b})=\frac{\boldsymbol{a}\cdot\boldsymbol{b}}{|\boldsymbol{a}||\boldsymbol{b}|}=\frac{a_1b_1+a_2b_2+a_3b_3}{\sqrt{a_1^2+a_2^2+a_3^2}\sqrt{b_1^2+b_2^2+b_3^2}}\tag{1.20}$$

## §1.8　内积与投影

设向量 $\overrightarrow{OB}=\boldsymbol{b}\neq\boldsymbol{0}$, 按图 1.8.1,我们将

$$OA'=|\boldsymbol{a}|\cos\theta\tag{1.21}$$

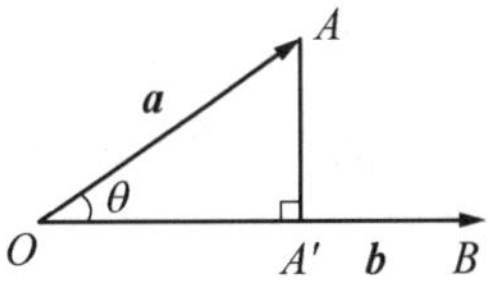

图 1.8.1

称为 $\boldsymbol{a}$ 在 $\boldsymbol{b}$ 上的**垂直投影**. 由(1.15),我们可以将(1.21)写成

$$OA'=\frac{\boldsymbol{a}\cdot\boldsymbol{b}}{|\boldsymbol{b}|}=\boldsymbol{a}\cdot\frac{\boldsymbol{b}}{|\boldsymbol{b}|}\tag{1.22}$$

即 $OA'$ 等于 $\boldsymbol{a}$ 与 $\boldsymbol{b}$ 方向的单位向量 $\frac{\boldsymbol{b}}{|\boldsymbol{b}|}$ 的内积.

另外,我们将

$$\overrightarrow{OA'}=OA'\frac{\boldsymbol{b}}{|\boldsymbol{b}|}=|\boldsymbol{a}|\cos\theta\frac{\boldsymbol{b}}{|\boldsymbol{b}|}=\frac{\boldsymbol{a}\cdot\boldsymbol{b}}{|\boldsymbol{b}|^2}\boldsymbol{b} \tag{1.23}$$

称为 $\boldsymbol{a}$ 在 $\boldsymbol{b}$ 上的垂直投影向量.

**例 1.8.1** 若 $\boldsymbol{a}=\boldsymbol{0}$,或 $\boldsymbol{a}$ 垂直于 $\boldsymbol{b}$,则有 $OA'=0$, $\overrightarrow{OA'}=\boldsymbol{0}$.

**例 1.8.2** $OA'$ 与 $\overrightarrow{OA'}$ 都与 $\boldsymbol{b}$ 的大小无关. 不过,在 $\boldsymbol{b}$ 变为 $-\boldsymbol{b}$ 时, $OA'$ 要改变符号,而因为 $\frac{\boldsymbol{a}\cdot(-\boldsymbol{b})}{|\boldsymbol{b}|^2}(-\boldsymbol{b})=\frac{\boldsymbol{a}\cdot\boldsymbol{b}}{|\boldsymbol{b}|^2}\boldsymbol{b}$, 所以 $\boldsymbol{a}$ 在 $\boldsymbol{b}$ 与 $(-\boldsymbol{b})$ 上的垂直投影向量是一样的.

## §1.9 向量的向量积

对于向量 $\boldsymbol{a}$, $\boldsymbol{b}$,我们以下列方式确定向量 $\boldsymbol{c}$: $|\boldsymbol{c}|=|\boldsymbol{a}||\boldsymbol{b}|\sin\measuredangle(\boldsymbol{a},\boldsymbol{b})$, $\boldsymbol{c}$ 与 $\boldsymbol{a}$、$\boldsymbol{b}$ 都垂直,而以 $\boldsymbol{a}$, $\boldsymbol{b}$, $\boldsymbol{c}$ 构成右手系来确定 $\boldsymbol{c}$ 的方向(图 1.9.1). 这样确定的量 $\boldsymbol{c}$ 是一个向量,称为 $\boldsymbol{a}$, $\boldsymbol{b}$ 的向量积,记为 $\boldsymbol{c}=\boldsymbol{a}\times\boldsymbol{b}$. 对于向量积,我们有下列性质:

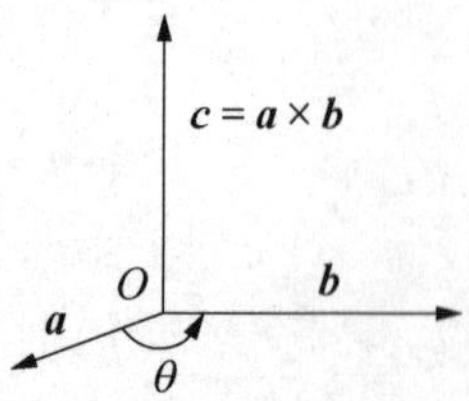


图 1.9.1

(i) $\boldsymbol{a}\times\boldsymbol{b}=-\boldsymbol{b}\times\boldsymbol{a}$ (反交换律)

(ii) $\boldsymbol{a}\times(\boldsymbol{b}+\boldsymbol{c})=\boldsymbol{a}\times\boldsymbol{b}+\boldsymbol{a}\times\boldsymbol{c}$ (分配律)

(iii) $(k\boldsymbol{a})\times\boldsymbol{b}=k(\boldsymbol{a}\times\boldsymbol{b})$ $(k\in\mathbf{R})$

(iv) $\boldsymbol{a}\times\boldsymbol{a}=\boldsymbol{0}$

**例 1.9.1** 向量积 $\boldsymbol{a}\times\boldsymbol{b}$ 的大小等于以 $\boldsymbol{a}$, $\boldsymbol{b}$ 为邻边的平行四边形的面积.

**例 1.9.2** 对于 $\boldsymbol{i}$, $\boldsymbol{j}$, $\boldsymbol{k}$ 有

$$\boldsymbol{i}\times\boldsymbol{i}=\boldsymbol{j}\times\boldsymbol{j}=\boldsymbol{k}\times\boldsymbol{k}=\boldsymbol{0},$$

$$\boldsymbol{i}\times\boldsymbol{j}=-\boldsymbol{j}\times\boldsymbol{i}=\boldsymbol{k},\ \boldsymbol{j}\times\boldsymbol{k}=-\boldsymbol{k}\times\boldsymbol{j}=\boldsymbol{i},\ \boldsymbol{k}\times\boldsymbol{i}=-\boldsymbol{i}\times\boldsymbol{k}=\boldsymbol{j}.$$

**例 1.9.3** $\boldsymbol{i}\times(\boldsymbol{i}\times\boldsymbol{j})=\boldsymbol{i}\times\boldsymbol{k}=-\boldsymbol{j}$,而 $(\boldsymbol{i}\times\boldsymbol{i})\times\boldsymbol{j}=\boldsymbol{0}\times\boldsymbol{j}=\boldsymbol{0}$. 这表明向量的向量积不满足结合律.

利用上述性质(ii)(其证明参见参考文献[10]),我们有

$$\begin{aligned}\boldsymbol{a}\times\boldsymbol{b}&=(a_1\boldsymbol{i}+a_2\boldsymbol{j}+a_3\boldsymbol{k})\times(b_1\boldsymbol{i}+b_2\boldsymbol{j}+b_3\boldsymbol{k})\\&=(a_2b_3-a_3b_2)\boldsymbol{i}+(a_3b_1-a_1b_3)\boldsymbol{j}+(a_1b_2-a_2b_1)\boldsymbol{k}\\&=\begin{vmatrix}\boldsymbol{i}&\boldsymbol{j}&\boldsymbol{k}\\a_1&a_2&a_3\\b_1&b_2&b_3\end{vmatrix}.\end{aligned}\tag{1.24}$$

**例 1.9.4**　对于任意向量 $\boldsymbol{a}$，$\boldsymbol{b}$，$\boldsymbol{c}$ 证明(作为练习)

$$\boldsymbol{a}\times(\boldsymbol{b}\times\boldsymbol{c})=(\boldsymbol{a}\cdot\boldsymbol{c})\boldsymbol{b}-(\boldsymbol{a}\cdot\boldsymbol{b})\boldsymbol{c}\tag{1.25}$$

**例 1.9.5**　利用向量积的反交换律与(1.25)证明(作为练习)

$$(\boldsymbol{a}\times\boldsymbol{b})\times\boldsymbol{c}=(\boldsymbol{a}\cdot\boldsymbol{c})\boldsymbol{b}-(\boldsymbol{b}\cdot\boldsymbol{c})\boldsymbol{a}\tag{1.26}$$

## §1.10　向量的混合积

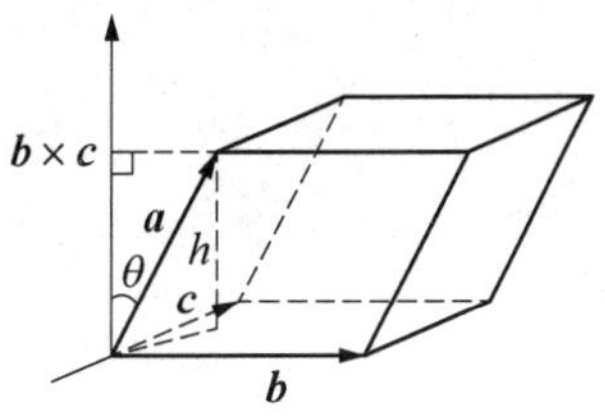

图 1.10.1

向量 $\boldsymbol{a}$，$\boldsymbol{b}$，$\boldsymbol{c}$ 的混合积指的是 $\boldsymbol{a}\cdot\boldsymbol{b}\times\boldsymbol{c}\equiv\boldsymbol{a}\cdot(\boldsymbol{b}\times\boldsymbol{c})$. 这样得出的量是一个数量，所以向量的混合积又称向量的数量三重积. 由例 1.9.1 以及内积与投影的关系(参见 §1.8)可知 $\boldsymbol{a}\cdot\boldsymbol{b}\times\boldsymbol{c}$ 等于以 $\boldsymbol{a}$，$\boldsymbol{b}$，$\boldsymbol{c}$ 为相邻三边的平行六面体的体积(参见图 1.10.1). 不过由于投影量与 $\theta=\measuredangle(\boldsymbol{a},\ \boldsymbol{b}\times\boldsymbol{c})$ 有关，所以当 $\theta$ 是锐角时，此体积大于零；当 $\theta$ 是直角时，此体积等于零；当 $\theta$ 是钝角时，此体积小于零. 因此，$\boldsymbol{a}\cdot\boldsymbol{b}\times\boldsymbol{c}$ 可称为带符号的体积.

我们也常用符号$[\boldsymbol{a}\ \boldsymbol{b}\ \boldsymbol{c}]$来表示混合积，即

$$[\boldsymbol{a}\ \boldsymbol{b}\ \boldsymbol{c}]\equiv[\boldsymbol{a},\ \boldsymbol{b},\ \boldsymbol{c}]\equiv\boldsymbol{a}\cdot\boldsymbol{b}\times\boldsymbol{c}\tag{1.27}$$

下面我们讨论混合积的上述 3 种情况. 当 $\theta$ 是直角时，$\boldsymbol{a}$ 位于 $\boldsymbol{b}$，$\boldsymbol{c}$ 构成的平面之中，因此(参见 §1.4)$\boldsymbol{a}$，$\boldsymbol{b}$，$\boldsymbol{c}$ 线性相关. 当 $\theta$ 是锐角时，$\boldsymbol{a}$，$\boldsymbol{b}$，$\boldsymbol{c}$ 线性无关，且$[\boldsymbol{a}\ \boldsymbol{b}\ \boldsymbol{c}]>0$，此时称 $\boldsymbol{a}$，$\boldsymbol{b}$，$\boldsymbol{c}$ 是正向的. 当 $\theta$ 是钝角时，$\boldsymbol{a}$，$\boldsymbol{b}$，$\boldsymbol{c}$ 线

性无关,且$[\boldsymbol{a}\ \boldsymbol{b}\ \boldsymbol{c}]<0$,此时称$\boldsymbol{a}$,$\boldsymbol{b}$,$\boldsymbol{c}$是负向的. 由此得出$\boldsymbol{a}$,$\boldsymbol{b}$,$\boldsymbol{c}$是线性相关的充要条件是

$$[\boldsymbol{a}\ \boldsymbol{b}\ \boldsymbol{c}]=0$$

**例 1.10.1** 设点$A$,$B$,$C$不共线,求过它们的平面的方程.

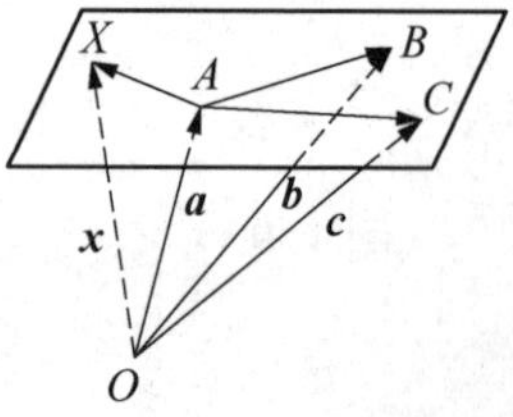

图 1.10.2

按图 1.10.2 令$\overrightarrow{OA}=\boldsymbol{a}$,$\overrightarrow{OB}=\boldsymbol{b}$,$\overrightarrow{OC}=\boldsymbol{c}$,而对过$A$,$B$,$C$的平面上的任意一点$X$,令$\overrightarrow{OX}=\boldsymbol{x}$,那么$\overrightarrow{AB}=\boldsymbol{b}-\boldsymbol{a}$,$\overrightarrow{AC}=\boldsymbol{c}-\boldsymbol{a}$,$\overrightarrow{AX}=\boldsymbol{x}-\boldsymbol{a}$,于是从$\overrightarrow{AB}$,$\overrightarrow{AC}$,$\overrightarrow{AX}$线性相关,即有该平面的方程

$$[\boldsymbol{x}-\boldsymbol{a},\ \boldsymbol{b}-\boldsymbol{a},\ \boldsymbol{c}-\boldsymbol{a}]=0$$

## §1.11 向量混合积的一些公式

首先,对于

$$\boldsymbol{a}=a_1\boldsymbol{i}+a_2\boldsymbol{j}+a_3\boldsymbol{k},\ \boldsymbol{b}=b_1\boldsymbol{i}+b_2\boldsymbol{j}+b_3\boldsymbol{k},\ \boldsymbol{c}=c_1\boldsymbol{i}+c_2\boldsymbol{j}+c_3\boldsymbol{k}$$

利用(1.24)计算$\boldsymbol{b}\times\boldsymbol{c}$,再利用(1.18)计算$\boldsymbol{a}\cdot\boldsymbol{b}\times\boldsymbol{c}$,有

$$\boldsymbol{a}\cdot\boldsymbol{b}\times\boldsymbol{c}=a_1(b_2c_3-b_3c_2)+a_2(b_3c_1-b_1c_3)+a_3(b_1c_2-b_2c_1)$$

这就得出

$$[\boldsymbol{a}\ \boldsymbol{b}\ \boldsymbol{c}]=\begin{vmatrix} a_1 & a_2 & a_3 \\ b_1 & b_2 & b_3 \\ c_1 & c_2 & c_3 \end{vmatrix} \tag{1.28}$$

利用行列式的性质,这就有

$$[\boldsymbol{a}\ \boldsymbol{b}\ \boldsymbol{c}]=\begin{vmatrix} a_1 & b_1 & c_1 \\ a_2 & b_2 & c_2 \\ a_3 & b_3 & c_3 \end{vmatrix} \tag{1.29}$$

以及

$$[\boldsymbol{a}\ \boldsymbol{b}\ \boldsymbol{c}]=[\boldsymbol{b}\ \boldsymbol{c}\ \boldsymbol{a}]=[\boldsymbol{c}\ \boldsymbol{a}\ \boldsymbol{b}]$$

即$[\boldsymbol{a}\ \boldsymbol{b}\ \boldsymbol{c}]$在$\boldsymbol{a}$，$\boldsymbol{b}$，$\boldsymbol{c}$循环置换下不变. 还有

$$[\boldsymbol{a}\ \boldsymbol{b}\ \boldsymbol{c}]=-[\boldsymbol{a}\ \boldsymbol{c}\ \boldsymbol{b}]=-[\boldsymbol{c}\ \boldsymbol{b}\ \boldsymbol{a}]=-[\boldsymbol{b}\ \boldsymbol{a}\ \boldsymbol{c}]$$

即$[\boldsymbol{a}\ \boldsymbol{b}\ \boldsymbol{c}]$在其中的任意两个向量交换时改变符号.

用几何语言来说，若$\boldsymbol{a}$，$\boldsymbol{b}$，$\boldsymbol{c}$是正向的，则$\boldsymbol{b}$，$\boldsymbol{c}$，$\boldsymbol{a}$；$\boldsymbol{c}$，$\boldsymbol{a}$，$\boldsymbol{b}$也都是正向的，而$\boldsymbol{a}$，$\boldsymbol{c}$，$\boldsymbol{b}$；$\boldsymbol{c}$，$\boldsymbol{b}$，$\boldsymbol{a}$；$\boldsymbol{b}$，$\boldsymbol{a}$，$\boldsymbol{c}$都是负向的.

利用行列式的相乘法则(参见参考文献[10])，我们还能得到一个重要公式. 对于$\boldsymbol{a}=(a_1, a_2, a_3)$，$\boldsymbol{b}=(b_1, b_2, b_3)$，$\boldsymbol{c}=(c_1, c_2, c_3)$，$\boldsymbol{e}=(e_1, e_2, e_3)$，$\boldsymbol{f}=(f_1, f_2, f_3)$，$\boldsymbol{g}=(g_1, g_2, g_3)$，有

$$\begin{aligned}
&[\boldsymbol{a}\ \boldsymbol{b}\ \boldsymbol{c}][\boldsymbol{e}\ \boldsymbol{f}\ \boldsymbol{g}]\\
=&\begin{vmatrix} a_1 & a_2 & a_3 \\ b_1 & b_2 & b_3 \\ c_1 & c_2 & c_3 \end{vmatrix}\begin{vmatrix} e_1 & f_1 & g_1 \\ e_2 & f_2 & g_2 \\ e_3 & f_3 & g_3 \end{vmatrix}\\
=&\begin{vmatrix} a_1e_1+a_2e_2+a_3e_3 & a_1f_1+a_2f_2+a_2f_3 & a_1g_1+a_2g_2+a_3g_3 \\ b_1e_1+b_2e_2+b_3e_3 & b_1f_1+b_2f_2+b_3f_3 & b_1g_1+b_2g_2+b_3g_3 \\ c_1e_1+c_2e_2+c_3e_3 & c_1f_1+c_2f_2+c_3f_3 & c_1g_1+c_2g_2+c_3g_3 \end{vmatrix}\\
=&\begin{vmatrix} \boldsymbol{a}\cdot\boldsymbol{e} & \boldsymbol{a}\cdot\boldsymbol{f} & \boldsymbol{a}\cdot\boldsymbol{g} \\ \boldsymbol{b}\cdot\boldsymbol{e} & \boldsymbol{b}\cdot\boldsymbol{f} & \boldsymbol{b}\cdot\boldsymbol{g} \\ \boldsymbol{c}\cdot\boldsymbol{e} & \boldsymbol{c}\cdot\boldsymbol{f} & \boldsymbol{c}\cdot\boldsymbol{g} \end{vmatrix}
\end{aligned}\tag{1.30}$$

作为一个特殊情况，有

$$[\boldsymbol{a}\ \boldsymbol{b}\ \boldsymbol{c}]^2=\begin{vmatrix} \boldsymbol{a}\cdot\boldsymbol{a} & \boldsymbol{a}\cdot\boldsymbol{b} & \boldsymbol{a}\cdot\boldsymbol{c} \\ \boldsymbol{b}\cdot\boldsymbol{a} & \boldsymbol{b}\cdot\boldsymbol{b} & \boldsymbol{b}\cdot\boldsymbol{c} \\ \boldsymbol{c}\cdot\boldsymbol{a} & \boldsymbol{c}\cdot\boldsymbol{b} & \boldsymbol{c}\cdot\boldsymbol{c} \end{vmatrix}\tag{1.31}$$

**例 1.11.1**　利用行列式的第一行展开，不难证明(作为练习)：

$$[(k\boldsymbol{a}+l\boldsymbol{b}),\ \boldsymbol{c},\ \boldsymbol{d}]=k[\boldsymbol{a}\ \boldsymbol{c}\ \boldsymbol{d}]+l[\boldsymbol{b}\ \boldsymbol{c}\ \boldsymbol{d}],\ k,\ l\in\mathbf{R}$$

这就是向量混合积的分配律.

**例 1.11.2**　证明拉格朗日恒等式：$(\boldsymbol{a}\times\boldsymbol{b})\cdot(\boldsymbol{c}\times\boldsymbol{d})=(\boldsymbol{a}\cdot\boldsymbol{c})(\boldsymbol{b}\cdot\boldsymbol{d})-$

$(\boldsymbol{a}\cdot\boldsymbol{d})(\boldsymbol{b}\cdot\boldsymbol{c})$.

令 $\boldsymbol{u}=\boldsymbol{c}\times\boldsymbol{d}$,则有 $(\boldsymbol{a}\times\boldsymbol{b})\cdot(\boldsymbol{c}\times\boldsymbol{d})=[\boldsymbol{u}\ \boldsymbol{a}\ \boldsymbol{b}]$,而 $[\boldsymbol{u}\ \boldsymbol{a}\ \boldsymbol{b}]=[\boldsymbol{a}\ \boldsymbol{b}\ \boldsymbol{u}]=\boldsymbol{a}\cdot[\boldsymbol{b}\times(\boldsymbol{c}\times\boldsymbol{d})]=\boldsymbol{a}\cdot[(\boldsymbol{b}\cdot\boldsymbol{d})\boldsymbol{c}-(\boldsymbol{b}\cdot\boldsymbol{c})\boldsymbol{d}]=(\boldsymbol{a}\cdot\boldsymbol{c})(\boldsymbol{b}\cdot\boldsymbol{d})-(\boldsymbol{a}\cdot\boldsymbol{d})(\boldsymbol{b}\cdot\boldsymbol{c})$,其中用到了(1.25). 恒等式得证.

拉格朗日(Joseph-Louis Lagrange, 1736—1813)是法国著名数学家和物理学家. 他在数学、力学和天文学诸学科中都有历史性的贡献.

**例 1.11.3** 证明: $(\boldsymbol{a}\times\boldsymbol{b})\times(\boldsymbol{c}\times\boldsymbol{d})=[\boldsymbol{a}\ \boldsymbol{c}\ \boldsymbol{d}]\boldsymbol{b}-[\boldsymbol{b}\ \boldsymbol{c}\ \boldsymbol{d}]\boldsymbol{a}=[\boldsymbol{a}\ \boldsymbol{b}\ \boldsymbol{d}]\boldsymbol{c}-[\boldsymbol{a}\ \boldsymbol{b}\ \boldsymbol{c}]\boldsymbol{d}$.

若令 $\boldsymbol{u}=\boldsymbol{a}\times\boldsymbol{b}$, 应用(1.25),有

$$\boldsymbol{u}\times(\boldsymbol{c}\times\boldsymbol{d})=\boldsymbol{c}(\boldsymbol{u}\cdot\boldsymbol{d})-\boldsymbol{d}(\boldsymbol{u}\cdot\boldsymbol{c})$$

即

$$(\boldsymbol{a}\times\boldsymbol{b})\times(\boldsymbol{c}\times\boldsymbol{d})=\boldsymbol{c}[\boldsymbol{d}\ \boldsymbol{a}\ \boldsymbol{b}]-\boldsymbol{d}[\boldsymbol{c}\ \boldsymbol{a}\ \boldsymbol{b}]=[\boldsymbol{a}\ \boldsymbol{b}\ \boldsymbol{d}]\boldsymbol{c}-[\boldsymbol{a}\ \boldsymbol{b}\ \boldsymbol{c}]\boldsymbol{d}$$

若令 $\boldsymbol{u}=\boldsymbol{c}\times\boldsymbol{d}$, 应用(1.26),有

$$(\boldsymbol{a}\times\boldsymbol{b})\times\boldsymbol{u}=\boldsymbol{b}(\boldsymbol{a}\cdot\boldsymbol{u})-\boldsymbol{a}(\boldsymbol{b}\cdot\boldsymbol{u})$$

即

$$(\boldsymbol{a}\times\boldsymbol{b})\times(\boldsymbol{c}\times\boldsymbol{d})=[\boldsymbol{a}\ \boldsymbol{c}\ \boldsymbol{d}]\boldsymbol{b}-[\boldsymbol{b}\ \boldsymbol{c}\ \boldsymbol{d}]\boldsymbol{a}.$$

特别地,当 $\boldsymbol{c}=\boldsymbol{b}$, $\boldsymbol{d}=\boldsymbol{c}$ 时,有

$$(\boldsymbol{a}\times\boldsymbol{b})\times(\boldsymbol{b}\times\boldsymbol{c})=[\boldsymbol{a}\ \boldsymbol{b}\ \boldsymbol{c}]\boldsymbol{b}-[\boldsymbol{b}\ \boldsymbol{b}\ \boldsymbol{c}]\boldsymbol{a}=[\boldsymbol{a}\ \boldsymbol{b}\ \boldsymbol{c}]\boldsymbol{b}.$$

这也是一个常用的公式.

## §1.12 求和符号与爱因斯坦规约

我们已经看到使用标准正交基 $\boldsymbol{i}$, $\boldsymbol{j}$, $\boldsymbol{k}$ 是很方便的. 不过,有时在一些具体问题中会自然地产生由三个线性无关的正向向量构成的基,称为**向量三重系**. 在讨论这一点以前,我们先来引入一些符号和记法,这会使我们的书写简洁,且有助于我们进一步的讨论.

我们有时候会将 $x$, $y$, $z$ 轴分别记为 $x_1$, $x_2$, $x_3$ 轴,而将 $\boldsymbol{i}$, $\boldsymbol{j}$, $\boldsymbol{k}$ 分别

记为$\boldsymbol{e}_1$, $\boldsymbol{e}_2$, $\boldsymbol{e}_3$. 再者，对于例如由 $\boldsymbol{a}=a_1\boldsymbol{i}+a_2\boldsymbol{j}+a_3\boldsymbol{k}$ 给出的分量$a_1$, $a_2$, $a_3$ 则分别记为$a^1$, $a^2$, $a^3$. 这里上标 1, 2, 3 仅表示分量的次序，即$a^1=a_1$, $a^2=a_2$, $a^3=a_3$，并不表示 $a$ 的幂次. 如果要表示幂次，那么例如说 $a^3$ 的平方，现在就应记为$(a^3)^2$. 利用这样的记法，上面的 $\boldsymbol{a}$ 现在就应记为

$$\boldsymbol{a}=a^1\boldsymbol{e}_1+a^2\boldsymbol{e}_2+a^3\boldsymbol{e}_3. \tag{1.32}$$

利用求和号，(1.32)又可简写为

$$\boldsymbol{a}=\sum_{i=1}^{3}a^i\boldsymbol{e}_i \tag{1.33}$$

如果我们约定当指标(这里是 $i$)既作为上标，又作为下标出现时，就意味着求和，那么我们进一步可以把$\sum\limits_{i=1}^{3}$省去. 于是，(1.33)就变为

$$\boldsymbol{a}=a^i\boldsymbol{e}_i \tag{1.34}$$

这个约定称为**爱因斯坦规约**. 被求和的指标称为**求和指标**或**哑标**. 因为$a^i\boldsymbol{e}_i$, $a^j\boldsymbol{e}_j$, $a^k\boldsymbol{e}_k$, …都是$a^1\boldsymbol{e}_1+a^2\boldsymbol{e}_2+a^3\boldsymbol{e}_3$，所以哑标的拉丁字母是可以改动，而不影响和式的，不是哑标的指标称为**自由指标**，它是不能改动的.

**例 1.12.1**　令$\boldsymbol{e}_1=\boldsymbol{i}$, $\boldsymbol{e}_2=\boldsymbol{j}$, $\boldsymbol{e}_3=\boldsymbol{k}$，那么 $\boldsymbol{i}$, $\boldsymbol{j}$, $\boldsymbol{k}$ 之间的内积关系(参见例 1.7.1)可写为

$$\boldsymbol{e}_i\cdot\boldsymbol{e}_j=\delta_{ij},\ i,\ j=1,\ 2,\ 3 \tag{1.35}$$

其中 $\delta_{ij}$ 称为**克罗内克** $\delta$(德儿塔)**符号**，它是这样定义的：

$$\delta_{ij}\equiv\delta^i_j=\begin{cases}1, & \text{当 } i=j,\\ 0, & \text{当 } i\neq j.\end{cases} \tag{1.36}$$

克罗内克(Leopold Kronecker, 1823—1891)，德国数学家与逻辑学家，在数论、代数等领域有贡献.

**例 1.12.2**　在量 $a_ig_{jk}c^ic^j$ 中交换哑标$i$, $j$，则有 $a_jg_{ik}c^jc^i=a_ig_{jk}c^ic^j$. 因此可得

$$a_ig_{jk}c^ic^j=\frac{1}{2}(a_ig_{jk}+a_jg_{ik})c^ic^j.$$

## §1.13 向量三重系

除了 $\boldsymbol{e}_1=\boldsymbol{i}$, $\boldsymbol{e}_2=\boldsymbol{j}$, $\boldsymbol{e}_3=\boldsymbol{k}$ 外,我们还会用到其他一些基 $\boldsymbol{g}_1$, $\boldsymbol{g}_2$, $\boldsymbol{g}_3$, … 它们满足 $[\boldsymbol{g}_1\ \boldsymbol{g}_2\ \boldsymbol{g}_3]>0$,即它们是正向的(参见§1.10).我们将满足这一条件的任意 3 个向量 $\boldsymbol{g}_1$, $\boldsymbol{g}_2$, $\boldsymbol{g}_3$ 称为是一个向量三重系.

对 $\mathbf{R}^3$ 中的任意向量 $\boldsymbol{v}$ 用 $\boldsymbol{g}_1$, $\boldsymbol{g}_2$, $\boldsymbol{g}_3$ 展开就有

$$\boldsymbol{v}=v^1\boldsymbol{g}_1+v^2\boldsymbol{g}_2+v^3\boldsymbol{g}_3=\sum_{i=1}^{3}v^i\boldsymbol{g}_i=v^i\boldsymbol{g}_i \tag{1.37}$$

不过,由于 $\boldsymbol{g}_1$, $\boldsymbol{g}_2$, $\boldsymbol{g}_3$ 不一定是单位向量,且也不一定相互正交,所以会出现一些新的情况.首先,不同于 $\boldsymbol{e}_i\cdot\boldsymbol{e}_j=\delta_{ij}$, $\boldsymbol{g}_i\cdot\boldsymbol{g}_j$, $i, j=1, 2, 3$ 可能为另外一些值.为此,令

$$\boldsymbol{g}_i\cdot\boldsymbol{g}_j=g_{ij},\ i,\ j=1,\ 2,\ 3 \tag{1.38}$$

由于 $i, j=1, 2, 3$, $g_{ij}$ 一共有 9 个值.不过,因为 $\boldsymbol{g}_i\cdot\boldsymbol{g}_j=\boldsymbol{g}_j\cdot\boldsymbol{g}_i$,可知 $g_{ij}=g_{ji}$,即 $g_{ij}$ 关于它的下标是对称的.利用 $g_{ij}$,我们来计算向量 $\boldsymbol{v}$ 的大小 $v$:

$$\begin{aligned}v^2=\boldsymbol{v}\cdot\boldsymbol{v}&=\left(\sum_{i=1}^{3}v^i\boldsymbol{g}_i\right)\cdot\left(\sum_{j=1}^{3}v^j\boldsymbol{g}_j\right)=\sum_i\sum_j v^iv^j(\boldsymbol{g}_i\cdot\boldsymbol{g}_j)\\&=\sum_i\sum_j v^iv^jg_{ij}=v^iv^jg_{ij}\end{aligned} \tag{1.39}$$

这就有

$$v=\sqrt{v^iv^jg_{ij}} \tag{1.40}$$

再者,对于

$$\boldsymbol{v}=v^i\boldsymbol{g}_i,\ \boldsymbol{w}=w^j\boldsymbol{g}_j \tag{1.41}$$

有

$$\boldsymbol{v}\cdot\boldsymbol{w}=(v^i\boldsymbol{g}_i)\cdot(w^j\boldsymbol{g}_j)=v^iw^jg_{ij} \tag{1.42}$$

$$\cos\measuredangle(\boldsymbol{v},\ \boldsymbol{w})=\frac{\boldsymbol{v}\cdot\boldsymbol{w}}{|\boldsymbol{v}|\,|\boldsymbol{w}|}=\frac{g_{ij}v^iw^j}{\sqrt{g_{ij}v^iv^j}\,\sqrt{g_{ij}w^iw^j}} \tag{1.43}$$

**例 1.13.1**　$v^2=g_{ij}v^iv^j$ 的明晰表达.

$$\begin{aligned} v^2 &= g_{ij}v^iv^j=\sum_{i=1}^{3}\sum_{j=1}^{3}g_{ij}v^iv^j \\ &= \sum_{i=1}^{3}(g_{i1}v^iv^1+g_{i2}v^iv^2+g_{i3}v^iv^3) \\ &= g_{11}v^1v^1+g_{21}v^2v^1+g_{31}v^3v^1+g_{12}v^1v^2+g_{22}v^2v^2+g_{32}v^3v^2+ \\ &\quad g_{13}v^1v^3+g_{23}v^2v^3+g_{33}v^3v^3. \end{aligned}$$

用矩阵形式可表示为

$$v^2=(v^1\ v^2\ v^3)\begin{pmatrix} g_{11} & g_{12} & g_{13} \\ g_{21} & g_{22} & g_{23} \\ g_{31} & g_{32} & g_{33} \end{pmatrix}\begin{pmatrix} v^1 \\ v^2 \\ v^3 \end{pmatrix} \tag{1.44}$$

**例 1.13.2**　由于(1.44)是正定的(参见§1.7),可知(参见[10]).

$$g\equiv\begin{vmatrix} g_{11} & g_{12} & g_{13} \\ g_{21} & g_{22} & g_{23} \\ g_{31} & g_{32} & g_{33} \end{vmatrix}>0 \tag{1.45}$$

这个结论也可由下例得出.

**例 1.13.3**　$\boldsymbol{g}_1$, $\boldsymbol{g}_2$, $\boldsymbol{g}_3$ 的混合积.

由(1.31)有

$$[\boldsymbol{g}_1\ \boldsymbol{g}_2\ \boldsymbol{g}_3]^2=\begin{vmatrix} \boldsymbol{g}_1\cdot\boldsymbol{g}_1 & \boldsymbol{g}_1\cdot\boldsymbol{g}_2 & \boldsymbol{g}_1\cdot\boldsymbol{g}_3 \\ \boldsymbol{g}_2\cdot\boldsymbol{g}_1 & \boldsymbol{g}_2\cdot\boldsymbol{g}_2 & \boldsymbol{g}_2\cdot\boldsymbol{g}_3 \\ \boldsymbol{g}_3\cdot\boldsymbol{g}_1 & \boldsymbol{g}_3\cdot\boldsymbol{g}_2 & \boldsymbol{g}_3\cdot\boldsymbol{g}_3 \end{vmatrix}=\begin{vmatrix} g_{11} & g_{12} & g_{13} \\ g_{21} & g_{22} & g_{23} \\ g_{31} & g_{32} & g_{33} \end{vmatrix}=g>0 \tag{1.46}$$

此外,由于 $g_1$, $g_2$, $g_3$ 是正向的,即 $[\boldsymbol{g}_1\ \boldsymbol{g}_2\ \boldsymbol{g}_3]>0$, 我们又有

$$[\boldsymbol{g}_1\ \boldsymbol{g}_2\ \boldsymbol{g}_3]=\sqrt{g} \tag{1.47}$$

# 第二章

# 向量的微分运算

## §2.1　向量函数

如果一个向量 $\boldsymbol{r}$ 随着一个参数 $t$ 变化，我们就说 $\boldsymbol{r}$ 是参数 $t$ 的一个向量函数，记为 $\boldsymbol{r}=\boldsymbol{r}(t)$. 用函数的说法，现在对应于每一个参数 $t$ 就有一个向量 $\boldsymbol{r}$ 与之对应，即 $\boldsymbol{r}=\boldsymbol{r}(t)$ 是 $t$ 的一个向量值函数.

如果把参数 $t$ 看作时间，而 $\boldsymbol{r}(t)$ 为质点 $m$ 在时刻 $t$ 的位置向量，那么随着 $t$ 的增大，$\boldsymbol{r}(t)$ 就在空间中给出了质点 $m$ 的一条轨迹 $C$. 设参数为 $t$ 时，质点 $m$ 的位置向量 $\overrightarrow{OP}=\boldsymbol{r}(t)$，而在 $t+\Delta t$ 时，它的位置向量为 $\overrightarrow{OP'}=\boldsymbol{r}(t+\Delta t)$，那么下列向量

$$\frac{\Delta \boldsymbol{r}(t)}{\Delta t}=\frac{\boldsymbol{r}(t+\Delta t)-\boldsymbol{r}(t)}{\Delta t}=\frac{\overrightarrow{PP'}}{\Delta t} \tag{2.1}$$

的极限(图 2.1.1)

$$\frac{\mathrm{d}\boldsymbol{r}(t)}{\mathrm{d}t}=\lim_{\Delta t\to 0}\frac{\boldsymbol{r}(t+\Delta t)-\boldsymbol{r}(t)}{\Delta t} \tag{2.2}$$

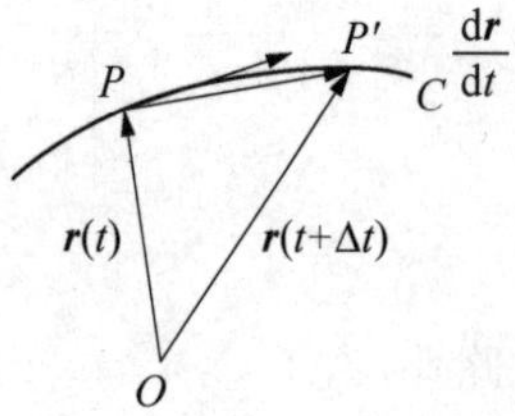

图 2.1.1

称为 $\boldsymbol{r}=\boldsymbol{r}(t)$ 关于 $t$ 的导向量，它的方向是曲线 $C$ 上点 $P$ 的切线方向(沿 $t$ 增大的方向). 从物理上来看，$\dfrac{\mathrm{d}\boldsymbol{r}(t)}{\mathrm{d}t}$ 就是质点 $m$ 在点 $P$ 时的速度向量 $\boldsymbol{v}$. 该质点的加速度向量当然就是

$$\boldsymbol{a}=\frac{\mathrm{d}}{\mathrm{d}t}\boldsymbol{v}=\frac{\mathrm{d}}{\mathrm{d}t}\left(\frac{\mathrm{d}\boldsymbol{r}(t)}{\mathrm{d}t}\right)=\frac{\mathrm{d}^2\boldsymbol{r}(t)}{\mathrm{d}t^2} \tag{2.3}$$

为了求得导向量的分量表达式，我们在 $\mathbf{R}^3$ 中取定一个向量三重系 $\boldsymbol{g}_1$，$\boldsymbol{g}_2$，$\boldsymbol{g}_3$，而将 $\boldsymbol{r}(t)$ 展开为

$$\boldsymbol{r}(t)=r^1(t)\boldsymbol{g}_1+r^2(t)\boldsymbol{g}_2+r^3(t)\boldsymbol{g}_3 \tag{2.4}$$

于是从

$$\begin{aligned}&\frac{\boldsymbol{r}(t+\Delta t)-\boldsymbol{r}(t)}{\Delta t}\\=&\frac{r^1(t+\Delta t)-r^1(t)}{\Delta t}\boldsymbol{g}_1+\frac{r^2(t+\Delta t)-r^2(t)}{\Delta t}\boldsymbol{g}_2+\frac{r^3(t+\Delta t)-r^3(t)}{\Delta t}\boldsymbol{g}_3\end{aligned}$$

可得

$$\boldsymbol{v}=\frac{\mathrm{d}\boldsymbol{r}}{\mathrm{d}t}=\frac{\mathrm{d}r^1}{\mathrm{d}t}\boldsymbol{g}_1+\frac{\mathrm{d}r^2}{\mathrm{d}t}\boldsymbol{g}_2+\frac{\mathrm{d}r^3}{\mathrm{d}t}\boldsymbol{g}_3 \tag{2.5}$$

同样有

$$\boldsymbol{a}=\frac{\mathrm{d}\boldsymbol{v}}{\mathrm{d}t}=\frac{\mathrm{d}^2r^1}{\mathrm{d}t^2}\boldsymbol{g}_1+\frac{\mathrm{d}^2r^2}{\mathrm{d}t^2}\boldsymbol{g}_2+\frac{\mathrm{d}^2r^3}{\mathrm{d}t^2}\boldsymbol{g}_3 \tag{2.6}$$

这两个等式表明向量的导向量的分量等于该向量的分量的导数. 不难证明(作为练习)向量关于参数 $t$ 的导数，对于 $\boldsymbol{a}=\boldsymbol{a}(t)$，$\boldsymbol{b}=\boldsymbol{b}(t)$，$k=k(t)$，有下列法则：

(i) $\dfrac{\mathrm{d}}{\mathrm{d}t}(\boldsymbol{a}\pm\boldsymbol{b})=\dfrac{\mathrm{d}\boldsymbol{a}}{\mathrm{d}t}\pm\dfrac{\mathrm{d}\boldsymbol{b}}{\mathrm{d}t}$，

(ii) $\dfrac{\mathrm{d}}{\mathrm{d}t}(k(t)\boldsymbol{a})=\dfrac{\mathrm{d}k}{\mathrm{d}t}\boldsymbol{a}+k\dfrac{\mathrm{d}\boldsymbol{a}}{\mathrm{d}t}$，

(iii) $\dfrac{\mathrm{d}}{\mathrm{d}t}(\boldsymbol{a}\cdot\boldsymbol{b})=\dfrac{\mathrm{d}\boldsymbol{a}}{\mathrm{d}t}\cdot\boldsymbol{b}+\boldsymbol{a}\cdot\dfrac{\mathrm{d}\boldsymbol{b}}{\mathrm{d}t}$，

(iv) $\dfrac{\mathrm{d}}{\mathrm{d}t}(\boldsymbol{a}\times\boldsymbol{b})=\dfrac{\mathrm{d}\boldsymbol{a}}{\mathrm{d}t}\times\boldsymbol{b}+\boldsymbol{a}\times\dfrac{\mathrm{d}\boldsymbol{b}}{\mathrm{d}t}$.

这些求导公式与微分学中普通函数的求导公式是一样的，只是因为向量的向量积遵循反交换律，所以在(iv)中要注意到向量积的次序. 对于向量值函数的微分也有相应的法则.

**例 2.1.1** 求 $\boldsymbol{r}=(t^2-t)\boldsymbol{e}_1+(4t-3)\boldsymbol{e}_2+(2t^2-8t)\boldsymbol{e}_3$，在对应于 $t=2$ 的点 $P$ 处的导向量.

从 $\dfrac{\mathrm{d}\boldsymbol{r}}{\mathrm{d}t}=(2t-1)\boldsymbol{e}_1+4\boldsymbol{e}_2+(4t-8)\boldsymbol{e}_3$，

有

$$\left.\frac{\mathrm{d}\boldsymbol{r}}{\mathrm{d}t}\right|_{t=2}=3\boldsymbol{e}_1+4\boldsymbol{e}_2.$$

**例 2.1.2** 设 $\boldsymbol{a}(t)$的大小是一常量，那么从 $\boldsymbol{a}(t)\cdot\boldsymbol{a}(t)=$常数，就有

$$\frac{\mathrm{d}}{\mathrm{d}t}(\boldsymbol{a}\cdot\boldsymbol{a})=\frac{\mathrm{d}\boldsymbol{a}}{\mathrm{d}t}\cdot\boldsymbol{a}+\boldsymbol{a}\cdot\frac{\mathrm{d}\boldsymbol{a}}{\mathrm{d}t}=2\boldsymbol{a}\cdot\frac{\mathrm{d}\boldsymbol{a}}{\mathrm{d}t}=0,$$

因此 $\boldsymbol{a}\cdot\dfrac{\mathrm{d}\boldsymbol{a}}{\mathrm{d}t}=0$. 如果$\dfrac{\mathrm{d}\boldsymbol{a}}{\mathrm{d}t}\neq\boldsymbol{0}$，则$\dfrac{\mathrm{d}\boldsymbol{a}}{\mathrm{d}t}$垂直于 $\boldsymbol{a}$. 特别地，当 $\boldsymbol{a}(t)\cdot\boldsymbol{a}(t)=1$，即 $\boldsymbol{a}(t)$是单位向量时，且 $\dfrac{\mathrm{d}\boldsymbol{a}}{\mathrm{d}t}\neq\boldsymbol{0}$，则$\dfrac{\mathrm{d}\boldsymbol{a}}{\mathrm{d}t}$垂直于 $\boldsymbol{a}$.

**例 2.1.3** 证明：$\boldsymbol{a}\cdot\dfrac{\mathrm{d}\boldsymbol{a}}{\mathrm{d}t}=a\dfrac{\mathrm{d}a}{\mathrm{d}t}$，其中 $a=|\boldsymbol{a}|$.

从 $\boldsymbol{a}\cdot\boldsymbol{a}=a^2$，有$\dfrac{\mathrm{d}}{\mathrm{d}t}(\boldsymbol{a}\cdot\boldsymbol{a})=\dfrac{\mathrm{d}}{\mathrm{d}t}(a^2)$，其中 $\dfrac{\mathrm{d}}{\mathrm{d}t}(\boldsymbol{a}\cdot\boldsymbol{a})=2\boldsymbol{a}\cdot\dfrac{\mathrm{d}\boldsymbol{a}}{\mathrm{d}t}$，而$\dfrac{\mathrm{d}}{\mathrm{d}t}(a^2)=2a\dfrac{\mathrm{d}a}{\mathrm{d}t}$，因此，有

$$\boldsymbol{a}\cdot\frac{\mathrm{d}\boldsymbol{a}}{\mathrm{d}t}=a\frac{\mathrm{d}a}{\mathrm{d}t},$$

若 $a$ 是一个常数，则 $\dfrac{\mathrm{d}a}{\mathrm{d}t}=0$. 由此有 $\boldsymbol{a}\cdot\dfrac{\mathrm{d}\boldsymbol{a}}{\mathrm{d}t}=0$. 此即例 2.1.2 的结论.

## §2.2 多变量向量函数的偏导数

像多元函数有偏导数运算一样，多变量向量函数有求偏导数的运算. 例如，对于 $\boldsymbol{a}=\boldsymbol{a}(x,y,z)$，我们以

$$\frac{\partial\boldsymbol{a}}{\partial x}=\lim_{\Delta x\to0}\frac{\boldsymbol{a}(x+\Delta x,y,z)-\boldsymbol{a}(x,y,z)}{\Delta x}\tag{2.7}$$

为 $\boldsymbol{a}$ 关于 $x$ 的偏导数. 同样地，我们有 $\frac{\partial \boldsymbol{a}}{\partial y}$，$\frac{\partial \boldsymbol{a}}{\partial z}$，$\frac{\partial^2 \boldsymbol{a}}{\partial x^2}$，…，$\frac{\partial^2 \boldsymbol{a}}{\partial x\ \partial y}$，…等. 当 $\boldsymbol{a}$ 在三重集 $\boldsymbol{g}_1$，$\boldsymbol{g}_2$，$\boldsymbol{g}_3$ 下表示为

$$\boldsymbol{a}=a^1\boldsymbol{g}_1+a^2\boldsymbol{g}_2+a^3\boldsymbol{g}_3=a^i\boldsymbol{g}_i \tag{2.8}$$

时，显然可得

$$\begin{aligned}&\frac{\partial \boldsymbol{a}}{\partial x}=\frac{\partial a^1}{\partial x}\boldsymbol{g}_1+\frac{\partial a^2}{\partial x}\boldsymbol{g}_2+\frac{\partial a^3}{\partial x}\boldsymbol{g}_3=\frac{\partial a^i}{\partial x}\boldsymbol{g}_i\\&\frac{\partial \boldsymbol{a}}{\partial y}=\frac{\partial a^i}{\partial y}\boldsymbol{g}_i,\ \frac{\partial \boldsymbol{a}}{\partial z}=\frac{\partial a^i}{\partial z}\boldsymbol{g}_i,\ \cdots\end{aligned} \tag{2.9}$$

这些是用向量函数在固定基 $\boldsymbol{g}_1$，$\boldsymbol{g}_2$，$\boldsymbol{g}_3$ 下的分量来计算向量函数偏导数的表达式. 在本书中我们假定所有的函数与向量函数都有足够的连续可微偏导数.

从 $\frac{\partial^2 \boldsymbol{a}}{\partial x\ \partial y}=\frac{\partial^2 a^i}{\partial x\ \partial y}\boldsymbol{g}_i$，$\frac{\partial^2 \boldsymbol{a}}{\partial y\ \partial x}=\frac{\partial^2 a^i}{\partial y\ \partial x}\boldsymbol{g}_i$，而 $\frac{\partial^2 a^i}{\partial x\ \partial y}=\frac{\partial^2 a^i}{\partial y\ \partial x}$，有

$$\frac{\partial^2 \boldsymbol{a}}{\partial x\ \partial y}=\frac{\partial^2 \boldsymbol{a}}{\partial y\ \partial x} \tag{2.10}$$

即偏导数与求导的次序无关. 我们在讨论曲面理论时会用到这一点.

对于偏导数，不难证明下列法则（作为练习）：

(i) $\frac{\partial}{\partial x}(\boldsymbol{a}\cdot\boldsymbol{b})=\boldsymbol{a}\cdot\frac{\partial \boldsymbol{b}}{\partial x}+\frac{\partial \boldsymbol{a}}{\partial x}\cdot\boldsymbol{b}$,

(ii) $\frac{\partial}{\partial x}(\boldsymbol{a}\times\boldsymbol{b})=\boldsymbol{a}\times\frac{\partial \boldsymbol{b}}{\partial x}+\frac{\partial \boldsymbol{a}}{\partial x}\times\boldsymbol{b}$.

对于微分，有（作为练习）

(i) $d(\boldsymbol{a}\cdot\boldsymbol{b})=\boldsymbol{a}\cdot d\boldsymbol{b}+d\boldsymbol{a}\cdot\boldsymbol{b}$

(ii) $d(\boldsymbol{a}\times\boldsymbol{b})=\boldsymbol{a}\times d\boldsymbol{b}+d\boldsymbol{a}\times\boldsymbol{b}$

**例 2.2.1**　设 $\boldsymbol{a}=(3x^2y-xy^2)\boldsymbol{g}_1+(e^{xy}-y^2\sin x)\boldsymbol{g}_2+(x^3\cos y)\boldsymbol{g}_3$，则有

$$\frac{\partial \boldsymbol{a}}{\partial x}=(6xy-y^2)\boldsymbol{g}_1+(ye^{xy}-y^2\cos x)\boldsymbol{g}_2+3x^2\cos y\boldsymbol{g}_3,$$

$$\frac{\partial \boldsymbol{a}}{\partial y}=(3x^2-2xy)\boldsymbol{g}_1+(xe^{xy}-2y\sin x)\boldsymbol{g}_2-x^3\sin y\boldsymbol{g}_3,$$

$$\frac{\partial^2 \boldsymbol{a}}{\partial x^2}=6y\boldsymbol{g}_1+(y^2e^{xy}+y^2\sin x)\boldsymbol{g}_2+6x\cos y\boldsymbol{g}_3,$$

$$\frac{\partial^2 \boldsymbol{a}}{\partial y^2}=-2x\boldsymbol{g}_1+(x^2e^{xy}-2\sin x)\boldsymbol{g}_2-x^3\cos y\boldsymbol{g}_3,$$

$$\frac{\partial^2 \boldsymbol{a}}{\partial x\,\partial y}=(6x-2y)\boldsymbol{g}_1+(e^{xy}+xye^{xy}-2y\cos x)\boldsymbol{g}_2-3x^2\sin y\boldsymbol{g}_3,$$

$$\frac{\partial^2 \boldsymbol{a}}{\partial y\,\partial x}=(6x-2y)\boldsymbol{g}_1+(e^{xy}+xye^{xy}-2y\cos x)\boldsymbol{g}_2-3x^2\sin y\boldsymbol{g}_3.$$

最后两个等式的右边是一样的,这表明了(2.10).

**例 2.2.2** 计算 $\frac{\partial^2}{\partial x\,\partial y}(\boldsymbol{a}\cdot\boldsymbol{b})$.

$$\frac{\partial^2}{\partial x\,\partial y}(\boldsymbol{a}\cdot\boldsymbol{b})=\frac{\partial}{\partial y}\left[\frac{\partial}{\partial x}(\boldsymbol{a}\cdot\boldsymbol{b})\right]=\frac{\partial}{\partial y}\left[\boldsymbol{a}\cdot\frac{\partial \boldsymbol{b}}{\partial x}+\frac{\partial \boldsymbol{a}}{\partial x}\cdot\boldsymbol{b}\right]$$
$$=\boldsymbol{a}\cdot\frac{\partial^2 \boldsymbol{b}}{\partial x\,\partial y}+\frac{\partial \boldsymbol{a}}{\partial y}\cdot\frac{\partial \boldsymbol{b}}{\partial x}+\frac{\partial \boldsymbol{a}}{\partial x}\cdot\frac{\partial \boldsymbol{b}}{\partial y}+\frac{\partial^2 \boldsymbol{a}}{\partial x\,\partial y}\cdot\boldsymbol{b}.$$

**例 2.2.3** 设 $\boldsymbol{a}=\boldsymbol{a}(x^1,x^2,x^3)=a^1(x^1,x^2,x^3)\boldsymbol{g}_1+a^2(x^1,x^2,x^3)\boldsymbol{g}_2+a^3(x^1,x^2,x^3)\boldsymbol{g}_3=a^i(x^1,x^2,x^3)\boldsymbol{g}_i$, 则有

$$\mathrm{d}\boldsymbol{a}=\mathrm{d}(a^i\boldsymbol{g}_i)=\mathrm{d}a^i\boldsymbol{g}_i.$$

又从

$$\mathrm{d}a^i=\frac{\partial a^i}{\partial x^j}\mathrm{d}x^j$$

则有

$$\mathrm{d}\boldsymbol{a}=\left(\frac{\partial a^i}{\partial x^j}\mathrm{d}x^j\right)\boldsymbol{g}_i=\left(\frac{\partial a^i}{\partial x^j}\boldsymbol{g}_i\right)\mathrm{d}x^j=\frac{\partial \boldsymbol{a}}{\partial x^j}\mathrm{d}x^j.$$

## §2.3 泰勒级数与链式法则

对于通常的函数 $f(t)$,在微分学中有**泰勒展开**

$$f(t+\Delta t)=f(t)+\frac{\mathrm{d}f(t)}{\mathrm{d}t}\Delta t+\frac{1}{2!}\frac{\mathrm{d}^2 f(t)}{\mathrm{d}t^2}(\Delta t)^2+\cdots \tag{2.11}$$

把这一公式用于向量值函数 $\boldsymbol{f}(t)$ 的各分量不难得出向量函数的泰勒公式

$$\boldsymbol{f}(t+\Delta t)=\boldsymbol{f}(t)+\frac{\mathrm{d}\boldsymbol{f}(t)}{\mathrm{d}t}\Delta t+\frac{1}{2!}\frac{\mathrm{d}^2 \boldsymbol{f}(t)}{\mathrm{d}t^2}(\Delta t)^2+\cdots \tag{2.12}$$

对于多变量的函数,例如说 $f(u, v)$,我们有

$$f(u+\Delta u, v+\Delta v)=f(u, v)+\frac{\partial f}{\partial u}\Delta u+\frac{\partial f}{\partial v}\Delta v+\frac{1}{2!}\left[\frac{\partial^2 f}{\partial u^2}(\Delta u)^2+2\frac{\partial^2 f}{\partial u\,\partial v}\Delta u\Delta v+\frac{\partial^2 f}{\partial v^2}(\Delta v)^2\right]+\cdots \tag{2.13}$$

相应地,对向量函数 $\boldsymbol{f}(u, v)$ 有

$$\boldsymbol{f}(u+\Delta u, v+\Delta v)=\boldsymbol{f}(u, v)+\frac{\partial \boldsymbol{f}}{\partial u}\Delta u+\frac{\partial \boldsymbol{f}}{\partial v}\Delta v+\frac{1}{2}\mathrm{d}^2\boldsymbol{f}+\cdots \tag{2.14}$$

其中

$$\mathrm{d}^2\boldsymbol{f}=\frac{\partial^2 \boldsymbol{f}}{\partial u^2}(\Delta u)^2+2\frac{\partial^2 \boldsymbol{f}}{\partial u\,\partial v}\Delta u\Delta v+\frac{\partial^2 \boldsymbol{f}}{\partial v^2}(\Delta v)^2 \tag{2.15}$$

下面我们再简要地叙述一下求复合向量函数导数的**链式法则**. 例如,对于 $\boldsymbol{w}=\boldsymbol{w}(x, y, z)$,而 $x=x(t)$, $y=y(t)$, $z=z(t)$,我们有

$$\frac{\mathrm{d}\boldsymbol{w}}{\mathrm{d}t}=\frac{\partial \boldsymbol{w}}{\partial x}\frac{\mathrm{d}x}{\mathrm{d}t}+\frac{\partial \boldsymbol{w}}{\partial y}\frac{\mathrm{d}y}{\mathrm{d}t}+\frac{\partial \boldsymbol{w}}{\partial z}\frac{\mathrm{d}z}{\mathrm{d}t}. \tag{2.16}$$

这就是说,通常微分学中求复合函数的链式法则,对向量值函数仍然成立.

泰勒(Brook Taylor, 1685－1731),英国数学家,对微积分的发展有贡献.

**例 2.3.1** 若 $f=f(x^1, x^2, x^3)$,而 $x^i=x^i(u^1, u^2)$, $i=1, 2, 3$,则

$$\frac{\partial f}{\partial u^i}=\frac{\partial f}{\partial x^1}\frac{\partial x^1}{\partial u^i}+\frac{\partial f}{\partial x^2}\frac{\partial x^2}{\partial u^i}+\frac{\partial f}{\partial x^3}\frac{\partial x^3}{\partial u^i}=\frac{\partial f}{\partial x^j}\frac{\partial x^j}{\partial u^i},\ i=1, 2.$$

这里 $j$ 是哑标,而 $i$ 是自由指标.

**例 2.3.2** 设 $\boldsymbol{v}=a\cos t\boldsymbol{i}-a\sin t\boldsymbol{j}$, $\theta=(1+t^2)^{1/2}$, $t>0$. 求$\dfrac{\mathrm{d}\boldsymbol{v}}{\mathrm{d}\theta}$.

利用链式法则,有

$$\frac{\mathrm{d}\boldsymbol{v}}{\mathrm{d}\theta}=\frac{\mathrm{d}\boldsymbol{v}}{\mathrm{d}t}\frac{\mathrm{d}t}{\mathrm{d}\theta}=(-a\sin t\boldsymbol{i}-a\cos t\boldsymbol{j})\frac{\mathrm{d}t}{\mathrm{d}\theta},$$

为了求 $\dfrac{\mathrm{d}t}{\mathrm{d}\theta}$,我们先计算出$\dfrac{\mathrm{d}\theta}{\mathrm{d}t}=\dfrac{1}{2}\dfrac{2t}{\sqrt{1+t^2}}=\dfrac{t}{\sqrt{1+t^2}}$. 由于 $t>0$, $\dfrac{\mathrm{d}\theta}{\mathrm{d}t}\neq 0$,因此$\dfrac{\mathrm{d}t}{\mathrm{d}\theta}=\dfrac{1}{\dfrac{\mathrm{d}\theta}{\mathrm{d}t}}=\dfrac{\sqrt{1+t^2}}{t}$. 所以,最后有

$$\frac{\mathrm{d}\boldsymbol{v}}{\mathrm{d}\theta}=-\frac{a}{t}(1+t^2)^{\frac{1}{2}}(\sin t\,\boldsymbol{i}+\cos t\,\boldsymbol{j}).$$

至此,你已打下了很好的数学基础,也有了足够的运算能力,那就让我们从下一章开始来研讨空间曲线与曲面的理论吧.

# 第二部分
# 曲线理论

从　空　间　曲　线　到　高　斯　-　博　内　定　理

在这一部分中，我们首先引入了正则曲线与容许参数这两个概念，并证明了弧长是一个容许参数.

接下来，我们阐明了曲线的切向量 $\boldsymbol{t}$，主法向量 $\boldsymbol{n}$，副法向量 $\boldsymbol{b}$，曲率向量 $\boldsymbol{k}$，以及与之相关的曲率 $\kappa$ 和挠率 $\tau$. 依此，我们证明了曲线理论中的弗雷内-塞雷公式. 这一公式揭示了 $\boldsymbol{t}$，$\boldsymbol{n}$，$\boldsymbol{b}$ 随弧长参数变化的规律.

最后，我们用弗雷内-塞雷公式证明了曲线理论中的一个基本定理：一条曲线由其上的曲率与挠率唯一确定.

# 第三章

# 有关曲线的一些概念

## §3.1 空间曲线的参数表示与正则曲线

在微积分学中,我们通常用

$$y=f(x) \tag{3.1}$$

来表示平面中的曲线. 这种表示法除了 $x$, $y$ 的地位不对称外,还可能在曲线上的有些点处,曲线的切线平行于 $y$ 轴,那时这些切线的斜率就为无穷大了. 为了避免这些问题,我们在微分几何中,通常采用的是曲线的参数表示法,即

$$x=x(t),\ y=y(t),\ a\leqslant t\leqslant b \tag{3.2}$$

同样,在三维空间 $\mathbf{R}^3$ 中,在取定了直角坐标系后,就用适当的参数 $t$,将所论的曲线 $C$ 用它上面点的位置向量 $\boldsymbol{x}$,表示为

$$\boldsymbol{x}=\boldsymbol{x}(t),\ t\in I, \tag{3.3}$$

即

$$\begin{aligned}\boldsymbol{x}=\boldsymbol{x}(t)&=x_1(t)\boldsymbol{i}+x_2(t)\boldsymbol{j}+x_3(t)\boldsymbol{k}\\&\equiv x^1(t)\boldsymbol{e}_1+x^2(t)\boldsymbol{e}_2+x^3(t)\boldsymbol{e}_3=x^i(t)\boldsymbol{e}_i\end{aligned} \tag{3.4}$$

对于所论的曲线 $C$ 以及所选择的参数 $t$,我们除了要求 $x^i=x^i(t)$, $i=1, 2, 3$, 在参数 $t$ 的取值区域 $I$ 中有足够的可微性之外,还要求它们满足 $\dfrac{\mathrm{d}x^i(t)}{\mathrm{d}t}$, $i=1, 2, 3$ 不全为零,即

$$\left(\frac{\mathrm{d}x^1}{\mathrm{d}t}\right)^2+\left(\frac{\mathrm{d}x^2}{\mathrm{d}t}\right)^2+\left(\frac{\mathrm{d}x^3}{\mathrm{d}t}\right)^2>0,\ \forall t\in I \tag{3.5}$$

其中符号 $\forall t$ 表示“对所有的 $t$”. 如果能满足这一点,那么我们就将曲线 $C$ 称为**正则曲线**,而参数 $t$ 则称为一个**容许参数**. 下面我们就只研究正则曲线.

如果用“$'$”来表示对参数的求导,那么从(3.4)就有

$$\frac{\mathrm{d}}{\mathrm{d}t}\boldsymbol{x}(t)=\boldsymbol{x}'(t)=(x^i(t))'\boldsymbol{e}_i \tag{3.6}$$

于是

$$\begin{aligned}|\boldsymbol{x}'|^2&=\boldsymbol{x}'\cdot\boldsymbol{x}'=(x^i)'\boldsymbol{e}_i\cdot(x^j)'\boldsymbol{e}_j=(x^i)'(x^j)'\delta_{ij}\\&=\left(\frac{\mathrm{d}x^1}{\mathrm{d}t}\right)^2+\left(\frac{\mathrm{d}x^2}{\mathrm{d}t}\right)^2+\left(\frac{\mathrm{d}x^3}{\mathrm{d}t}\right)^2\end{aligned} \tag{3.7}$$

所以,(3.5)的要求就等价于

$$|\boldsymbol{x}'|\neq 0,\ 或\ \boldsymbol{x}'\neq\boldsymbol{0} \tag{3.8}$$

由此,如果把 $\boldsymbol{x}=\boldsymbol{x}(t)$ 看成是质点 $m$ 随时间 $t$ 在空间中的运动轨迹(参见§2.1),那么 $\boldsymbol{x}'$就是 $m$ 的速度. $\boldsymbol{x}'\neq\boldsymbol{0}$ 表示质点 $m$ 在整个时间段 $I$ 中一直在运动.

**例 3.1.1** 平面曲线 $C$: $x^1=t+1$, $x^2=t^2+3$, $-\infty<t<\infty$.

此时 $y=x^2=t^2+3=(t+1)^2-2(t+1)+4=(x^1)^2-2x^1+4=x^2-2x+4$, $-\infty<t<\infty$. 这是平面中的一条抛物线. 从 $\boldsymbol{x}=\boldsymbol{x}(t)=x^1\boldsymbol{i}+x^2\boldsymbol{j}=(t+1)\boldsymbol{i}+(t^2+3)\boldsymbol{j}$,有 $\boldsymbol{x}'=\boldsymbol{i}+2t\boldsymbol{j}\neq\boldsymbol{0}$. 这表明此抛物线是一条正则曲线,而上述参数 $t$ 是一个容许参数.

**例 3.1.2** **圆柱螺线** $\boldsymbol{x}=a\cos t\boldsymbol{e}_1+a\sin t\boldsymbol{e}_2+bt\boldsymbol{e}_3$, $a,b>0$, $-\infty<t<\infty$.

从 $\boldsymbol{x}'=-a\sin t\boldsymbol{e}_1+a\cos t\boldsymbol{e}_2+b\boldsymbol{e}_3\neq\boldsymbol{0}$, 可知此螺线是正则的,且参数 $t$ 是一个容许参数. 该曲线位于半径为 $a$ 的直圆柱面上, $x^3=bt$ 使该曲线上的点均匀地在 $x^3$ 方向上向上移动(图 3.1.1). $t$ 增加 $2\pi$, $x^1$ 和 $x^2$ 回到原来的值,而 $x^3$ 增加 $2\pi b$. 量 $2\pi b$ 称为该螺线的**螺距**(参见

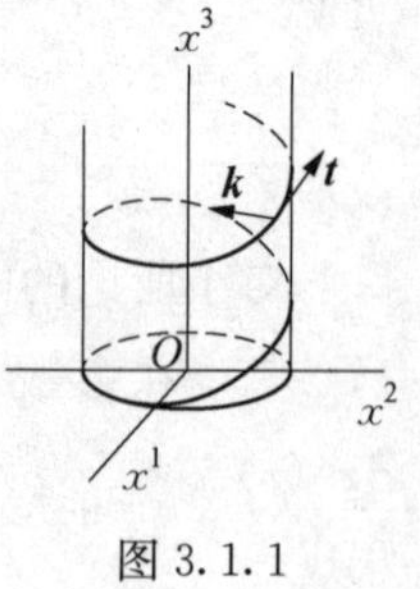

图 3.1.1

§3.4,例4.3.3)

## §3.2　容许参数

设曲线 $C$ 是一条正则曲线,且 $t$ 是它的一个容许参数,然而我们有时需要用另一个参数 $w$ 来表示该曲线,也即通过 $w=w(t)$, 把参数 $t$ 转变为 $w$. 此时我们除了要求 $t=t(w)$ 存在,且 $w=w(t)$ 与 $t=t(w)$ 都有很好的可微性质外,还要求 $w$ 也必须是一个容许参数,即

$$\frac{\mathrm{d}\boldsymbol{x}}{\mathrm{d}w} \neq \boldsymbol{0}, \ \forall w \in I_w, \tag{3.9}$$

于是从

$$\frac{\mathrm{d}\boldsymbol{x}}{\mathrm{d}w} = \frac{\mathrm{d}\boldsymbol{x}}{\mathrm{d}t}\frac{\mathrm{d}t}{\mathrm{d}w}, \tag{3.10}$$

可知 $w$ 是容许的,当且仅当

$$\frac{\mathrm{d}t}{\mathrm{d}w} \neq 0, \text{或} \frac{\mathrm{d}w}{\mathrm{d}t} \neq 0 \tag{3.11}$$

**例 3.2.1**　设参数 $t$ 的取值范围为 $a \leqslant t \leqslant b$, $a < b$,即 $I_t = [a, b]$. 现作参数变换 $w = \dfrac{t-a}{b-a}$,那么 $t = (b-a)w + a$,且 $I_w = [0, 1]$. 由 $\dfrac{\mathrm{d}t}{\mathrm{d}w} = b-a > 0$,可知上述参数变换是一个容许变换,即若 $t$ 是一个容许参数,则 $w$ 也是一个容许参数.

## §3.3　简单曲线

我们考虑平面曲线 $\boldsymbol{x}(t) = a\cos t\boldsymbol{i} + a\sin t\boldsymbol{j}$, $t \in (0, 2\pi)$,与 $\boldsymbol{y}(t) = a\cos 2t\boldsymbol{i} + a\sin 2t\boldsymbol{j}$, $t \in (0, 2\pi)$. 这两条曲线的图形显然是一样的,都是一个半径为 $a$ 的圆. 但是,前一条曲线从 $t=0$ 到 $t=2\pi$,划出了一个圆周,而后一条曲线却划出了两个圆周,两者长度不一样,因而是两条不同的曲线. 为了排除这种情况,我们对讨论的曲线除了有正则性的要求之外,还要求它们是简单

的,即若 $t_1 \neq t_2$,就要有 $\boldsymbol{x}(t_1) \neq \boldsymbol{x}(t_2)$. 换言之,要求所研究的曲线没有多重点. 图 3.1.1 所示的圆柱螺线是简单曲线.

**例 3.3.1** $x^2+y^2=a^2$, $a>0$ 是原点 $O$ 为圆心, $a$ 为半径的圆的方程. 取参数 $\theta$, $-\infty<\theta<\infty$,而令 $x=a\cos\theta$, $y=a\sin\theta$, 则该圆上点的位置向量为 $\boldsymbol{x}(\theta)=a\cos\theta\boldsymbol{i}+a\sin\theta\boldsymbol{j}$. 此时从 $\dfrac{\mathrm{d}\boldsymbol{x}}{\mathrm{d}\theta}=-a\sin\theta\boldsymbol{i}+a\cos\theta\boldsymbol{j}$,有 $\left|\dfrac{\mathrm{d}\boldsymbol{x}}{\mathrm{d}\theta}\right|=a\neq 0$. 因此, $\boldsymbol{x}$ 是一条正则曲线,且 $\theta$ 是一个容许参数. 不过由前述可知 $\boldsymbol{x}$ 不是一条简单曲线. 然而局部地考虑,例如在 $\theta_0$ 处,考虑 $\theta_0-\dfrac{1}{2}\pi<\theta<\theta_0+\dfrac{1}{2}\pi$,那么 $\boldsymbol{x}$ 就是一条简单曲线了.

## §3.4 曲线的正投影

设有曲线 $C$: $\boldsymbol{x}=x^i(t)\boldsymbol{e}_i$, $t\in I$. 对于 $t_0\in I$,曲线 $C$ 上有点 $\boldsymbol{x}(t_0)=(x^1(t_0), x^2(t_0), x^3(t_0))$. 它在 $x^1x^2$ 平面上给出了点 $(x^1(t_0), x^2(t_0))$. 将此点与点 $\boldsymbol{x}(t_0)$ 相连,这就有了垂直于 $x^1x^2$ 平面的一条直线:

$(x^1(t_0), x^2(t_0), k)$, $-\infty<k<\infty$ (参见图 3.4.1). 若让 $t_0\in I$ 变动,这就得出了一族垂直于 $x^1x^2$ 平面的直线:

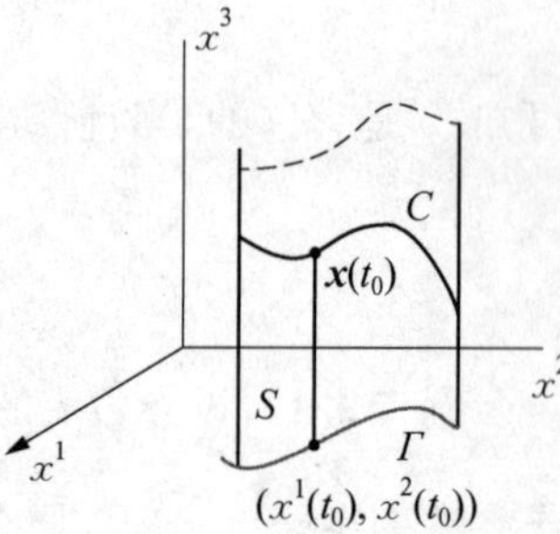

图 3.4.1

$$x^1=x^1(t),\ x^2=x^2(t),\ x^3=k,\ t\in I,\ -\infty<k<\infty$$

它们的全体构成了过曲线 $C$ 且垂直于 $x^1x^2$ 平面的一个柱面 $S$. $S$ 与 $x^1x^2$ 平面的交线 $\Gamma$ 称为 $\boldsymbol{x}(t)$ 到 $x^1x^2$ 平面上的正投影. $\Gamma$ 的方程显然为

$$x^1=x^1(t),\ x^2=x^2(t),\ x^3=0. \tag{3.12}$$

**例 3.4.1** 上述曲线 $C$ 在 $x^2x^3$ 平面与 $x^1x^3$ 平面上的正投影分别为

$$x^1=0,\ x^2=x^2(t),\ x^3=x^3(t),$$
$$x^1=x^1(t),\ x^2=0,\ x^3=x^3(t).$$

**例 3.4.2** 圆柱螺线 $\boldsymbol{x}=a\cos t\boldsymbol{e}_1+a\sin t\boldsymbol{e}_2+bt\boldsymbol{e}_3$，$a$，$b>0$，$-\infty<t<\infty$（参见例 3.1.2）在 $x^1x^2$，$x^2x^3$，$x^1x^3$ 平面上的正投影分别为

$$x^1=a\cos t,\ x^2=a\sin t,\ x^3=0,$$
$$x^1=0,\ x^2=a\sin t,\ x^3=bt,$$
$$x^1=a\cos t,\ x^2=0,\ x^3=bt.$$

## §3.5 弧长的定义与弧长的计算

若把曲线 $C$：$\boldsymbol{x}=\boldsymbol{x}(t)$ 理解为质点 $m$ 随时间 $t$ 在空间中划出的轨迹，那么 $C$ 就有了方向：质点 $m$ 运动的方向取为 $C$ 的正方向. 再者，在该曲线上针对 $t=t_0$，取定对应于 $\boldsymbol{x}(t_0)$的点 $P_0$，那么只要该质点的速度不为零，那么它以 $P_0$ 为出发点所经过的路程——弧长 $s$，便按 $t$ 单调地增加. 这样，参数 $t$ 与弧长之间就有了一个 1－1 对应：由 $t$ 决定$s$，反过来由 $s$ 决定$t$，即有 $s=s(t)$，$t=t(s)$.

我们对曲线的正则性的假定（参见(3.7)）保证了质点 $m$ 不会停下来. 不过，弧长作为参数是否是容许参数呢？这个问题我们将在下一节中去研究. 为此，我们先导出弧长的计算公式.

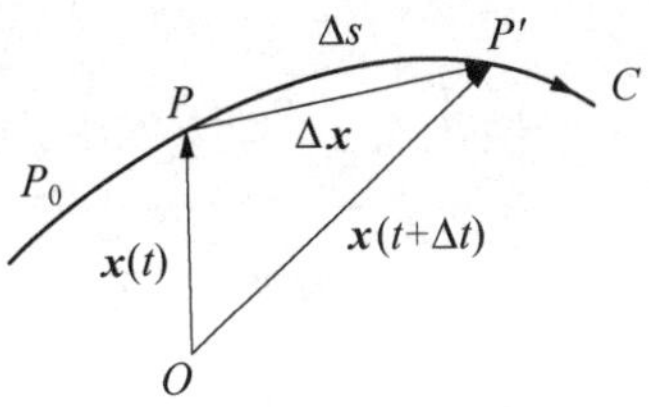


图 3.5.1

从 $\boldsymbol{x}=x\boldsymbol{e}_1+y\boldsymbol{e}_2+z\boldsymbol{e}_3$，有（图 3.5.1）

$$\Delta\boldsymbol{x}=\Delta x\boldsymbol{e}_1+\Delta y\boldsymbol{e}_2+\Delta z\boldsymbol{e}_3 \tag{3.13}$$

于是

$$(\Delta\boldsymbol{x})\cdot(\Delta\boldsymbol{x})=(\Delta x)^2+(\Delta y)^2+(\Delta z)^2 \tag{3.14}$$

以及

$$\frac{\Delta\boldsymbol{x}\cdot\Delta\boldsymbol{x}}{\Delta t\Delta t}=\left(\frac{\Delta x}{\Delta t}\right)^2+\left(\frac{\Delta y}{\Delta t}\right)^2+\left(\frac{\Delta z}{\Delta t}\right)^2 \tag{3.15}$$

当 $\Delta t\to 0$ 时，$|\Delta\boldsymbol{x}|\to|\mathrm{d}\boldsymbol{x}|=\mathrm{d}s$，而得到

$$ds=|d\boldsymbol{x}|=\left|\frac{d\boldsymbol{x}}{dt}\right|dt=\sqrt{\left(\frac{dx}{dt}\right)^2+\left(\frac{dy}{dt}\right)^2+\left(\frac{dz}{dt}\right)^2}\,dt \tag{3.16}$$

这样就得出

**定理 3.5.1** 曲线 $C:\boldsymbol{x}(t)$，$a\leqslant t\leqslant b$ 的弧长为

$$s(C)=\int_a^b ds=\int_a^b|d\boldsymbol{x}|=\int_a^b\left|\frac{d\boldsymbol{x}}{dt}\right|dt=\int_a^b\sqrt{\left(\frac{dx}{dt}\right)^2+\left(\frac{dy}{dt}\right)^2+\left(\frac{dz}{dt}\right)^2}\,dt \tag{3.17}$$

将 $\left|\frac{d\boldsymbol{x}}{dt}\right|$ 看成质点 $m$ 的速率，那么此式就是该质点在 $[a, b]$ 时间段内走过的路程 $s$.

**例 3.5.1** 计算圆柱螺线 $\boldsymbol{x}=a\cos t\boldsymbol{e}_1+a\sin t\boldsymbol{e}_2+bt\boldsymbol{e}_3$(参见例 3.1.2)在 $0\leqslant t\leqslant 2\pi$ 段中的弧长.

从 $d\boldsymbol{x}=(-a\sin t\boldsymbol{e}_1+a\cos t\boldsymbol{e}_2+b\boldsymbol{e}_3)dt$，有

$$s=\int_0^{2\pi}|d\boldsymbol{x}|=\int_0^{2\pi}\sqrt{a^2\sin^2 t+a^2\cos^2 t+b^2}\,dt=2\pi\sqrt{a^2+b^2}$$

**例 3.5.2** 在上例中，若计算参数 $t$ 从 0 到 $t$ 段的弧长 $s$，则有

$$s(t)=\int_0^t|d\boldsymbol{x}|=\sqrt{a^2+b^2}\,t.$$

这就得出原参数 $t$ 与弧长参数 $s$ 两者之间的关系：

$$s(t)=\sqrt{a^2+b^2}\,t,\ t(s)=\frac{1}{\sqrt{a^2+b^2}}s$$

**例 3.5.3** 求圆柱螺线的位置向量 $\boldsymbol{x}$ 对弧长参数 $s$ 的导向量的大小.

从例 3.5.1，例 3.5.2，有 $\boldsymbol{x}=\boldsymbol{x}(s)=a\cos\frac{s}{\sqrt{a^2+b^2}}\boldsymbol{e}_1+a\sin\frac{s}{\sqrt{a^2+b^2}}\boldsymbol{e}_2+\frac{bs}{\sqrt{a^2+b^2}}\boldsymbol{e}_3$. 因此 $\left|\frac{d\boldsymbol{x}}{ds}\right|=\left|\frac{-a}{\sqrt{a^2+b^2}}\sin\frac{s}{\sqrt{a^2+b^2}}\boldsymbol{e}_1+\frac{a}{\sqrt{a^2+b^2}}\cos\frac{s}{\sqrt{a^2+b^2}}\boldsymbol{e}_2+\frac{b}{\sqrt{a^2+b^2}}\boldsymbol{e}_3\right|=1$，即 $\boldsymbol{x}$ 对弧长参数 $s$ 的导向量为单位向量.

## §3.6　弧长参数作为容许参数

设曲线 $C:\boldsymbol{x}(t)$是正则曲线，而 $t$ 是一个容许参数，则在(3.17)中令 $a=t_0$，$b=t$，则有

$$s(t)=\int_{t_0}^{t}\left|\frac{\mathrm{d}\boldsymbol{x}}{\mathrm{d}t}\right|\mathrm{d}t \tag{3.18}$$

这就给出了

$$s=s(t) \tag{3.19}$$

又从(3.16)有

$$\frac{\mathrm{d}s}{\mathrm{d}t}=\left|\frac{\mathrm{d}\boldsymbol{x}}{\mathrm{d}t}\right|=|\boldsymbol{x}'|\neq 0 \tag{3.20}$$

其中最后一步用到了(3.8). 因此，可知弧长参数是容许参数(参见(3.11)). 于是可将曲线 $C$ 表示为$C:\boldsymbol{x}(s)$. 用弧长 $s$ 来作参数是方便的，其中一个原因是 $\boldsymbol{x}(s)$对 $s$ 的导向量的大小为 1：

$$\left|\frac{\mathrm{d}\boldsymbol{x}}{\mathrm{d}s}\right|=\frac{|\mathrm{d}\boldsymbol{x}|}{\mathrm{d}s}=\frac{\mathrm{d}s}{\mathrm{d}s}=1 \tag{3.21}$$

即$\dfrac{\mathrm{d}\boldsymbol{x}}{\mathrm{d}s}$是单位向量.

如果曲线 $C:\boldsymbol{x}(w)$，而参数 $w$ 满足 $\left|\dfrac{\mathrm{d}\boldsymbol{x}}{\mathrm{d}w}\right|=1$，则称它是 $C$ 的一个**自然参数**. 由此定义，可知弧长参数是 $C$ 的一个自然参数，那么 $C$ 是否还有其他的自然参数呢?

**例 3.6.1**　研究 $C$ 的任意自然参数 $w$ 与 $C$ 的弧长参数 $s$ 的关系.

由 $C$：$\boldsymbol{x}(s)=\boldsymbol{x}^*(w)$，那么由$\left|\dfrac{\mathrm{d}\boldsymbol{x}^*}{\mathrm{d}w}\right|=1$，可知自然参数是一个容许参数(参见(3.5)). 此外，设 $s=s(w)$，则从

$$1=\left|\frac{\mathrm{d}\boldsymbol{x}^*}{\mathrm{d}w}\right|=\left|\frac{\mathrm{d}\boldsymbol{x}}{\mathrm{d}s}\right|\left|\frac{\mathrm{d}s}{\mathrm{d}w}\right|=\left|\frac{\mathrm{d}s}{\mathrm{d}w}\right|$$

有

$$\frac{\mathrm{d}s}{\mathrm{d}w}=\pm 1,\text{或 } \mathrm{d}w=\pm\mathrm{d}s$$

于是最后有

$$w=\pm s+c_0$$

这表明任意自然参数与弧长 $s$ 的不同只在于起始点选取的不同(不同的常数 $c_0$),或在于质点 $m$ 运动方向的选取($\pm s$).

以后我们对一般参数的求导运算用“′”表示,对弧长参数的求导运算用“·”表示,除非另有说明:$\frac{\mathrm{d}\boldsymbol{x}}{\mathrm{d}t}=\boldsymbol{x}'$, $\frac{\mathrm{d}\boldsymbol{x}}{\mathrm{d}s}=\dot{\boldsymbol{x}}$, $\frac{\mathrm{d}^2\boldsymbol{x}}{\mathrm{d}t^2}=\boldsymbol{x}''$, $\frac{\mathrm{d}^2\boldsymbol{x}}{\mathrm{d}s^2}=\ddot{\boldsymbol{x}}$, ….

# 第四章

# 空间曲线的曲率、挠率以及弗雷内-塞雷公式

## §4.1 曲线的切线与切向量

使用弧长参数 $s$，可将曲线 $C$ 表示为 $C$：$\boldsymbol{x}(s)$. 由此，对 $C$ 上的每一点 $P$，可得出 $C$ 的第一个重要几何量(参见§2.1，§3.5)——$\boldsymbol{x}$ 对 $s$ 的导向量：

$$\boldsymbol{t}=\dot{\boldsymbol{x}}=\frac{\mathrm{d}\boldsymbol{x}}{\mathrm{d}s} \tag{4.1}$$

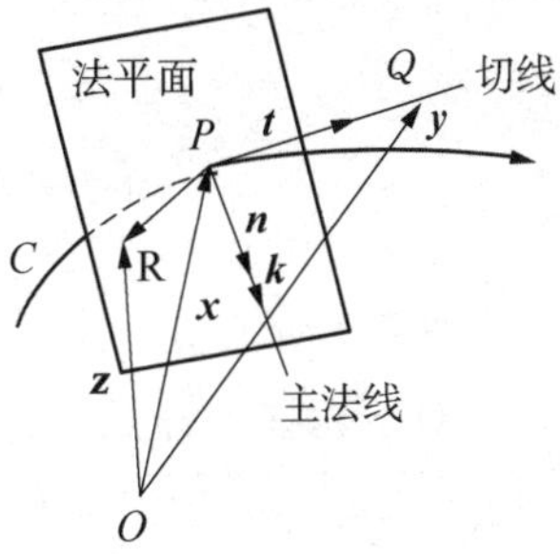

图 4.1.1

$\boldsymbol{t}$ 是单位向量(参见(3.21))，沿着点 $P$ 的切线方向(图 4.1.1)，所以我们把它称为曲线 $C$ 在点 $P$ 的切向量($\boldsymbol{t}$ 是英语词汇 tangent(正切的)一词的首字母).

**例 4.1.1** 任意容许参数 $t$ 下切向量的表达式. 从 $\boldsymbol{x}=\boldsymbol{x}(t)$ 有 $\boldsymbol{x}'=\frac{\mathrm{d}\boldsymbol{x}}{\mathrm{d}t}=\frac{\mathrm{d}\boldsymbol{x}}{\mathrm{d}s}\frac{\mathrm{d}s}{\mathrm{d}t}=\frac{\mathrm{d}s}{\mathrm{d}t}\boldsymbol{t}=\left|\frac{\mathrm{d}\boldsymbol{x}}{\mathrm{d}t}\right|\boldsymbol{t}$，其中用到了(3.20). 由此得到

$$\boldsymbol{t}=\frac{\boldsymbol{x}'}{\left|\frac{\mathrm{d}\boldsymbol{x}}{\mathrm{d}t}\right|}=\frac{\boldsymbol{x}'}{|\boldsymbol{x}'|}. \tag{4.2}$$

**例 4.1.2** 圆柱螺线 $\boldsymbol{x}=a\cos t\boldsymbol{e}_1+a\sin t\boldsymbol{e}_2+bt\boldsymbol{e}_3$，$a$，$b>0$，$-\infty<t<\infty$ 的切向量.

从例 3.1.2 有 $\boldsymbol{x}'=-a\sin t\boldsymbol{e}_1+a\cos t\boldsymbol{e}_2+b\boldsymbol{e}_3$，$|\boldsymbol{x}'|=\sqrt{a^2+b^2}$，因此，$\boldsymbol{t}=\dfrac{\boldsymbol{x}'}{|\boldsymbol{x}'|}=\dfrac{1}{\sqrt{a^2+b^2}}(-a\sin t\boldsymbol{e}_1+a\cos t\boldsymbol{e}_2+b\boldsymbol{e}_3)$. 也可以由例 3.5.3 得到 $\boldsymbol{t}=\dot{\boldsymbol{x}}=\dfrac{\mathrm{d}\boldsymbol{x}}{\mathrm{d}s}=\dfrac{1}{\sqrt{a^2+b^2}}\left(-a\sin\dfrac{s}{\sqrt{a^2+b^2}}\boldsymbol{e}_1+a\cos\dfrac{s}{\sqrt{a^2+b^2}}\boldsymbol{e}_2+b\boldsymbol{e}_3\right)$，结果一样. 另外，从 $\boldsymbol{t}\cdot\boldsymbol{e}_3=\dfrac{b}{\sqrt{a^2+b^2}}$，可知沿着该曲线，切向量与 $x^3$ 轴构成的角是一个常数(参见图 3.1.1).

**例 4.1.3** 试求平面直线的切向量.

不失一般性，设平面直线的方程为 $y=ax$. 这是一条过原点 $O$，斜率为 $a$ 的直线. 取 $t=x$，有 $\boldsymbol{x}=x\boldsymbol{i}+y\boldsymbol{j}=t\boldsymbol{i}+at\boldsymbol{j}$. 从 $\boldsymbol{x}'=\boldsymbol{i}+a\boldsymbol{j}\neq\boldsymbol{0}$，可知 $t$ 是容许的，且有 $\boldsymbol{t}=\dfrac{\boldsymbol{x}'}{|\boldsymbol{x}'|}=\dfrac{1}{\sqrt{a^2+1}}(\boldsymbol{i}+a\boldsymbol{j})$，因此直线上各点的切向量都是一样的，也可以以 $s=\int_0^t|\mathrm{d}\boldsymbol{x}|=\int_0^t\sqrt{1+a^2}\,\mathrm{d}t=\sqrt{1+a^2}\,t$ (参见(3.18))引入弧长参数 $s$ 来得出同样结果. 请试一下. 对于空间直线，也有同样的结论.

## §4.2 切线方程与法平面方程

现在来求曲线上点 $P$ 的切线的方程.

对于切线上任意一点 $Q$，设其位置向量为 $\boldsymbol{y}$，则从(参见图 4.1.1) $\overrightarrow{OP}+\overrightarrow{PQ}=\overrightarrow{OQ}=\boldsymbol{y}$，$\overrightarrow{PQ}=k\boldsymbol{t}$，有

$$\boldsymbol{y}=\boldsymbol{x}+k\boldsymbol{t},\ -\infty<k<\infty \tag{4.3}$$

为了得出(4.3)的明晰表达式，设

$$\boldsymbol{x}=x^i\boldsymbol{e}_i,\ \boldsymbol{y}=y^i\boldsymbol{e}_i,\ \boldsymbol{t}=\dot{x}^i\boldsymbol{e}_i$$

就有

$$y^i=x^i+k\dot{x}^i,\ -\infty<k<\infty \tag{4.4}$$

即切线方程为

$$\frac{y^1-x^1}{\dot{x}^1}=\frac{y^2-x^2}{\dot{x}^2}=\frac{y^3-x^3}{\dot{x}^3},\tag{4.5}$$

下面再来求过点 $P$ 且垂直于切线的法平面(参见图 4.1.1)的方程. 设该平面上任意一点 $R$ 的位置向量为 $\boldsymbol{z}=z^i\boldsymbol{e}_i$,则从 $\overrightarrow{PR}=\overrightarrow{OR}-\overrightarrow{OP}=\boldsymbol{z}-\boldsymbol{x}$ 垂直于 $\boldsymbol{t}$,就有

$$(\boldsymbol{z}-\boldsymbol{x})\cdot\boldsymbol{t}=(z^i-x^i)\boldsymbol{e}_i\cdot\dot{x}^j\boldsymbol{e}_j=\sum_{i=1}(z^i-x^i)\dot{x}^i=0\tag{4.6}$$

即

$$(z^1-x^1)\frac{\mathrm{d}x^1}{\mathrm{d}s}+(z^2-x^2)\frac{\mathrm{d}x^2}{\mathrm{d}s}+(z^3-x^3)\frac{\mathrm{d}x^3}{\mathrm{d}s}=0\tag{4.7}$$

**例 4.2.1**　一般参数 $t$ 下的切线方程与法平面方程

对于 $C$: $\boldsymbol{x}(t)$,从 $\boldsymbol{t}=\frac{\mathrm{d}t}{\mathrm{d}s}\boldsymbol{x}'$(参见例 4.1.1),以及 $\frac{\mathrm{d}t}{\mathrm{d}s}\neq 0$(参见(3.20),容易把(4.3),(4.6)推广为

$$\boldsymbol{y}=\boldsymbol{x}-k\boldsymbol{x}',$$
$$(\boldsymbol{z}-\boldsymbol{x})\cdot\boldsymbol{x}'=0.$$

**例 4.2.2**　求 $C$: $\boldsymbol{x}=t\boldsymbol{i}+t^2\boldsymbol{j}+t^3\boldsymbol{k}$ 在 $t=1$ 点的切线方程与法平面方程.

首先求出 $\boldsymbol{x}'=\boldsymbol{i}+2t\boldsymbol{j}+3t^2\boldsymbol{k}$,于是在 $t=1$ 点有 $\boldsymbol{x}=\boldsymbol{i}+\boldsymbol{j}+\boldsymbol{k}$, $\boldsymbol{x}'=\boldsymbol{i}+2\boldsymbol{j}+3\boldsymbol{k}$. 由此可得切线方程为

$$\boldsymbol{y}=(1+k)\boldsymbol{i}+(1+2k)\boldsymbol{j}+(1+3k)\boldsymbol{k},\ -\infty<k<\infty.$$

若令法平面上点的位置向量为 $\boldsymbol{z}=z_1\boldsymbol{i}+z_2\boldsymbol{j}+z_3\boldsymbol{k}$,那么法平面的方程就是 $(\boldsymbol{z}-\boldsymbol{x})\cdot\boldsymbol{x}'=z_1+2z_2+3z_3-6=0$.

## §4.3　曲线的曲率与曲率向量 $\boldsymbol{k}$

下面我们来研究切向量 $\boldsymbol{t}$ 关于 $s$ 的导向量

$$\dot{\boldsymbol{t}}=\frac{\mathrm{d}\boldsymbol{t}}{\mathrm{d}s}=\frac{\mathrm{d}}{\mathrm{d}s}\left(\frac{\mathrm{d}\boldsymbol{x}}{\mathrm{d}s}\right)=\ddot{\boldsymbol{x}}(s)\equiv\boldsymbol{k}(s)\tag{4.8}$$

我们将 $\boldsymbol{k}(s)$ 称为曲线 $C$ 在点 $P$ 的曲率向量（$k$ 是德语 krümmung（曲率）一词的首字母）. 由例 4.1.3 可知：由于直线的 $\boldsymbol{t}(s)$ 是一个常向量，所以直线的曲率向量是零向量——直线没有弯曲. 如果 $\boldsymbol{k}(s)$ 不是零向量，那么 $\kappa\equiv|\boldsymbol{k}(s)|>0$，称为点 $P$ 的曲率，而由此定义的

$$r\equiv\frac{1}{\kappa}=\frac{1}{|\boldsymbol{k}|}\tag{4.9}$$

称为点 $P$ 的曲率半径. 关于曲率的几何意义请参阅附录 1 中的叙述.

**例 4.3.1**　曲线 $C$：$\boldsymbol{x}=a\cos t\boldsymbol{i}+a\sin t\boldsymbol{j}$，试求它的曲率向量，曲率，与曲率半径.

这是一个圆心 $O$ 在原点，半径为 $a$ 的圆. 从 $\boldsymbol{x}'=-a\sin t\boldsymbol{i}+a\cos t\boldsymbol{j}$，有 $\boldsymbol{t}=\frac{\boldsymbol{x}'}{|\boldsymbol{x}'|}=-\sin t\boldsymbol{i}+\cos t\boldsymbol{j}$，而 $s=\int_0^t|\mathrm{d}\boldsymbol{x}|=\int_0^t a\,\mathrm{d}t=at$，这就给出

$$\boldsymbol{k}(s)=\dot{\boldsymbol{t}}=\frac{\mathrm{d}\boldsymbol{t}}{\mathrm{d}s}=\frac{\mathrm{d}\boldsymbol{t}}{\mathrm{d}t}\frac{\mathrm{d}t}{\mathrm{d}s}=(-\cos t\boldsymbol{i}-\sin t\boldsymbol{j})\frac{1}{a}$$

于是 $\kappa=|\boldsymbol{k}(s)|=\frac{1}{a}$，$r=a$.

**例 4.3.2**　计算 $C$：$\boldsymbol{x}(t)$ 的曲率向量 $\boldsymbol{k}$.

从(4.8)，有

$$\boldsymbol{k}(s)=\dot{\boldsymbol{t}}=\frac{\mathrm{d}\boldsymbol{t}}{\mathrm{d}s}=\frac{\mathrm{d}\boldsymbol{t}}{\mathrm{d}t}\frac{\mathrm{d}t}{\mathrm{d}s}=\frac{\boldsymbol{t}'}{\frac{\mathrm{d}s}{\mathrm{d}t}}=\frac{\boldsymbol{t}'}{\left|\frac{\mathrm{d}\boldsymbol{x}}{\mathrm{d}t}\right|}=\frac{\boldsymbol{t}'}{|\boldsymbol{x}'|},$$

推导中我们用到了(3.20).

**例 4.3.3**　试求圆柱螺线 $\boldsymbol{x}=a\cos t\boldsymbol{e}_1+a\sin t\boldsymbol{e}_2+bt\boldsymbol{e}_3$，$a,b>0$，$-\infty<t<\infty$ 的曲率向量 $\boldsymbol{k}$ 和曲率 $\kappa$.

在例 4.1.2 中我们已求得 $\boldsymbol{t}=\frac{1}{\sqrt{a^2+b^2}}(-a\sin t\boldsymbol{e}_1+a\cos t\boldsymbol{e}_2+b\boldsymbol{e}_3)$

于是有 $\boldsymbol{k}(s)=\frac{\boldsymbol{t}'}{|\boldsymbol{x}'|}=\frac{1}{\sqrt{a^2+b^2}}(-a\cos t\boldsymbol{e}_1-a\sin t\boldsymbol{e}_2)\frac{1}{\sqrt{a^2+b^2}}=-\frac{a}{a^2+b^2}(\cos t\boldsymbol{e}_1+\sin t\boldsymbol{e}_2)$. 由此可见 $\boldsymbol{k}(s)$ 是平行 $x^1x^2$ 平面的，并指向

$x^3$ 轴. $\kappa=|\boldsymbol{k}(s)|=\dfrac{a}{a^2+b^2}$ 是一个常数(参见图 3.1.1).

**例 4.3.4**　由于 $\boldsymbol{t}(s)$是单位向量,于是由例 2.1.2 可知 $\boldsymbol{t}$ 与$\dot{\boldsymbol{t}}$ 是垂直的,或者说切向量与曲率向量是正交的.

## §4.4　应用:空间曲线是直线的充要条件

若 $C$: $\boldsymbol{x}=\boldsymbol{x}(s)$ 是一条直线,那么由例 4.1.3 可知它的切向量是一个常向量,因此它的曲率向量处处为零. 反过来,若 $\boldsymbol{k}$ 处处为零,那么 $\dot{\boldsymbol{t}}\equiv\boldsymbol{0}$,也即$\dfrac{\mathrm{d}\boldsymbol{t}}{\mathrm{d}s}=\boldsymbol{0}$. 因此,通过积分得出 $\boldsymbol{t}$ 等于一个不等于零(参见(3.8))的单位常向量 $\boldsymbol{a}$(参见(4.1)). 然后,从 $\boldsymbol{t}=\dfrac{\mathrm{d}\boldsymbol{x}}{\mathrm{d}s}=\boldsymbol{a}$,再次积分就有 $\boldsymbol{x}(s)=s\boldsymbol{a}+\boldsymbol{b}$, 其中 $\boldsymbol{b}$ 是一个常向量,这表明 $\boldsymbol{x}(s)$是一条过 $\boldsymbol{b}=\boldsymbol{x}(0)$, 而与 $\boldsymbol{a}$ 平行的直线. 我们把这里的论证结果归纳为下列定理:

**定理 4.4.1**　一条正则曲线是一条直线的充要条件是它的曲率向量 $\boldsymbol{k}$ 处处为零向量,换言之它的曲率 $\kappa$ 处处为零.

## §4.5　曲线的主法线与主法线单位向量 $\boldsymbol{n}$

曲线的曲率向量 $\boldsymbol{k}$ 是一个重要的几何量,因为它反映了曲线的弯曲程度. 它在曲面理论中也有重要应用(参见第六章). 我们假定 $\boldsymbol{k}\neq\boldsymbol{0}$,也即 $\kappa\neq 0$, 由此我们引入

$$\boldsymbol{n}=\frac{\boldsymbol{k}}{|\boldsymbol{k}|}=\frac{\boldsymbol{k}}{\kappa} \tag{4.10}$$

即

$$\boldsymbol{k}=\kappa\boldsymbol{n} \tag{4.11}$$

我们把沿着 $\boldsymbol{k}$ 的直线称为曲线在点 $P$ 的**主法线**(参见图 4.1.1). 因此,$\boldsymbol{n}$ 就是主法线上的一个单位向量. 再者,由例 4.3.4 可知 $\boldsymbol{n}$ 是垂直于 $\boldsymbol{t}$ 的,而且总是

指向曲线弯曲的那一边.

我们把 $\boldsymbol{n}$ 称为主法向量($n$ 为英语 normal(法线的)一词的首字母). 这样,我们在曲线 $C$ 上的点 $P$,已有了 2 个相互垂直的单位向量:$\boldsymbol{t}$ 与 $\boldsymbol{n}$.

**例 4.5.1** 曲率的计算公式

由 $\boldsymbol{k}=\ddot{\boldsymbol{x}}$,一般地从 $\boldsymbol{x}=\boldsymbol{x}(t)$, 求出 $\boldsymbol{x}'$、$\boldsymbol{x}''$,再计算 $\boldsymbol{x}'\times\boldsymbol{x}''$ 看看能给出什么结果. $\boldsymbol{x}'=\frac{\mathrm{d}\boldsymbol{x}}{\mathrm{d}t}=\frac{\mathrm{d}\boldsymbol{x}}{\mathrm{d}s}\frac{\mathrm{d}s}{\mathrm{d}t}=\dot{\boldsymbol{x}}s'$,而 $\boldsymbol{x}''=\frac{\mathrm{d}}{\mathrm{d}t}(\dot{\boldsymbol{x}}s')=\dot{\boldsymbol{x}}s''+s'\frac{\mathrm{d}\dot{\boldsymbol{x}}}{\mathrm{d}s}\frac{\mathrm{d}s}{\mathrm{d}t}=\dot{\boldsymbol{x}}s''+(s')^2\ddot{\boldsymbol{x}}$. 于是 $\boldsymbol{x}'\times\boldsymbol{x}''=s'\dot{\boldsymbol{x}}\times[s''\dot{\boldsymbol{x}}+(s')^2\ddot{\boldsymbol{x}}]=(s')^3\dot{\boldsymbol{x}}\times\ddot{\boldsymbol{x}}=|\boldsymbol{x}'|^3\dot{\boldsymbol{x}}\times\ddot{\boldsymbol{x}}$,其中用到了 $s'=\frac{\mathrm{d}s}{\mathrm{d}t}=|\boldsymbol{x}'|$(参见(3.20)),这就有 $|\boldsymbol{x}'\times\boldsymbol{x}''|=|\boldsymbol{x}'|^3|\dot{\boldsymbol{x}}\times\ddot{\boldsymbol{x}}|$. 利用 $\dot{\boldsymbol{x}}=\boldsymbol{t}$ 与 $\ddot{\boldsymbol{x}}=\dot{\boldsymbol{t}}$ 是垂直的(参见例 4.3.4),因此 $\sin\measuredangle(\dot{\boldsymbol{x}},\ddot{\boldsymbol{x}})=1$,再由 $|\dot{\boldsymbol{x}}|=|\boldsymbol{t}|=1$, $|\ddot{\boldsymbol{x}}|=|\dot{\boldsymbol{t}}|=\kappa$,最后就有 $|\boldsymbol{x}'\times\boldsymbol{x}''|=|\boldsymbol{x}'|^3|\dot{\boldsymbol{x}}||\ddot{\boldsymbol{x}}|\sin\measuredangle(\dot{\boldsymbol{x}},\ddot{\boldsymbol{x}})=|\boldsymbol{x}'|^3\kappa$, 即

$$\kappa=\frac{|\boldsymbol{x}'\times\boldsymbol{x}''|}{|\boldsymbol{x}'|^3},\tag{4.12}$$

特别地,当用弧长 $s$ 作参数时,

$$\kappa=\frac{|\dot{\boldsymbol{x}}\times\ddot{\boldsymbol{x}}|}{|\dot{\boldsymbol{x}}|^3}.\tag{4.13}$$

## §4.6 主法线方程与密切面

我们将点 $P$ 的切向量 $\boldsymbol{t}$ 与主法向量 $\boldsymbol{n}$ 构成的平面称为点 $P$ 的密切面,它是过点 $P$ 与曲线 $C$ 最贴近的平面.

我们说过法平面是过点 $P$ 且与 $\boldsymbol{t}$ 垂直的平面,而 $\boldsymbol{n}$ 垂直于 $\boldsymbol{t}$,故 $\boldsymbol{n}$ 既在法平面中也在密切面中,它们之间的几何关系如图 4.6.1 所示. 现在来求主法线的方程,为此设点 $P$ 的位置向量为 $\overrightarrow{OP}=\boldsymbol{x}$,而主法线上任意一点 $Q$ 的位置向量为 $\overrightarrow{OQ}=\boldsymbol{y}$. 从 $\overrightarrow{PQ}=\overrightarrow{OQ}-\overrightarrow{OP}=\boldsymbol{y}-\boldsymbol{x}$,而 $\overrightarrow{PQ}$ 在主法线上,因此可表为 $l\boldsymbol{n}$,所以最后有

$$\boldsymbol{y}=\boldsymbol{x}+l\boldsymbol{n},\ -\infty<l<\infty\tag{4.14}$$

接下来求密切面的方程. 设密切面上任意点 $R$ 的位置向量为 $\overrightarrow{OR}=\boldsymbol{z}$,那么从 $\overrightarrow{PR}=\overrightarrow{OR}-\overrightarrow{OP}=\boldsymbol{z}-\boldsymbol{x}$, 以及 $\overrightarrow{PR}$, $\boldsymbol{t}$, $\boldsymbol{n}$ 共面,就有(参见§1.10)

$$[(\boldsymbol{z}-\boldsymbol{x})\boldsymbol{t}\boldsymbol{n}]=0. \qquad (4.15)$$

利用 $\boldsymbol{t}=\dot{\boldsymbol{x}}$, $\boldsymbol{n}=\dfrac{\boldsymbol{k}}{\kappa}=\dfrac{\dot{\boldsymbol{t}}}{\kappa}=\dfrac{\ddot{\boldsymbol{x}}}{\kappa}$, 又可将上式表示为

$$[(\boldsymbol{z}-\boldsymbol{x})\dot{\boldsymbol{x}}\ddot{\boldsymbol{x}}]=0 \qquad (4.16)$$

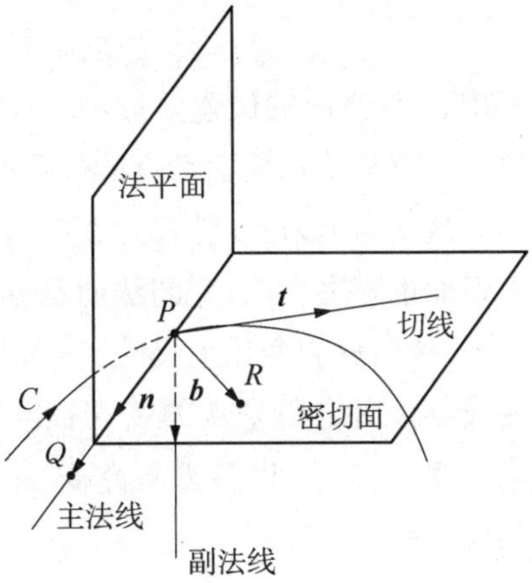

图 4.6.1

**例 4.6.1**　密切面方程的明晰表达式

设点 $P$ 的位置向量为 $\boldsymbol{x}=x^i\boldsymbol{e}_i$, 密切面上任意点 $R$ 的位置向量为 $\boldsymbol{z}=z^i\boldsymbol{e}_i$, 则(4.16)可用分量表示为(参见(1.28))

$$[(\boldsymbol{z}-\boldsymbol{x})\dot{\boldsymbol{x}}\ddot{\boldsymbol{x}}]=\begin{vmatrix} z^1-x^1 & z^2-x^2 & z^3-x^3 \\ \dot{x}^1 & \dot{x}^2 & \dot{x}^3 \\ \ddot{x}^1 & \ddot{x}^2 & \ddot{x}^3 \end{vmatrix}=0$$

## §4.7　曲线的挠率与副法线

我们按图 4.7.1,由 $\boldsymbol{t}$, $\boldsymbol{n}$,用右手螺旋定义

$$\boldsymbol{b}=\boldsymbol{t}\times\boldsymbol{n} \qquad (4.17)$$

$\boldsymbol{b}$ 是垂直于密切面的单位向量,即密切面的法(线)向量,称为副法向量($b$ 是英语 binormal(副法线)一词的首字母),它所在的直线称为副法线,而 $\boldsymbol{b}$, $\boldsymbol{t}$ 所张成的平面称为从切面.

**例 4.7.1**　点 $P$ 处的副法线方程(作为练习)为

$$\boldsymbol{y}=\boldsymbol{x}+m\boldsymbol{b}, -\infty<m<\infty$$

点 $P$ 处的从切面的方程(作为练习)为

$$(\boldsymbol{z}-\boldsymbol{x})\cdot\boldsymbol{n}=0$$

其中 $\boldsymbol{x}$ 为点 $P$ 的位置向量，而 $\boldsymbol{y}$，$\boldsymbol{z}$分别是副法线上动点与从切面上动点的位置向量.

从几何上来看，随着点在曲线上变动，点的密切面也随之变动，它的法向量 $\boldsymbol{b}$ 就变化了；反过来，法向量的变化也反映了密切面的变动，即曲线要跃出它原来点的密切面. 为了更精确地描述这一情况，我们要研究 $\boldsymbol{b}$ 关于弧长参数 $s$ 的变化率：

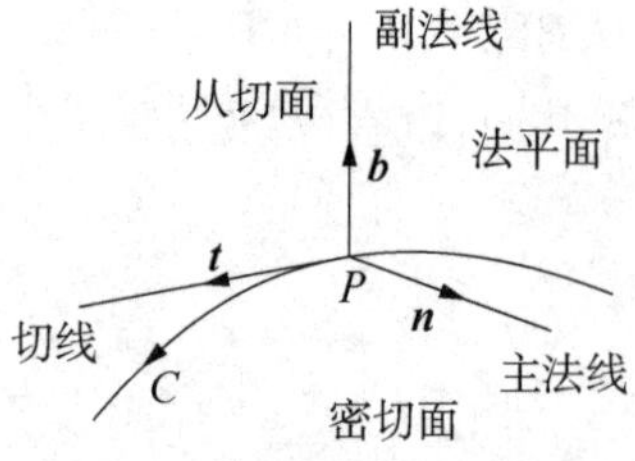

图 4.7.1

$$\dot{\boldsymbol{b}}=\frac{\mathrm{d}\boldsymbol{b}}{\mathrm{d}s}=\frac{\mathrm{d}}{\mathrm{d}s}(\boldsymbol{t}\times\boldsymbol{n})=\dot{\boldsymbol{t}}\times\boldsymbol{n}+\boldsymbol{t}\times\dot{\boldsymbol{n}}=(\kappa\boldsymbol{n}\times\boldsymbol{n})+\boldsymbol{t}\times\dot{\boldsymbol{n}}=\boldsymbol{t}\times\dot{\boldsymbol{n}}. \tag{4.18}$$

为了把这一计算进行下去，我们来分析$\dot{\boldsymbol{n}}$. 从 $\boldsymbol{n}\cdot\boldsymbol{n}=1$，可知$\dot{\boldsymbol{n}}$ 垂直于 $\boldsymbol{n}$（参见例 2.1.2），因此$\dot{\boldsymbol{n}}$ 在从切面中，这就有

$$\dot{\boldsymbol{n}}=\alpha\boldsymbol{t}+\tau\boldsymbol{b}$$

把此式代入(4.18)，可得

$$\dot{\boldsymbol{b}}=\boldsymbol{t}\times(\alpha\boldsymbol{t}+\tau\boldsymbol{b})=\boldsymbol{t}\times\tau\boldsymbol{b}=\tau\boldsymbol{t}\times\boldsymbol{b}=-\tau\boldsymbol{n} \tag{4.19}$$

式中的 $\tau$ 称为曲线在点 $P$ 的**挠率**. 对(4.19)的两边与 $\boldsymbol{n}$ 作内积，就有

$$\tau=-\dot{\boldsymbol{b}}\cdot\boldsymbol{n} \tag{4.20}$$

**例 4.7.2** 求圆柱螺线 $\boldsymbol{x}=a\cos t\boldsymbol{e}_1+a\sin t\boldsymbol{e}_2+bt\boldsymbol{e}_3$，$a$，$b>0$，$-\infty<t<\infty$ 的主法向量 $\boldsymbol{n}$ 与副法向量 $\boldsymbol{b}$.

由例 4.3.3 已求出 $\boldsymbol{t}=\frac{1}{\sqrt{a^2+b^2}}(-a\sin t\boldsymbol{e}_1+a\cos t\boldsymbol{e}_2+b\boldsymbol{e}_3)$，以及 $\boldsymbol{k}=-\frac{a}{a^2+b^2}(\cos t\boldsymbol{e}_1+\sin t\boldsymbol{e}_2)$，于是有 $\boldsymbol{n}=\frac{\boldsymbol{k}}{|\boldsymbol{k}|}=-(\cos t\boldsymbol{e}_1+\sin t\boldsymbol{e}_2)$，以及 $\boldsymbol{b}=\boldsymbol{t}\times\boldsymbol{n}=\frac{1}{\sqrt{a^2+b^2}}(b\sin t\boldsymbol{e}_1-b\cos t\boldsymbol{e}_2+a\boldsymbol{e}_3)$.

**例 4.7.3**　计算上例中的圆柱螺线的挠率

先计算 $\dot{\boldsymbol{b}}=\frac{\mathrm{d}\boldsymbol{b}}{\mathrm{d}t}\frac{\mathrm{d}t}{\mathrm{d}s}=\boldsymbol{b}'\frac{1}{|\boldsymbol{x}'|}=(a^2+b^2)^{-1}(b\cos t\boldsymbol{e}_1+b\sin t\boldsymbol{e}_2)$.

于是 $\tau=-\dot{\boldsymbol{b}}\cdot\boldsymbol{n}=\frac{b}{a^2+b^2}$. 圆柱螺线的挠率是一个常数.

## §4.8　挠率的计算公式

我们先推导出在弧长 $s$ 作参数时计算挠率的公式,然后再求出一般参数 $t$ 下的公式.

从 $\ddot{\boldsymbol{x}}=\dot{\boldsymbol{t}}=\kappa\boldsymbol{n}$ 开始,有

$\dddot{\boldsymbol{x}}=\kappa\dot{\boldsymbol{n}}+\dot{\kappa}\boldsymbol{n}=\kappa\frac{\mathrm{d}}{\mathrm{d}s}(\boldsymbol{b}\times\boldsymbol{t})+\dot{\kappa}\boldsymbol{n}=\kappa(\boldsymbol{b}\times\dot{\boldsymbol{t}}+\dot{\boldsymbol{b}}\times\boldsymbol{t})+\dot{\kappa}\boldsymbol{n}=\kappa^2(\boldsymbol{b}\times\boldsymbol{n})-\kappa\tau(\boldsymbol{n}\times\boldsymbol{t})+\dot{\kappa}\boldsymbol{n}=\kappa^2(-\boldsymbol{t})+\kappa\tau\boldsymbol{b}+\dot{\kappa}\boldsymbol{n}$,其中用到了 $\dot{\boldsymbol{t}}=\kappa\boldsymbol{n}$(参见(4.11))与 $\dot{\boldsymbol{b}}=-\tau\boldsymbol{n}$.

再计算

$$\ddot{\boldsymbol{x}}\times\dddot{\boldsymbol{x}}=\kappa\boldsymbol{n}\times(-\kappa^2\boldsymbol{t}+\kappa\tau\boldsymbol{b}+\dot{\kappa}\boldsymbol{n})=\kappa^3\boldsymbol{b}+\tau\kappa^2\boldsymbol{t}.$$

为了从中得出 $\tau$,我们利用 $\boldsymbol{t}=\dot{\boldsymbol{x}}$ 与 $\boldsymbol{b}$ 正交,而对上式两边与 $\boldsymbol{t}$ 内积

$$\dot{\boldsymbol{x}}\cdot\ddot{\boldsymbol{x}}\times\dddot{\boldsymbol{x}}=\tau\kappa^2\boldsymbol{t}\cdot\boldsymbol{t}=\tau\kappa^2$$

用向量的混合积来表示这一结果,就有

$$\tau=\frac{[\dot{\boldsymbol{x}}\ddot{\boldsymbol{x}}\dddot{\boldsymbol{x}}]}{\kappa^2},\tag{4.21}$$

这一表达式启发我们,用任意参数 $t$ 来计算 $\tau$ 时,应着眼于$[\boldsymbol{x}'\boldsymbol{x}''\boldsymbol{x}''']$. 下面我们利用$\dot{\boldsymbol{x}}$, $\ddot{\boldsymbol{x}}$, $\dddot{\boldsymbol{x}}$ 与 $\boldsymbol{x}'$, $\boldsymbol{x}''$, $\boldsymbol{x}'''$ 的关系来求$[\boldsymbol{x}'\boldsymbol{x}''\boldsymbol{x}''']$:

$\dot{\boldsymbol{x}}=\frac{\mathrm{d}\boldsymbol{x}}{\mathrm{d}s}=\frac{\mathrm{d}\boldsymbol{x}}{\mathrm{d}t}\frac{\mathrm{d}t}{\mathrm{d}s}=\boldsymbol{x}'\dot{t}$,

$$\ddot{\boldsymbol{x}}=\frac{\mathrm{d}}{\mathrm{d}s}(\dot{\boldsymbol{x}})=\frac{\mathrm{d}}{\mathrm{d}s}(\boldsymbol{x}'\dot{t})=\boldsymbol{x}'\ddot{t}+\boldsymbol{x}''\dot{t}^2,$$

$$\dddot{\boldsymbol{x}}=\frac{\mathrm{d}}{\mathrm{d}s}(\boldsymbol{x}'\ddot{t}+\boldsymbol{x}''\dot{t}^2)=\boldsymbol{x}'\dddot{t}+3\boldsymbol{x}''\dot{t}\ddot{t}+\boldsymbol{x}'''\dot{t}^3$$

由这些结果，经过一些运算后可得（作为练习）

$$\begin{aligned}[\dot{\boldsymbol{x}}\ddot{\boldsymbol{x}}\dddot{\boldsymbol{x}}]&=(\boldsymbol{x}'\dot{t})\cdot(\boldsymbol{x}'\ddot{t}+\boldsymbol{x}''\dot{t}^2)\times(\boldsymbol{x}'\dddot{t}+3\boldsymbol{x}''\dot{t}\ddot{t}+\boldsymbol{x}'''\dot{t}^3)\\&=(\boldsymbol{x}'\dot{t})\cdot[3\ddot{t}^2\dot{t}(\boldsymbol{x}'\times\boldsymbol{x}'')+\ddot{t}\dot{t}^3(\boldsymbol{x}'\times\boldsymbol{x}''')+\dot{t}^2\dddot{t}(\boldsymbol{x}''\times\boldsymbol{x}')+\dot{t}^5(\boldsymbol{x}''\times\boldsymbol{x}''')]\\&=3\dot{t}^2\ddot{t}^2[\boldsymbol{x}'\boldsymbol{x}'\boldsymbol{x}'']+\ddot{t}\dot{t}^4[\boldsymbol{x}'\boldsymbol{x}'\boldsymbol{x}''']+\dot{t}^3\dddot{t}[\boldsymbol{x}'\boldsymbol{x}''\boldsymbol{x}']+\dot{t}^6[\boldsymbol{x}'\boldsymbol{x}''\boldsymbol{x}'''],\end{aligned}$$

其中一共出现了 4 个向量混合积，但由于 $[\boldsymbol{x}'\boldsymbol{x}'\boldsymbol{x}'']=0$，$[\boldsymbol{x}'\boldsymbol{x}'\boldsymbol{x}''']=0$，$[\boldsymbol{x}'\boldsymbol{x}''\boldsymbol{x}']=[\boldsymbol{x}''\boldsymbol{x}'\boldsymbol{x}']=0$，所以最后有

$$[\dot{\boldsymbol{x}}\ddot{\boldsymbol{x}}\dddot{\boldsymbol{x}}]=\dot{t}^6[\boldsymbol{x}'\boldsymbol{x}''\boldsymbol{x}''']$$

忆及 $\dot{t}=\frac{\mathrm{d}t}{\mathrm{d}s}=\frac{1}{|\boldsymbol{x}'|}$（参见(3.20)），以及 $\kappa=\frac{|\boldsymbol{x}'\times\boldsymbol{x}''|}{|\boldsymbol{x}'|^3}$（参见(4.12)），利用(4.21)，我们就得到

$$\tau=\frac{[\dot{\boldsymbol{x}}\ddot{\boldsymbol{x}}\dddot{\boldsymbol{x}}]}{\kappa^2}=\frac{[\boldsymbol{x}'\boldsymbol{x}''\boldsymbol{x}''']}{\kappa^2|\boldsymbol{x}'|^6}=\frac{[\boldsymbol{x}'\boldsymbol{x}''\boldsymbol{x}''']}{|\boldsymbol{x}'\times\boldsymbol{x}''|^2}\tag{4.22}$$

**例 4.8.1** 设曲线 $C$：$\boldsymbol{x}=\boldsymbol{x}(s)=x\boldsymbol{i}+y\boldsymbol{j}+z\boldsymbol{k}$，则

$$\tau=\frac{1}{\kappa^2}\begin{vmatrix}\dot{x}&\dot{y}&\dot{z}\\\ddot{x}&\ddot{y}&\ddot{z}\\\dddot{x}&\dddot{y}&\dddot{z}\end{vmatrix}$$

## §4.9 平面曲线与挠率

如果在 $C$：$\boldsymbol{x}=\boldsymbol{x}(s)$ 上，挠率 $\tau\equiv0$，那么从 $\dot{\boldsymbol{b}}=-\tau\boldsymbol{n}=\boldsymbol{0}$，可知 $\boldsymbol{b}$ 是一个常向量，令它为 $\boldsymbol{b}_0$. 再从 $\boldsymbol{t}$ 与 $\boldsymbol{b}_0$ 是正交的，有 $\frac{\mathrm{d}}{\mathrm{d}s}(\boldsymbol{x}\cdot\boldsymbol{b}_0)=\dot{\boldsymbol{x}}\cdot\boldsymbol{b}_0=\boldsymbol{t}\cdot\boldsymbol{b}_0=0.$

因此，

$$\boldsymbol{x} \cdot \boldsymbol{b}_0 = \text{常数} \tag{4.23}$$

这表明 $\boldsymbol{x}=\boldsymbol{x}(s)$ 处于一个垂直于 $\boldsymbol{b}_0$ 的平面之中，因而是一条平面曲线. 反过来，若 $\boldsymbol{x}=\boldsymbol{x}(s)$ 是一条平面曲线，那么各点的密切面就是该平面. 因此，各点的法向量 $\boldsymbol{b}$ 就是一个常向量. 于是由 $\tau=-\dot{\boldsymbol{b}}\cdot\boldsymbol{n}$ 可知 $\tau\equiv 0$.

这样，我们就得出

**定理 4.9.1**　曲线 $C$：$\boldsymbol{x}=\boldsymbol{x}(s)$ 是平面曲线的充要条件是它的挠率恒等于零.

## §4.10　活动标架系与弗雷内-塞雷公式

曲线 $C$：$\boldsymbol{x}=\boldsymbol{x}(s)$ 上每一点都有一个由切向量 $\boldsymbol{t}$，主法向量 $\boldsymbol{n}$，副法向量 $\boldsymbol{b}$ 构成的向量三重系（参见 §1.13）. 这个随点变化的，由曲线本身自然产生的标架系称为曲线 $C$ 上的**活动标架系**. 随着点的改变（参数 $s$ 在变），活动标架系在变化（$\boldsymbol{t}$，$\boldsymbol{n}$，$\boldsymbol{b}$ 变动）. 反过来，掌握了 $\boldsymbol{t}$，$\boldsymbol{n}$，$\boldsymbol{b}$ 的变化规律，从活动标架系的变动，也就能反映出曲线 $C$ 的变化.

我们是从 $C$：$\boldsymbol{x}=\boldsymbol{x}(s)$ 开始的，先定义了（参见(4.1)）

$$\boldsymbol{t}=\frac{\mathrm{d}\boldsymbol{x}}{\mathrm{d}s} \tag{4.24}$$

然后在(4.8)，(4.11)给出了

$$\dot{\boldsymbol{t}}=\boldsymbol{k}(s)=\kappa\boldsymbol{n} \tag{4.25}$$

再由(4.19)有

$$\dot{\boldsymbol{b}}=-\tau\boldsymbol{n} \tag{4.26}$$

下面我们就来求 $\dot{\boldsymbol{n}}$. 对 $\boldsymbol{n}=\boldsymbol{b}\times\boldsymbol{t}$ 求导，利用(4.25)，(4.26)，有

$$\dot{\boldsymbol{n}}=\boldsymbol{b}\times\dot{\boldsymbol{t}}+\dot{\boldsymbol{b}}\times\boldsymbol{t}=\boldsymbol{b}\times(\kappa\boldsymbol{n})-\tau\boldsymbol{n}\times\boldsymbol{t}=\tau\boldsymbol{b}-\kappa\boldsymbol{t} \tag{4.27}$$

这样，我们就得出了有关 $\boldsymbol{t}$，$\boldsymbol{n}$，$\boldsymbol{b}$ 变化率的**弗雷内-塞雷公式**.

**定理 4.10.1** 对于曲线 $C$：$\boldsymbol{x}=\boldsymbol{x}(s)$，有

$$\begin{aligned}\dot{\boldsymbol{t}} &= \kappa\boldsymbol{n}\\ \dot{\boldsymbol{n}} &= -\kappa\boldsymbol{t} + \tau\boldsymbol{b}\\ \dot{\boldsymbol{b}} &= -\tau\boldsymbol{n}\end{aligned} \tag{4.28}$$

**例 4.10.1** 弗雷内-塞雷公式的矩阵形式.

用矩阵形式可将(4.28)简洁地表示为

$$\begin{pmatrix}\dot{\boldsymbol{t}}\\ \dot{\boldsymbol{n}}\\ \dot{\boldsymbol{b}}\end{pmatrix}=\begin{pmatrix}0 & \kappa & 0\\ -\kappa & 0 & \tau\\ 0 & -\tau & 0\end{pmatrix}\begin{pmatrix}\boldsymbol{t}\\ \boldsymbol{n}\\ \boldsymbol{b}\end{pmatrix}.$$

弗雷内(Jean Frédéric Frenet，1816—1900)是法国数学家,天文学家和气象学家. 塞雷(Joseph Alfred Serret，1819—1885)是法国数学家. 以他们的名字命名的这一公式是曲线论里最重要的公式. 在下一节中,我们将用它来证明曲线理论中的一个基本定理.

## §4.11 曲线理论的一个基本定理

**定理 4.11.1** 设空间有曲线 $C$：$\boldsymbol{x}=\boldsymbol{x}(s)$，$C'$：$\boldsymbol{x}'=\boldsymbol{x}'(s)$,若 $\kappa(s)=\kappa'(s)$，$\tau(s)=\tau'(s)$，$\forall s$,那么这两条曲线,除了它们在空间中的位置不同之外,它们是完全一样的.

这条定理断言:一条曲线的形状完全是由它的曲率与挠率唯一确定的.

我们对曲线 $C'$ 进行刚性的运动,看看在定理的条件下,是否能与曲线 $C$ 完全重合. 这里的运动是指平移和转动,而刚性指的是把 $C'$ 看成一个刚体,当它在进行上述两种运动时,形状保持不变,即每一点上的 $\kappa(s)$，$\tau(s)$ 不变.

先平移 $C'$(参见例 1.5.2),使得对应于某一个 $s=s_0$ 的 $C'$ 上的点 $C'(s_0)$ 与 $C$ 上的点 $C(s_0)$ 重合,这样就得出了曲线 $\bar{C}$. 再把 $\bar{C}$ 关于这一重合点转动,使 $\bar{C}$ 在这一点上的活动标架系与 $C$ 上相应的标架系,按 $\boldsymbol{t}$，$\boldsymbol{n}$，$\boldsymbol{b}$ 顺序重合. 这就得出了曲线 $C^*$，$C^*$ 与 $C'$ 有不同的空间位置,但与 $C'$ 却有完全一样

的形状.

因此 $\kappa(s)=\kappa^*(s)$，$\tau(s)=\tau^*(s)$，且在 $s=s_0$ 处，$(\boldsymbol{t}_0^*, \boldsymbol{n}_0^*, \boldsymbol{b}_0^*)$与$(\boldsymbol{t}_0, \boldsymbol{n}_0, \boldsymbol{b}_0)$完全重合. 现在我们利用弗雷内-塞雷公式来判断 $C^*$ 与 $C$ 在其他点上的关系.

为此，我们计算出(作为练习)

$$\frac{\mathrm{d}}{\mathrm{d}s}(\boldsymbol{t}\cdot\boldsymbol{t}^*)=\kappa(\boldsymbol{t}\cdot\boldsymbol{n}^*+\boldsymbol{n}\cdot\boldsymbol{t}^*)$$

$$\frac{\mathrm{d}}{\mathrm{d}s}(\boldsymbol{n}\cdot\boldsymbol{n}^*)=-\kappa(\boldsymbol{n}\cdot\boldsymbol{t}^*+\boldsymbol{t}\cdot\boldsymbol{n}^*)+\tau(\boldsymbol{n}\cdot\boldsymbol{b}^*+\boldsymbol{b}\cdot\boldsymbol{n}^*)$$

$$\frac{\mathrm{d}}{\mathrm{d}s}(\boldsymbol{b}\cdot\boldsymbol{b}^*)=-\tau(\boldsymbol{b}\cdot\boldsymbol{n}^*+\boldsymbol{n}\cdot\boldsymbol{b}^*)$$

将此 3 式相加，就得出了

$$\frac{\mathrm{d}}{\mathrm{d}s}(\boldsymbol{t}\cdot\boldsymbol{t}^*+\boldsymbol{n}\cdot\boldsymbol{n}^*+\boldsymbol{b}\cdot\boldsymbol{b}^*)=0.$$

这表明沿 $C$, $C^*$ 对相应的 $s$，有

$$\boldsymbol{t}\cdot\boldsymbol{t}^*+\boldsymbol{n}\cdot\boldsymbol{n}+\boldsymbol{b}\cdot\boldsymbol{b}^*=\text{常数},$$

然而在 $s_0$ 处，$\boldsymbol{t}_0=\boldsymbol{t}_0^*$，$\boldsymbol{n}_0=\boldsymbol{n}_0^*$，$\boldsymbol{b}_0=\boldsymbol{b}_0^*$，所以有 $\boldsymbol{t}_0\cdot\boldsymbol{t}_0^*=\boldsymbol{n}\cdot\boldsymbol{n}_0^*=\boldsymbol{b}\cdot\boldsymbol{b}_0^*=1$. 因此

$$\boldsymbol{t}\cdot\boldsymbol{t}^*+\boldsymbol{n}\cdot\boldsymbol{n}^*+\boldsymbol{b}\cdot\boldsymbol{b}^*=3,\ \forall s.$$

由此得出(参见例 1.7.3) $\boldsymbol{t}\cdot\boldsymbol{t}^*=1$，$\boldsymbol{n}\cdot\boldsymbol{n}^*=1$，$\boldsymbol{b}\cdot\boldsymbol{b}^*=1$，以及

$$\boldsymbol{t}=\boldsymbol{t}^*,\ \boldsymbol{n}=\boldsymbol{n}^*,\ \boldsymbol{b}=\boldsymbol{b}^*,$$

这表明沿着 $C$, $C^*$，对所有的 $s$，$C$ 与 $C^*$ 的活动标架系保持同向. 还得进一步证明：$C$, $C^*$ 的活动标架系不仅是点点同向的，而且是点点重合的. 这只要从 $\boldsymbol{t}=\frac{\mathrm{d}\boldsymbol{x}}{\mathrm{d}s}$，$\boldsymbol{t}^*=\frac{\mathrm{d}\boldsymbol{x}^*}{\mathrm{d}s}$，而 $\boldsymbol{t}=\boldsymbol{t}^*$，就有$\frac{\mathrm{d}\boldsymbol{x}}{\mathrm{d}s}=\frac{\mathrm{d}\boldsymbol{x}^*}{\mathrm{d}s}$，于是 $\boldsymbol{x}=\boldsymbol{x}^*+$常向量. 不过当 $s=s_0$ 时，$\boldsymbol{x}(s_0)=\boldsymbol{x}^*(s_0)$，所以该常向量为零向量. 这就证明了 $\boldsymbol{x}(s)=\boldsymbol{x}^*(s)$，$\forall s$，即 $C$, $C^*$ 完全重合.

至此，我们讨论了空间曲线的一些基本理论. 在下一部分中我们要转而研究曲面的理论，在其中曲线理论也有重要应用.

# 第三部分
## 曲面理论



这一部分共分三章.

在第五章中,我们从曲面的表示与正则曲面讲起,进而论述了曲面上的切向量,切平面与活动标架系.也着重地讨论了曲面上的第一基本形式与第二基本形式,并对曲面上的点进行了分类.

在第六章中,我们用曲面上的曲线的曲率来研究曲面上的法曲率、主曲率、中曲率、高斯曲率等,还有与主曲率相关的曲率线等.

在第七章中,我们给出了曲面上的高斯方程,魏因加滕方程,以及由它们的可积条件得出的一些方程,最后引入了黎曼曲率张量,证明了高斯的"绝妙定理",以及给出了曲面上三个基本形式之间的一个关系.

# 第五章

# 曲面的概念与曲面上的第一、第二、第三基本形式

## §5.1　曲面的表示与正则曲面

将图 5.1.1 所示的曲面投影在 $xy$ 平面上，则可将它表示为

$$z=z(x,\ y) \tag{5.1}$$

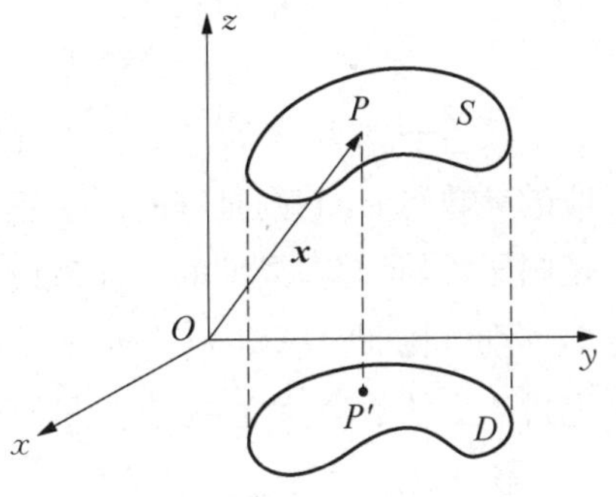

图 5.1.1

于是曲面 $S$ 上的点 $P$ 的坐标$(x,\ y,\ z)$就确定了平面区域 $D$ 中的点 $P'$ 的坐标$(x,\ y)$. 反过来，由 $D$ 中的点 $P'$ 的坐标$(x,\ y)$，就能由

$$x=x(x,\ y)=x,\ y=y(x,\ y)=y,\ z=z(x,\ y) \tag{5.2}$$

确定坐标为$(x,\ y,\ z)$的点 $P$. 这二者之间的这种对应是 1—1 的. 这表明我们可将独立变量 $x,\ y$ 作为曲面 $S$ 的参数，而且正像我们用经度与纬度来标明地球表面上的点那样，用 $x,\ y$ 来标明曲面上的点.

更一般地，设在某一邻域 $U$ 中的各数组$(u,\ v)$，可以确定(唯一地)曲面 $S$ 上的各点，即坐标 $x,\ y,\ z$ 与 $u,\ v$ 之间有关系

$$x=x(u,\ v),\ y=y(u,\ v),\ z=z(u,\ v) \tag{5.3}$$

如果反过来同时对曲面 $S$ 上每一点 $x,\ y,\ z$，在 $U$ 中就有唯一一组数被确定，那么我们就称 $u,\ v$ 构成曲面 $S$ 的一组**参数**，而$(u,\ v)$就可以作为点 $P$ 的**坐标**.

这在数学上要求下列雅可比矩阵

$$\begin{pmatrix} \frac{\partial x}{\partial u} & \frac{\partial y}{\partial u} & \frac{\partial z}{\partial u} \\ \frac{\partial x}{\partial v} & \frac{\partial y}{\partial v} & \frac{\partial z}{\partial v} \end{pmatrix} \tag{5.4}$$

的秩为 2. 这一条件等价于下面 3 个行列式不同时为零：

$$\Delta_1 = \begin{vmatrix} \frac{\partial y}{\partial u} & \frac{\partial z}{\partial u} \\ \frac{\partial y}{\partial v} & \frac{\partial z}{\partial v} \end{vmatrix},\ \Delta_2 = \begin{vmatrix} \frac{\partial z}{\partial u} & \frac{\partial x}{\partial u} \\ \frac{\partial z}{\partial v} & \frac{\partial x}{\partial v} \end{vmatrix},\ \Delta_3 = \begin{vmatrix} \frac{\partial x}{\partial u} & \frac{\partial y}{\partial u} \\ \frac{\partial x}{\partial v} & \frac{\partial y}{\partial v} \end{vmatrix}, \tag{5.5}$$

即

$$\Delta_1^2 + \Delta_2^2 + \Delta_3^2 \neq 0 \tag{5.6}$$

倘若曲面 $S$ 有满足这一条件的参数，则将它称为是一个正则曲面，而相应的参数组 $u$, $v$ 则是它的一个正则参数组. 正像我们在曲线理论中研究的是正则曲线，我们在局部的曲面理论中，讨论的就是这种正则曲面.

雅可比(Carl Gustav Jacob Jacobi，1804—1851)，普鲁士数学家，是历史上最杰出的数学家之一. 有大量以他的名字命名的定理和数学术语.

**例 5.1.1**　讨论单位球面：$x^2+y^2+z^2=1$ 的参数.

按图 5.1.2 引入参数 $\theta$, $\phi$，则对坐标为 $(x, y, z)$ 的点 $P$，有 $x=\cos\theta\sin\phi$, $y=\sin\theta\sin\phi$, $z=\cos\phi$，因此，单位球面上点 $P$ 的位置向量

$$\boldsymbol{x}=\cos\theta\sin\phi\boldsymbol{i}+\sin\theta\sin\phi\boldsymbol{j}+\cos\phi\boldsymbol{k}$$

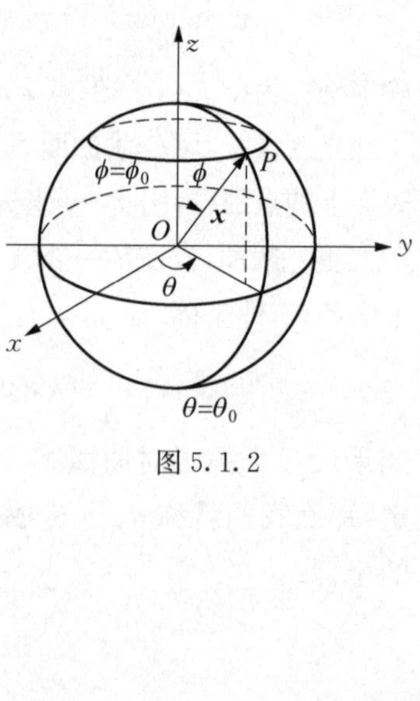

图 5.1.2

球面上的点与满足 $x^2+y^2+z^2=1$ 的 $x$, $y$, $z$ 是 1—1 对应的，但对 $\theta$, $\phi$ 就不行了. 例如，当 $\phi=0$ 时，不同的 $\theta$ 却给出同一北极点. 为了保证参数 $\theta$, $\phi$ 的一对一，我们只能缩小 $\theta$, $\phi$ 的定义域：$0\leqslant\theta<2\pi$, $0<\phi<\pi$，即考

虑去除南、北两极点的球面(参见例 5.2.2). 由此,我们会把球面记为 $S^2$,其中 $S$ 是英语 sphere(球面,球形)的首字母,而上标 2 则表示它由 2 个参数标定. 作为球面的推广有下例所阐明的回转面.

**例 5.1.2**　回转面

按图 5.1.3,设在 $xz$ 平面中有曲线 $C$,让它绕 $z$ 轴转动,这就在空间中生成了一个曲面 $S$,称为一个回转面. $C$ 为 $S$ 的轮廓线, $z$ 为 $S$ 的轴. 由 $C$ 经转动给出的,形状一样而位置不同的各曲线,称为 $S$ 的经线,而 $C$ 上的各点扫描出的各曲线是一个个圆称为 $S$ 的纬线.

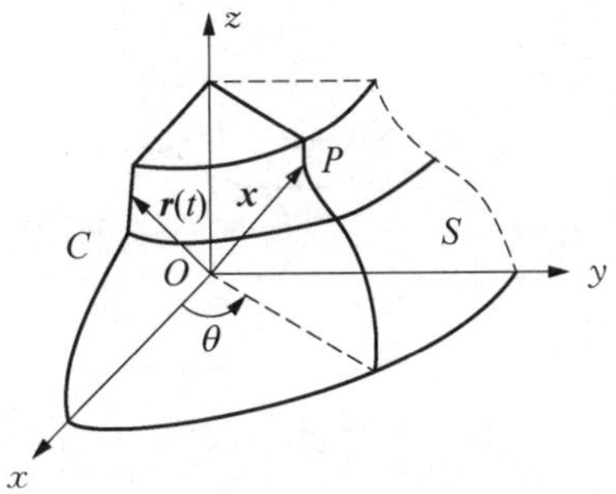


图 5.1.3

对于轮廓线 $C$,设它的位置向量为 $\boldsymbol{r}(t)=f(t)\boldsymbol{i}+g(t)\boldsymbol{k}$, $f(t)\geqslant 0$, $a\leqslant t\leqslant b$, 则图中的点 $P$ 由参数 $t$, $\theta$ 标定. 点 $P$ 的位置向量应为

$$\boldsymbol{x}(t,\ \theta)=f(t)\cos\theta\boldsymbol{i}+f(t)\sin\theta\boldsymbol{j}+g(t)\boldsymbol{k},$$
$$f(t)\geqslant 0,\ a\leqslant t\leqslant b,\ 0\leqslant\theta<2\pi.$$

若曲面是正则曲面,而参数 $t$, $\theta$ 是正则参数,那么这会对曲线 $C$ 提出什么要求? 这将在例 5.2.3 中给出答案.

## § 5.2　曲面上的 $u^1$, $u^2$ 曲线与切向量

有时为了书写和求和的方便,我们也把参数 $u$, $v$,记为 $u^1=u$, $u^2=v$ (参见 § 1.12). 从图 5.2.1 可以形象地看出 $U$ 中点 $P'(u_0^1,\ u_0^2)$ 与曲面 $S$ 上点 $P(x(u_0^1,\ u_0^2),\ y(u_0^1,\ u_0^2),\ z(u_0^1,\ u_0^2))$ 的对应,因此有 $P(u_0^1,\ u_0^2)$.

于是曲面 $S$ 上由参数 $u$, $v$ 标定的点的位置向量,或者说曲面 $S$ 的方程就可写为

$$\boldsymbol{x}=x(u^1,\ u^2)\boldsymbol{i}+y(u^1,\ u^2)\boldsymbol{j}+z(u^1,\ u^2)\boldsymbol{k}=\boldsymbol{x}(u^1,\ u^2) \tag{5.7}$$

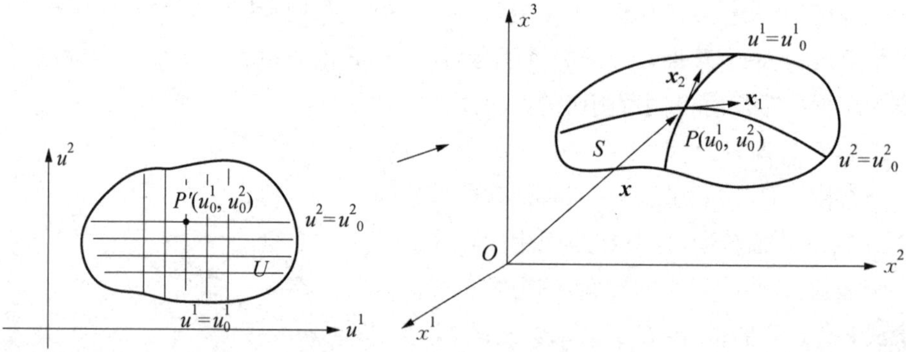


图 5.2.1

对 $U$ 中的每一点$(u^1, u^2)$作出 $u^1$ 不变，而 $u^2$ 变化的 $u^2$ 直线；$u^2$ 不变，而 $u^1$ 改变的 $u^1$ 直线，则在曲面 $S$ 上就相应地有过点 $P(u^1, u^2)$的 $u^1$ 曲线（$u^1$ 变化，$u^2$ 不变）和 $u^2$ 曲线（$u^1$ 不变，$u^2$ 变化）. 若此时在这条 $u^1$ 曲线上 $u^2=u_0^2$，而在这条 $u^2$ 曲线上 $u^1=u_0^1$，那么这两条曲线的交点 $P$ 就有坐标$(u_0^1, u_0^2)$. 于是曲面 $S$ 上过点 $P$ 的 $u^1$ 曲线和 $u^2$ 曲线就分别是 $\boldsymbol{x}=\boldsymbol{x}(u^1, u_0^2)$ 和 $\boldsymbol{x}=\boldsymbol{x}(u_0^1, u^2)$.

针对(5.7)，我们作出下面两个偏导向量

$$\boldsymbol{x}_1 \equiv \partial_1 \boldsymbol{x} \equiv \boldsymbol{x}_{u_1} \equiv \frac{\partial \boldsymbol{x}}{\partial u^1},\ \boldsymbol{x}_2 \equiv \partial_2 \boldsymbol{x} \equiv \boldsymbol{x}_{u_2} \equiv \frac{\partial \boldsymbol{x}}{\partial u^2} \qquad (5.8)$$

于是根据偏导数的定义（参见 §2.2），可知$\frac{\partial \boldsymbol{x}}{\partial u^1}$是指曲面上 $\boldsymbol{x}(u^1, u^2)$处沿 $u^1$ 曲线求得的，切于 $u^1$ 曲线的向量，而$\frac{\partial \boldsymbol{x}}{\partial u^2}$就是沿 $u^2$ 曲线求得的，切于 $u^2$ 曲线的向量.

由(5.7)，有

$$\boldsymbol{x}_1 = \frac{\partial \boldsymbol{x}}{\partial u^1} = \frac{\partial x}{\partial u^1}\boldsymbol{i} + \frac{\partial y}{\partial u^1}\boldsymbol{j} + \frac{\partial z}{\partial u^1}\boldsymbol{k},\ \boldsymbol{x}_2 = \frac{\partial \boldsymbol{x}}{\partial u^2} = \frac{\partial x}{\partial u^2}\boldsymbol{i} + \frac{\partial y}{\partial u^2}\boldsymbol{j} + \frac{\partial z}{\partial u^2}\boldsymbol{k}, \qquad (5.9)$$

因此（参见 §1.9，以及(5.5)）

$$\boldsymbol{x}_1 \times \boldsymbol{x}_2 = \begin{vmatrix} \boldsymbol{i} & \boldsymbol{j} & \boldsymbol{k} \\ \dfrac{\partial x}{\partial u^1} & \dfrac{\partial y}{\partial u^1} & \dfrac{\partial z}{\partial u^1} \\ \dfrac{\partial x}{\partial u^2} & \dfrac{\partial y}{\partial u^2} & \dfrac{\partial z}{\partial u^2} \end{vmatrix} = \Delta_1 \boldsymbol{i} + \Delta_2 \boldsymbol{j} + \Delta_3 \boldsymbol{k} \tag{5.10}$$

由此得到：如果曲面 $S$ 是正则的，则 $\boldsymbol{x}_1 \times \boldsymbol{x}_2 \neq \boldsymbol{0}$. 反过来，若 $\boldsymbol{x}_1 \times \boldsymbol{x}_2 \neq \boldsymbol{0}$，则 $\Delta_1$，$\Delta_2$，$\Delta_3$ 不全为零，于是曲面 $S$ 是正则的.

**例 5.2.1** 从 $\boldsymbol{x}_1 \times \boldsymbol{x}_2 \neq \boldsymbol{0}$，有 $\boldsymbol{x}_1 \neq \boldsymbol{0}$，$\boldsymbol{x}_2 \neq \boldsymbol{0}$.

**例 5.2.2** 按例 5.1.1 给出的球面 $S^2$ 的参数 $\theta$，$\phi$，求 $|\boldsymbol{x}_\theta \times \boldsymbol{x}_\phi|$.

从 $\boldsymbol{x}(\theta, \phi) = \cos\theta \sin\phi \boldsymbol{i} + \sin\theta \sin\phi \boldsymbol{j} + \cos\phi \boldsymbol{k}$，有（作为练习）

$$\boldsymbol{x}_\theta \times \boldsymbol{x}_\phi = \begin{vmatrix} \boldsymbol{i} & \boldsymbol{j} & \boldsymbol{k} \\ -\sin\theta \sin\phi & \cos\theta \sin\phi & 0 \\ \cos\theta \cos\phi & \sin\theta \cos\phi & -\sin\phi \end{vmatrix},$$

因此

$$|\boldsymbol{x}_\theta \times \boldsymbol{x}_\phi| = |-\cos\theta \sin^2\phi \boldsymbol{i} - \sin\theta \sin^2\phi \boldsymbol{j} - \sin\phi \cos\phi \boldsymbol{k}| = \sin\phi.$$

因此，当 $\phi \neq 0$，$\pi$ 时，参数 $\theta$，$\phi$ 是正则的. 球面的各经线构成 $\phi$ 曲线，各纬线构成 $\theta$ 曲线（参见图 5.1.2）.

**例 5.2.3** 生成正则的回转面（参见例 5.1.2）对它的轮廓线的要求.

因为轮廓线 $C$：$\boldsymbol{r} = f(t)\boldsymbol{i} + g(t)\boldsymbol{k}$ 要绕 $z$ 轴转动的，所以我们一开始就要求 $C$ 上点的 $x$ 坐标最小值为零，也即要求 $f(t) \geqslant 0$. 另外，从 $\dfrac{\mathrm{d}\boldsymbol{r}}{\mathrm{d}t} = f'(t)\boldsymbol{i} + g'(t)\boldsymbol{k}$，得出 $C$ 是正则曲线的充要条件（参见（3.5））是 $\left|\dfrac{\mathrm{d}\boldsymbol{r}}{\mathrm{d}t}\right| = (f')^2 + (g')^2 \neq 0$.

接下来，由回转面 $S$ 上的点的位置向量 $\boldsymbol{x} = f(t)\cos\theta \boldsymbol{i} + f(t)\sin\theta \boldsymbol{j} + g(t)\boldsymbol{k}$，有

$$\boldsymbol{x}_t = f'\cos\theta \boldsymbol{i} + f'\sin\theta \boldsymbol{j} + g'\boldsymbol{k}, \ \boldsymbol{x}_\theta = -f\sin\theta \boldsymbol{i} + f\cos\theta \boldsymbol{j}$$

因此有

$$|\boldsymbol{x}_t\times\boldsymbol{x}_\theta|=|-g'f\cos\theta\boldsymbol{i}-g'f\sin\theta\boldsymbol{j}+f'f\boldsymbol{k}|=f\sqrt{(f')^2+(g')^2},$$

于是,参数组 $t$, $\theta$ 是正则的,当且仅当 $f>0$, 以及曲线 $C$ 是正则的.

这里经线是 $t$ 曲线,纬线是 $\theta$ 曲线. 而且从 $\boldsymbol{x}_t\cdot\boldsymbol{x}_\theta=0$ 可知,经线与纬线在相交处相互正交.

**例 5.2.4** 球面 $S^2$ 作为回转面.

由图 5.1.2 可得出生成单位球面的轮廓线 $C$ 的方程为 $\boldsymbol{r}=\sin\phi\boldsymbol{i}+\cos\phi\boldsymbol{k}$. 为了使得 $f(\phi)=\sin\phi>0$,就得出 $\phi\neq0$, $\pi$ 这一条件. 此时生成的正则回转面是不包括南,北极点在内的球面. 这个回转面的正则性由此时的 $f(\phi)=\sin\phi$, $g(\phi)=\cos\phi$, 以及 $|\boldsymbol{x}_\theta\times\boldsymbol{x}_\phi|=f\sqrt{(f')^2+(g')^2}=\sin\phi(\sqrt{\cos^2\phi+\sin^2\phi})=\sin\phi>0$ 给出. 这与例 5.2.2 的结果一样.

## §5.3 练习:椭圆抛物面与环面 $T^2$

(i) 椭圆抛物面指的是由 $z=\dfrac{x^2}{a^2}+\dfrac{y^2}{b^2}$ 定义的曲面,为简单一些,我们讨论 $a=b=\sqrt{2}$ 这一情况,此时有 $z=\dfrac{x^2}{2}+\dfrac{y^2}{2}$. 引入 $x=u+v$, $y=u-v$,则曲面上的点的位置向量 $\boldsymbol{x}=x\boldsymbol{i}+y\boldsymbol{j}+z\boldsymbol{k}=(u+v)\boldsymbol{i}+(u-v)\boldsymbol{j}+(u^2+v^2)\boldsymbol{k}$. 于是从

$$\boldsymbol{x}_u=\boldsymbol{i}+\boldsymbol{j}+2u\boldsymbol{k},\ \boldsymbol{x}_v=\boldsymbol{i}-\boldsymbol{j}+2v\boldsymbol{k},$$

有

$$\boldsymbol{x}_u\times\boldsymbol{x}_v=\begin{vmatrix}\boldsymbol{i}&\boldsymbol{j}&\boldsymbol{k}\\1&1&2u\\1&-1&2v\end{vmatrix}$$

由此计算出

$$\Delta_1=\begin{vmatrix}1&2u\\-1&2v\end{vmatrix}=2(u+v),\ \Delta_2=\begin{vmatrix}2u&1\\2v&1\end{vmatrix}=2(u-v),\ \Delta_3=\begin{vmatrix}1&1\\1&-1\end{vmatrix}=-2\neq0$$

可知该曲面是正则曲面，而 $u$，$v$ 参数是正则参数.

在曲面上，过 $v_0$ 的 $u$ 曲线，是曲面上的由

$$\boldsymbol{x}=(u+v_0)\boldsymbol{i}+(u-v_0)\boldsymbol{j}+(u^2+v_0^2)\boldsymbol{k},\ \forall u$$

给出的曲线. 我们把这一 $\boldsymbol{x}$ 投影在 $xy$ 平面上(参见 § 3.4)，得出

$$x=u+v_0,\ y=u-v_0, \text{即 } y=x-2v_0$$

这就得出了曲面上这条 $u$ 曲线的几何意义：它是该曲面与过 $y=x-2v_0$ 直线的竖直平面的交线. 对于过 $u=u_0$ 的 $v$ 曲线有同样的结论：它是该曲面与过 $y=-x+2u_0$ 直线的竖直平面的交线.

(ii) 环面 $T^2$

环面 $T^2$ 是如同游泳圈形的曲面，它是一个回转面. 图 5.3.1 明示了环面 $T^2$ 的轮廓线，它是在 $xz$ 平面中的一个半径为 $r$ 的圆. 它的圆心在 $O'$，而 $OO'=R$，$R>r$. 该圆上的 $P'$，由 $O'P'$对 $z$ 轴的夹角 $\phi$ 来定位. 当该圆绕 $z$ 轴转过 $\theta$ 角时，它的位置由图 5.3.2 给出，而 $P'$ 经转动给出点 $P$. 在图 5.3.2 中有

$$\overrightarrow{OO'}=R\cos\theta\boldsymbol{i}+R\sin\theta\boldsymbol{j},$$
$$\overrightarrow{O'P}=r\sin\phi\cos\theta\boldsymbol{i}+r\sin\phi\sin\theta\boldsymbol{j}+r\cos\phi\boldsymbol{k}$$

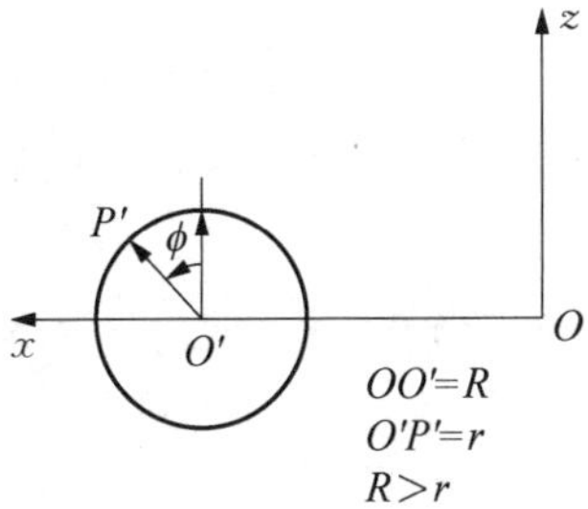

图 5.3.1

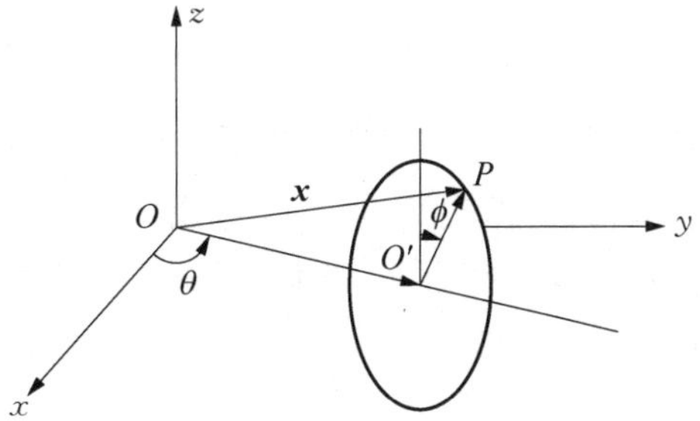

图 5.3.2

那么点 $P(\theta,\ \phi)$的位置向量就是

$$\boldsymbol{x}=\overrightarrow{OO'}+\overrightarrow{O'P}=\overrightarrow{OP}=(R+r\sin\phi)\cos\theta\boldsymbol{i}+(R+r\sin\phi)\sin\theta\boldsymbol{j}+r\cos\phi\boldsymbol{k}.$$

作为一个特例，对于 $\phi=0$，$\theta=0$，我们有 $\boldsymbol{x}=R\boldsymbol{i}+r\boldsymbol{k}$；对于 $\phi=2\pi$，$\theta=2\pi$，我

们同样有 $\boldsymbol{x}=R\boldsymbol{i}+r\boldsymbol{k}$. 这说明$(x, y, z)$与$(\theta, \phi)$的这一对应不是1−1 的. 不过如果对参数的定义域作出限制,如 $0<\theta<2\pi$, $0<\phi<2\pi$,那么上述对应就 1−1 了. 也可以定义 $U_1$: $0<\theta<2\pi$, $0<\phi<2\pi$; $U_2=-\pi<\theta<\pi$, $-\pi<\phi<\pi$; $U_3=-\frac{1}{2}\pi<\theta<\frac{3}{2}\pi$, $-\frac{1}{2}\pi<\phi<\frac{3}{2}\pi$,来定义 3 个坐标系,而由它们共同来定出环面 $T^2$ 的完整参数坐标系,这就已用到了流形的概念了(参见参考文献[5],[6],[11]).

由 $\boldsymbol{x}$, 算出 $\boldsymbol{x}_\theta$, $\boldsymbol{x}_\phi$(参见例 5.10.3),就不难得出(作为练习),在环面 $T^2$ 的情况下

$$|\boldsymbol{x}_\theta\times\boldsymbol{x}_\phi|=r(R+r\sin\phi)\neq 0$$

这表明环曲 $T^2$ 及参数 $\theta$, $\phi$ 是正则的.

环面 $T^2$ 上的 $\phi$ 曲线($\theta$ 是常数)该环面轮廓线的一个个复本,而 $\theta$ 曲线($\phi$ 是常数)则是轮廓线上每一点绕 $z$ 轴产生的一个个圆.

## §5.4 曲面上的切平面与活动标架系

至此,关于正则曲面及其正则参数,我们已经讨论了一些实例,而且就它们而言,(5.10)断言对于参数 $u$, $v$ 有

$$\boldsymbol{x}_u\times\boldsymbol{x}_v\neq\boldsymbol{0}\tag{5.11}$$

这就为理论进一步地展开打下了基础,因为由 §1.4 的讨论 $\boldsymbol{x}_u$, $\boldsymbol{x}_v$ 一定是线性无关的,否则的话,$\boldsymbol{x}_u$, $\boldsymbol{x}_v$ 共线, $\boldsymbol{x}_u\times\boldsymbol{x}_v$ 就是零向量了.

$\boldsymbol{x}_u$, $\boldsymbol{x}_v$ 线性无关,它们就张成了点 $P$ 的切平面. 当然, $\boldsymbol{x}_u$, $\boldsymbol{x}_v$ 一般不是单位向量.

设过点 $P$ 有曲线 $C$: $\boldsymbol{x}=\boldsymbol{x}(u(t), v(t))=\boldsymbol{x}(t)$,那么 $\boldsymbol{x}'=\frac{\mathrm{d}\boldsymbol{x}}{\mathrm{d}t}$ 也在点 $P$ 的切平面之中,事实上有

$$\boldsymbol{x}'=\frac{\mathrm{d}\boldsymbol{x}}{\mathrm{d}t}=\frac{\partial\boldsymbol{x}}{\partial u}\frac{\mathrm{d}u}{\mathrm{d}t}+\frac{\partial\boldsymbol{x}}{\partial v}\frac{\mathrm{d}v}{\mathrm{d}t}=\frac{\mathrm{d}u}{\mathrm{d}t}\boldsymbol{x}_u+\frac{\mathrm{d}v}{\mathrm{d}t}\boldsymbol{x}_v\tag{5.12}$$

这些情况总结在图 5.4.1 之中. 图中还出现了一个向量 $\boldsymbol{N}$,它是这样定义的

$$\boldsymbol{N}=\frac{\boldsymbol{x}_u\times\boldsymbol{x}_v}{|\boldsymbol{x}_u\times\boldsymbol{x}_v|} \tag{5.13}$$

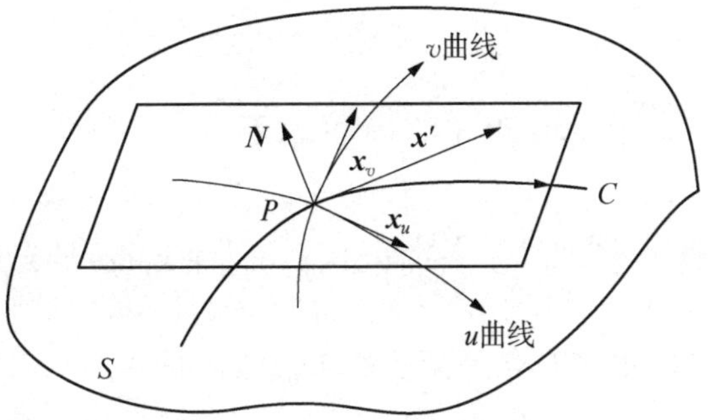


图 5.4.1

因此 $\boldsymbol{N}$ 是单位向量,且 $\boldsymbol{x}_u$, $\boldsymbol{x}_v$, $\boldsymbol{N}$ 构成一个三重系(参见 §1.13). 这样,我们在曲面 $S$ 上就有了一个活动标架系. $\boldsymbol{N}$ 称为点 $P$ 切平面的单位法向量.

**例 5.4.1**　环面 $T^2$ 的单位法向量.

沿用 §5.3 中(ii)的各符号,则可得(作为练习)

$$\boldsymbol{N}=\frac{\boldsymbol{x}_\theta\times\boldsymbol{x}_\phi}{|\boldsymbol{x}_\theta\times\boldsymbol{x}_\phi|}=-\sin\phi\cos\theta\boldsymbol{i}-\sin\phi\sin\theta\boldsymbol{j}-\cos\phi\boldsymbol{k}=-\frac{\overrightarrow{O'P}}{r},$$

其中

$$\overrightarrow{O'P}=r\sin\phi\cos\theta\boldsymbol{i}+r\sin\phi\sin\theta\boldsymbol{j}+r\cos\phi\boldsymbol{k},$$

这表明 $\boldsymbol{N}$ 在环面 $T^2$ 上连续地改变,并以 $\overrightarrow{PO'}$ 的方向指向 $O'$.

## §5.5　曲面上的三个基本形式

对于曲面上的点 $P$: $\boldsymbol{x}(u^1, u^2)$,考虑与点 $P$ 非常接近的点 $Q$: $\boldsymbol{x}(u^1+\mathrm{d}u^1, u^2+\mathrm{d}u^2)$. 这里 $\mathrm{d}u^1$, $\mathrm{d}u^2$ 既表示 $u^1u^2$ 平面中坐标函数 $u^1$, $u^2$ 的微元,又表示点 $P$ 切平面中一个特定向量 $\mathrm{d}\boldsymbol{x}$ 的分量. 因为由(2.14)给出

$$\boldsymbol{x}(u^1+\mathrm{d}u^1,\ u^2+\mathrm{d}u^2)=\boldsymbol{x}(u^1,\ u^2)+\frac{\partial \boldsymbol{x}}{\partial u^1}\mathrm{d}u^1+\frac{\partial \boldsymbol{x}}{\partial u^2}\mathrm{d}u^2+\text{高阶量}$$
$$=\boldsymbol{x}(u^1,\ u^2)+\mathrm{d}\boldsymbol{x}+\text{高阶量} \tag{5.14}$$

记 $\frac{\partial \boldsymbol{x}}{\partial u^1}=\boldsymbol{x}_1$，$\frac{\partial \boldsymbol{x}}{\partial u^2}=\boldsymbol{x}_2$，其中的 $\mathrm{d}\boldsymbol{x}$ 可表示为

$$\mathrm{d}\boldsymbol{x}=\frac{\partial \boldsymbol{x}}{\partial u^1}\mathrm{d}u^1+\frac{\partial \boldsymbol{x}}{\partial u^2}\mathrm{d}u^2=\boldsymbol{x}_1\mathrm{d}u^1+\boldsymbol{x}_2\mathrm{d}u^2=\boldsymbol{x}_i\mathrm{d}u^i \tag{5.15}$$

对于点 $P$ 和点 $Q$ 的各自切平面上的单位法向量 $\boldsymbol{N}_P=\boldsymbol{N}(u^1,\ u^2)$ 和 $\boldsymbol{N}_Q=\boldsymbol{N}(u^1+\mathrm{d}u^1,\ u^2+\mathrm{d}u^2)$ 也有

$$\mathrm{d}\boldsymbol{N}=\frac{\partial \boldsymbol{N}}{\partial u^1}\mathrm{d}u^1+\frac{\partial \boldsymbol{N}}{\partial u^2}\mathrm{d}u^2=\boldsymbol{N}_i\mathrm{d}u^i \tag{5.16}$$

其中

$$\boldsymbol{N}_i=\frac{\partial \boldsymbol{N}}{\partial u^i},\ i=1,\ 2 \tag{5.17}$$

这里所论述的各点明示于图 5.5.1 之中.

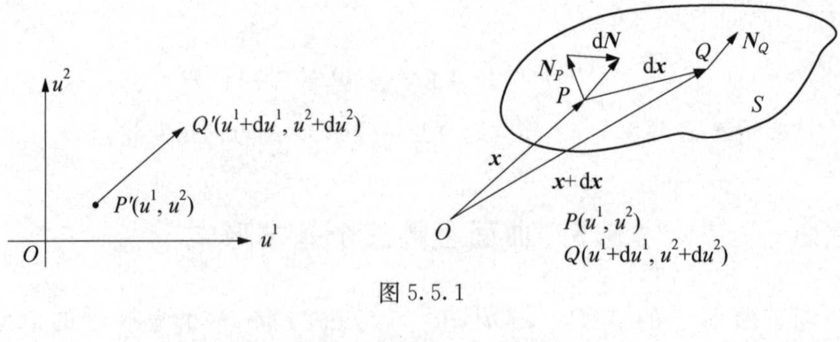


图 5.5.1

针对曲面 $S$ 上的点 $P$ 的 $\mathrm{d}\boldsymbol{x}$，$\mathrm{d}\boldsymbol{N}$，我们构成

$$\begin{aligned}\text{Ⅰ}&=\mathrm{d}\boldsymbol{x}\cdot\mathrm{d}\boldsymbol{x}\\ \text{Ⅱ}&=-\mathrm{d}\boldsymbol{x}\cdot\mathrm{d}\boldsymbol{N}\\ \text{Ⅲ}&=\mathrm{d}\boldsymbol{N}\cdot\mathrm{d}\boldsymbol{N}\end{aligned} \tag{5.18}$$

我们将它们分别称为曲面 $S$ 的第一基本形式,第二基本形式,第三基本形式.我们将看到它们在曲面理论中起着十分重要的作用.

**例 5.5.1**　由 $\mathrm{d}\boldsymbol{x}=\boldsymbol{x}_i\mathrm{d}u^i$,对正则曲面而言,$\boldsymbol{x}_1\neq\boldsymbol{0}$,$\boldsymbol{x}_2\neq\boldsymbol{0}$(参见例 5.2.1),即 $u^1$ 曲线与 $u^2$ 曲线都是正则曲线(参见§3.1,§5.2).

## §5.6　曲面上的第一基本形式Ⅰ

曲面上位置向量分别为 $\boldsymbol{x}(u^1,u^2)$,$\boldsymbol{x}(u^1+\mathrm{d}u^1,u^2+\mathrm{d}u^2)$ 两点之间的距离 $\mathrm{d}s$ 应是向量 $\mathrm{d}\boldsymbol{x}$ 之大小,即

$$\mathrm{d}s=|\mathrm{d}\boldsymbol{x}|=|\boldsymbol{x}_i\mathrm{d}u^i| \tag{5.19}$$

于是

$$(\mathrm{d}s)(\mathrm{d}s)=(\mathrm{d}s)^2\equiv\mathrm{d}s^2=\mathrm{d}\boldsymbol{x}\cdot\mathrm{d}\boldsymbol{x}=\mathrm{I} \tag{5.20}$$

这就是曲面的第一基本形式的几何意义:它反映了曲面的度量特性.利用 $\mathrm{d}\boldsymbol{x}$ 的表达式(5.15),就有

$$\mathrm{I}(\mathrm{d}u^1,\mathrm{d}u^2)=\mathrm{d}s^2=(\boldsymbol{x}_i\,\mathrm{d}u^i)\cdot(\boldsymbol{x}_j\,\mathrm{d}u^j)=(\boldsymbol{x}_i\cdot\boldsymbol{x}_j)\mathrm{d}u^i\mathrm{d}u^j \tag{5.21}$$

若令

$$g_{ij}=\boldsymbol{x}_i\cdot\boldsymbol{x}_j,\ i,\ j=1,\ 2 \tag{5.22}$$

最后就有

$$\mathrm{I}=\mathrm{d}s^2=g_{ij}du^i\mathrm{d}u^j \tag{5.23}$$

由于 $i$, $j$ 取值 1, 2,所以(5.22)中一共有 4 个量:$g_{11}$, $g_{12}$, $g_{21}$, $g_{22}$.不过因为 $\boldsymbol{x}_i\cdot\boldsymbol{x}_j=\boldsymbol{x}_j\cdot\boldsymbol{x}_i$,就有 $g_{ij}=g_{ji}$,即 $g_{ij}$ 对于其下指标是对称的,故 $g_{12}=g_{21}$.当然,$g_{ij}$ 都是 $u^1$, $u^2$ 的函数,即 $g_{ij}=g_{ij}(u^1,u^2)$.

**例 5.6.1**　若用记号 $u=u^1$, $v=u^2$,则从 $\boldsymbol{x}=x(u,v)\boldsymbol{i}+y(u,v)\boldsymbol{j}+z(u,v)\boldsymbol{k}$,可得 $\boldsymbol{x}_1\equiv\boldsymbol{x}_u=x_u\boldsymbol{i}+y_u\boldsymbol{j}+z_u\boldsymbol{k}$, $\boldsymbol{x}_2=\boldsymbol{x}_v=x_v\boldsymbol{i}+y_v\boldsymbol{j}+z_v\boldsymbol{k}$.这就有

$$g_{11}=\boldsymbol{x}_1\cdot\boldsymbol{x}_1=x_u^2+y_u^2+z_u^2,$$
$$g_{12}=g_{21}=\boldsymbol{x}_1\cdot\boldsymbol{x}_2=x_ux_v+y_uy_v+z_uz_v,$$
$$g_{22}=\boldsymbol{x}_2\cdot\boldsymbol{x}_2=x_v^2+y_v^2+z_v^2.$$

按通常的做法,我们引入

$$E=g_{11},\quad F=g_{12},\quad G=g_{22} \tag{5.24}$$

这就有

$$\mathrm{I}(\mathrm{d}u,\ \mathrm{d}v)=\mathrm{d}s^2=E\mathrm{d}u^2+2F\mathrm{d}u\mathrm{d}v+G\mathrm{d}v^2 \tag{5.25}$$

其中 $\mathrm{d}u^2=(\mathrm{d}u)^2$, $\mathrm{d}v^2=(\mathrm{d}v)^2$.

由此,可清晰地看出,曲面线元 ds 的平方,即曲面上的第一基本形式 I 是定义在 $uv$ 平面中向量$(\mathrm{d}u,\ \mathrm{d}v)$上的一个二次形式,其中 $E$, $F$, $G$ 是该二次形式的系数,它们是 $u$, $v$ 的函数,即随曲面上的点而变化.

引入矩阵 $(g_{ij})=\begin{pmatrix}E & F\\ F & G\end{pmatrix}$,可以将 I 表示为

$$\mathrm{I}=(\mathrm{d}u\ \ \mathrm{d}v)\begin{pmatrix}E & F\\ F & G\end{pmatrix}\begin{pmatrix}\mathrm{d}u\\ \mathrm{d}v\end{pmatrix}. \tag{5.26}$$

**例 5.6.2** 求单位球面的 $E$, $F$, $G$ 系数.

由例 5.1.1 有 $\boldsymbol{x}=\cos\theta\sin\phi\boldsymbol{i}+\sin\theta\sin\phi\boldsymbol{j}+\cos\phi\boldsymbol{k}$,可得例 5.2.2 中的 $\boldsymbol{x}_\theta=-\sin\theta\sin\phi\boldsymbol{i}+\cos\theta\sin\phi\boldsymbol{j}$, $\boldsymbol{x}_\phi=\cos\theta\cos\phi\boldsymbol{i}+\sin\theta\cos\phi\boldsymbol{j}-\sin\phi\boldsymbol{k}$. 于是有 $E=\boldsymbol{x}_\theta\cdot\boldsymbol{x}_\theta=\sin^2\phi$, $F=\boldsymbol{x}_\theta\cdot\boldsymbol{x}_\phi=0$, $G=\boldsymbol{x}_\phi\cdot\boldsymbol{x}_\phi=1$.

**例 5.6.3** 第一基本形式在参数变换下不变.

考虑将参数 $u$, $v$ 变为参数 $\theta$, $\phi$: $\theta=\theta(u,\ v)$, $\phi=\phi(u,\ v)$, 此时对点 $P$ 的位置向量有 $\boldsymbol{x}(u,\ v)=\boldsymbol{x}^*(\theta,\ \phi)$. 我们要证明由 $\boldsymbol{x}$ 得出的 I 与由 $\boldsymbol{x}^*$ 得出的 $\mathrm{I}^*$ 是相等的,也即第一基本形式与参数的选取无关. 为此,用链式法则(参见§2.3)作计算

$$\begin{aligned}\mathrm{I}^*(\mathrm{d}\theta,\ \mathrm{d}\phi)&=|\mathrm{d}\boldsymbol{x}^*|^2\\&=|\boldsymbol{x}_\theta^*\,\mathrm{d}\theta+\boldsymbol{x}_\phi^*\,\mathrm{d}\phi|\\&=|\boldsymbol{x}_\theta^*(\theta_u\mathrm{d}u+\theta_v\mathrm{d}v)+\boldsymbol{x}_\phi^*(\phi_u\mathrm{d}u+\phi_v\mathrm{d}v)|^2\end{aligned}$$

$$\begin{aligned}&=|(\boldsymbol{x}_{\theta}^{*}\theta_u+\boldsymbol{x}_{\phi}^{*}\phi_u)\mathrm{d}u+(\boldsymbol{x}_{\theta}^{*}\theta_v+\boldsymbol{x}_{\phi}^{*}\phi_v)\mathrm{d}v|^2\\&=|\boldsymbol{x}_u\mathrm{d}u+\boldsymbol{x}_v\mathrm{d}v|^2\\&=|\mathrm{d}\boldsymbol{x}|^2=\mathrm{I}(\mathrm{d}u,\mathrm{d}v).\end{aligned}$$

事实上，$|\mathrm{d}\boldsymbol{x}|=\mathrm{d}s$，而曲面上的线元只应与曲面有关，而与参数的选取无关. 这就从几何上说明了 Ⅰ 不变的原因. 这就有

$$\mathrm{I}=E\mathrm{d}u^2+2F\mathrm{d}u\mathrm{d}v+G\mathrm{d}v^2=E^*\mathrm{d}\theta^2+2F^*\mathrm{d}\theta\mathrm{d}\phi+G^*\mathrm{d}\theta^2$$

那么 $E$，$F$，$G$，与 $E^*$，$F^*$，$G^*$ 之间有什么关系呢？

**例 5.6.4**　第一基本形式的系数的变换.

从 $E=\boldsymbol{x}_u\cdot\boldsymbol{x}_u$，而 $\boldsymbol{x}_u=(\boldsymbol{x}_{\theta}^{*}\theta_u+\boldsymbol{x}_{\phi}^{*}\phi_u)$，就有(作为练习)

$$E=E^*\theta_u^2+2F^*\theta_u\phi_u+G^*\phi_u^2,$$

同样可得(作为练习)

$$\begin{aligned}&F=E^*\theta_u\theta_v+F^*(\theta_u\phi_v+\phi_u\theta_v)+G^*\phi_u\phi_v,\\&G=E^*\theta_v^2+2F^*\theta_v\phi_v+G^*\phi_v^2.\end{aligned}$$

**例 5.6.5**　第一基本形式的系数变换的矩阵形式.

对于变换 $\theta=\theta(u,v)$，$\phi=\phi(u,v)$ 引入其雅可比矩阵

$$\frac{\partial(\theta,\phi)}{\partial(u,v)}=\begin{pmatrix}\theta_u&\phi_u\\\theta_v&\phi_v\end{pmatrix}$$

那么上例中的结果可用矩阵表示为

$$\begin{pmatrix}E&F\\F&G\end{pmatrix}=\begin{pmatrix}\theta_u&\phi_u\\\theta_v&\phi_v\end{pmatrix}\begin{pmatrix}E^*&F^*\\F^*&G^*\end{pmatrix}\begin{pmatrix}\theta_u&\phi_u\\\theta_v&\phi_v\end{pmatrix}^T\tag{5.27}$$

正是 Ⅰ 和 Ⅰ$^*$ 的系数按此变换，这才使得 Ⅰ 能保持不变.

**例 5.6.6**　对于由 $\boldsymbol{x}=(u+v)\boldsymbol{i}+(u-v)\boldsymbol{j}+uv\boldsymbol{k}$ 表示的曲面，以及变换 $\theta=u+v$，$\phi=u-v$，试求 $E=\boldsymbol{x}_u\cdot\boldsymbol{x}_u$，$F=\boldsymbol{x}_u\cdot\boldsymbol{x}_v$，$G=\boldsymbol{x}_v\cdot\boldsymbol{x}_v$，以及 $E^*=\boldsymbol{x}_{\theta}\cdot\boldsymbol{x}_{\theta}$，$F^*=\boldsymbol{x}_{\theta}\cdot\boldsymbol{x}_{\phi}$，$G^*=\boldsymbol{x}_{\phi}\cdot\boldsymbol{x}_{\phi}$.

从 $\boldsymbol{x}=\boldsymbol{x}(u,v)$，不难得出 $\boldsymbol{x}_u=\boldsymbol{i}+\boldsymbol{j}+v\boldsymbol{k}$，$\boldsymbol{x}_v=\boldsymbol{i}-\boldsymbol{j}+u\boldsymbol{k}$，因而有 $E=$

$2+v^2$, $F=uv$, $G=2+u^2$. 另从，从 $\boldsymbol{x}^*(\theta, \phi)=\theta\boldsymbol{i}+\phi\boldsymbol{j}+\frac{1}{4}(\theta^2-\phi^2)\boldsymbol{k}$ 可得 $\boldsymbol{x}_\theta^*=\boldsymbol{i}+\frac{1}{2}\theta\boldsymbol{k}$, $\boldsymbol{x}_\phi^*=\boldsymbol{j}-\frac{1}{2}\phi\boldsymbol{k}$，从而有 $E^*-1+\frac{1}{4}\theta^2$, $F^*=-\frac{1}{4}0\phi$, $G^*=1+\frac{1}{4}\phi^2$. 此时的雅可比矩阵

$$\begin{pmatrix}\theta_u & \phi_u\\ \theta_v & \phi_v\end{pmatrix}=\begin{pmatrix}1 & 1\\ 1 & -1\end{pmatrix}$$

于是可以利用例 5.6.5 的结论来验证这里的结果，或者通过下例来验证.

**例 5.6.7** 若 $u=u(\theta, \phi)$, $v=v(\theta, \phi)$, 而 $\mathrm{I}=\mathrm{I}(\mathrm{d}u, \mathrm{d}v)=\mathrm{I}^*(\mathrm{d}\theta, \mathrm{d}\phi)$，那么此时雅可比矩阵为

$$\frac{\partial(u, v)}{\partial(\theta, \phi)}=\begin{pmatrix}u_\theta & v_\theta\\ u_\phi & v_\phi\end{pmatrix}$$

而例 5.6.5 中的变换的逆变换为

$$\begin{pmatrix}E^* & F^*\\ F^* & G^*\end{pmatrix}=\begin{pmatrix}u_\theta & v_\theta\\ u_\phi & v_\phi\end{pmatrix}\begin{pmatrix}E & F\\ F & G\end{pmatrix}\begin{pmatrix}u_\theta & v_\theta\\ u_\phi & v_\phi\end{pmatrix}^T. \tag{5.28}$$

## §5.7 讨论：平面上的线元

先讨论使用直角坐标系的情况：对点 $P(x, y)$（图 5.7.1）而言，过它的 $x$ 曲线是垂直于 $y$ 轴的直线，而过它的 $y$ 曲线是垂直于 $x$ 轴的直线，点 $P$ 的位置向量

$$\boldsymbol{x}=x\boldsymbol{i}+y\boldsymbol{j}$$

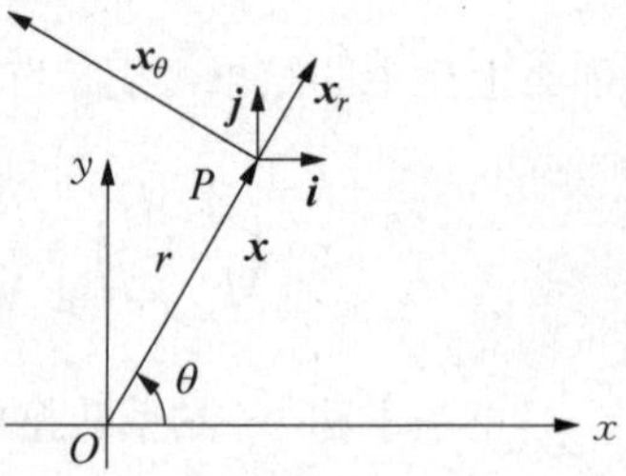

图 5.7.1

由此得到 $\boldsymbol{x}_x=\boldsymbol{i}$, $\boldsymbol{x}_y=\boldsymbol{j}$. 因此，有 $E=\boldsymbol{i}\cdot\boldsymbol{i}=1$, $F=\boldsymbol{i}\cdot\boldsymbol{j}=0$, $G=\boldsymbol{j}\cdot\boldsymbol{j}=1$, 所以

$$\begin{pmatrix} E & F \\ F & G \end{pmatrix} = \begin{pmatrix} 1 & 0 \\ 0 & 1 \end{pmatrix}$$

对于极坐标系而言，设点 $P$ 的极径为 $r$，极角为 $\theta$，则

$$x = r\cos\theta,\ y = r\sin\theta, \tag{5.29}$$

当限制 $r \geqslant 0,\ 0 \leqslant \theta < 2\pi$ 时，平面上除原点(极点)$O$ 以外，每一点都有唯一的一个极坐标$(r,\ \theta)$. 此时，过点 $P$ 的 $r$ 曲线是从 $O$ 开始，连点 $P$ 的射线，而过点 $P$ 的 $\theta$ 曲线是圆心在 $O$，半径为 $r$ 的圆. 从

$$\boldsymbol{x} = x\boldsymbol{i} + y\boldsymbol{j} = r\cos\theta\boldsymbol{i} + r\sin\theta\boldsymbol{j}$$

有 $\boldsymbol{x}_r = \cos\theta\boldsymbol{i} + \sin\theta\boldsymbol{j}$，$\boldsymbol{x}_\theta = -r\sin\theta\boldsymbol{i} + r\cos\theta\boldsymbol{j}$. 因此有 $E^* = \boldsymbol{x}_r \cdot \boldsymbol{x}_r = 1$，$F^* = \boldsymbol{x}_r \cdot \boldsymbol{x}_\theta = 0$，$G^* = \boldsymbol{x}_\theta \cdot \boldsymbol{x}_\theta = r^2$，所以

$$\begin{pmatrix} E^* & F^* \\ F^* & G^* \end{pmatrix} = \begin{pmatrix} 1 & 0 \\ 0 & r^2 \end{pmatrix},$$

**例 5.7.1**　由(5.29)可得 $\begin{pmatrix} x_r & y_r \\ x_\theta & y_\theta \end{pmatrix} = \begin{pmatrix} \cos\theta & \sin\theta \\ -r\sin\theta & r\cos\theta \end{pmatrix}$，于是(5.28)就是

$$\begin{pmatrix} E^* & F^* \\ F^* & G^* \end{pmatrix} = \begin{pmatrix} \cos\theta & \sin\theta \\ -r\sin\theta & r\cos\theta \end{pmatrix} \begin{pmatrix} 1 & 0 \\ 0 & 1 \end{pmatrix} \begin{pmatrix} \cos\theta & -r\sin\theta \\ \sin\theta & r\cos\theta \end{pmatrix} = \begin{pmatrix} 1 & 0 \\ 0 & r^2 \end{pmatrix}.$$

这与上面的结果一致.

这样，在直角坐标系中就有

$$\mathrm{d}s^2 = E\mathrm{d}x^2 + G\mathrm{d}y^2 = \mathrm{d}x^2 + \mathrm{d}y^2,$$

此即勾股定理，而在极坐标系中有

$$\mathrm{d}s^2 = E^*\mathrm{d}r^2 + G^*\mathrm{d}\theta^2 = \mathrm{d}r^2 + r^2\mathrm{d}\theta^2$$

另外

$$\begin{vmatrix} E & F \\ F & G \end{vmatrix} = \begin{vmatrix} 1 & 0 \\ 0 & 1 \end{vmatrix} = 1 > 0,\quad \begin{vmatrix} E^* & F^* \\ F^* & G^* \end{vmatrix} = \begin{vmatrix} 1 & 0 \\ 0 & r^2 \end{vmatrix} = r^2 > 0,$$

这是一个一般成立的性质. 在下一节中,我们将讨论这一点.

## §5.8 Ⅰ是 d$u$, d$v$ 的正定二次形式

由

$$\mathrm{I}(\mathrm{d}u^1,\ \mathrm{d}u^2)=\mathrm{d}s^2=\mathrm{d}\boldsymbol{x}\cdot\mathrm{d}\boldsymbol{x}=g_{ij}\,\mathrm{d}u^i\,\mathrm{d}u^j \tag{5.30}$$

可知 $\mathrm{I}(\mathrm{d}u^1,\ \mathrm{d}u^2)\geqslant 0$. 当且仅当 $\mathrm{d}\boldsymbol{x}=\boldsymbol{0}$,即 $\mathrm{d}u^1=\mathrm{d}u^2=0$(参见(5.15))时等号才成立. 这表明Ⅰ是 $\mathrm{d}u^1$, $\mathrm{d}u^2$ 的一个正定二次形式(参见§1.7 中的(iv)). 于是从正定二次形式的充要条件可知(参见参考文献[10]):

$$g\equiv\begin{vmatrix}E & F\\ F & G\end{vmatrix}=EG-F^2>0,\ E>0,\ G>0 \tag{5.31}$$

这 3 点也可以论证如下:首先 $E=g_{11}=\boldsymbol{x}_1\cdot\boldsymbol{x}_1$,而 $\boldsymbol{x}_1\neq\boldsymbol{0}$(参见例 5.2.1),所以 $E>0$. 同样,可证 $G>0$. 再者,从例 1.11.2 证明了的拉格朗日恒等式有

$$\begin{aligned}EG-F^2&=(\boldsymbol{x}_1\cdot\boldsymbol{x}_1)(\boldsymbol{x}_2\cdot\boldsymbol{x}_2)-(\boldsymbol{x}_1\cdot\boldsymbol{x}_2)(\boldsymbol{x}_1\cdot\boldsymbol{x}_2)\\&=(\boldsymbol{x}_1\times\boldsymbol{x}_2)\cdot(\boldsymbol{x}_1\times\boldsymbol{x}_2)=|\boldsymbol{x}_1\times\boldsymbol{x}_2|^2>0\end{aligned}$$

**例 5.8.1** 对于回转面验证(5.31).

由例 5.1.2 有 $\boldsymbol{x}=f(t)\cos\theta\boldsymbol{i}+f(t)\sin\theta\boldsymbol{j}+g(t)\boldsymbol{k}$,于是从 $\mathrm{d}\boldsymbol{x}=\boldsymbol{x}_t\mathrm{d}t+\boldsymbol{x}_\theta\mathrm{d}\theta$,其中 $\boldsymbol{x}_t$, $\boldsymbol{x}_\theta$ 由例 5.2.3 给出,就有

$$\begin{aligned}\mathrm{I}&=\boldsymbol{x}_t\cdot\boldsymbol{x}_t\mathrm{d}t^2+2\boldsymbol{x}_t\cdot\boldsymbol{x}_\theta\mathrm{d}t\,\mathrm{d}\theta+\boldsymbol{x}_\theta\cdot\boldsymbol{x}_\theta\mathrm{d}\theta^2\\&=(f'^2+g'^2)\mathrm{d}t^2+f^2\mathrm{d}\theta^2\end{aligned}$$

即 $E=\boldsymbol{x}_t\cdot\boldsymbol{x}_t=f'^2+g'^2$, $F=\boldsymbol{x}_t\cdot\boldsymbol{x}_\theta=0$, $G=\boldsymbol{x}_\theta\cdot\boldsymbol{x}_\theta=f^2$.

由此可得 $E>0$, $G>0$, $EG-F^2=(f'^2+g'^2)f^2>0$(参见例 5.2.3).

从 $g>0$, 可知矩阵

$$(g_{ij})=\begin{pmatrix}g_{11} & g_{12}\\ g_{21} & g_{22}\end{pmatrix}=\begin{pmatrix}E & F\\ F & G\end{pmatrix} \tag{5.32}$$

有逆矩阵

$$(g^{ij})=\begin{pmatrix}g^{11} & g^{12}\\ g^{21} & g^{22}\end{pmatrix}=\frac{1}{g}\begin{pmatrix}G & -F\\ -F & E\end{pmatrix}. \tag{5.33}$$

从 $g_{12}=g_{21}$，有 $g^{12}=g^{21}$，且

$$g^{11}=\frac{G}{EG-F^2},\ g^{12}=g^{21}=\frac{-F}{EG-F^2},\ g^{22}=\frac{E}{EG-F^2} \tag{5.34}$$

而满足

$$(g_{ij})(g^{ij})=(g^{ij})(g_{ij})=\begin{pmatrix}1 & 0\\ 0 & 1\end{pmatrix} \tag{5.35}$$

用分量表示即为

$$\sum_j g_{ij}g^{jk}=\sum_j g^{jk}g_{ij}=\delta_i^k \tag{5.36}$$

若用爱因斯坦求和规约，则有

$$g_{ij}g^{jk}=g^{jk}g_{ij}=\delta_i^k \tag{5.37}$$

今后将多次用到这一等式.

**例 5.8.2**　设 $\sum_i g_{ij}a_k^i=b_{jk}$，试证明 $a_k^l=\sum_j g^{jl}b_{jk}$，$i, j, k, l=1, 2.$

对假设的等式两边乘以 $g^{jl}$，并对 $j$ 求和

$$\sum_j g^{jl}\sum_i g_{ij}a_k^i=\sum_j g^{jl}b_{jk}$$

对等式左边，交换求和的顺序，有

$$\sum_i(\sum_j g^{jl}g_{ij})a_k^i=\sum_i \delta_i^l a_k^i=a_k^l.$$

所以最后有

$$a_k^l=\sum_j g^{jl}b_{jk}$$

如果使用求和的爱因斯坦规约，我们就是从

$$g_{ij}a_k^i=b_{jk}, \tag{5.38}$$

推出了

$$a_k^l = g^{jl} b_{jk}. \tag{5.39}$$

形象地说，当我们把(5.38)左边的 $g_{ij}$（下标量）搬到(5.39)右边时，出现的是 $g^{jl}$（上标量）. 反之亦然.

## §5.9 $\boldsymbol{x}_1$, $\boldsymbol{x}_2$ 作为切平面上的基给出的一些结果

点 $P$ 的沿 $u^1$ 曲线的切向量 $\boldsymbol{x}_1$ 与沿 $u^2$ 曲线的切向量 $\boldsymbol{x}_2$ 构成了点 $P$ 的切平面的一个基(参见§5.4). 要提醒一下的是 $\boldsymbol{x}_1$, $\boldsymbol{x}_2$ 并不一定是单位向量，正如§5.7 所示，如果在平面中使用极坐标系的话，那么 $|\boldsymbol{x}_\theta| = r$.

如果对切平面上的向量 $\boldsymbol{a}$, $\boldsymbol{b}$，用 $\boldsymbol{x}_1$, $\boldsymbol{x}_2$ 展开为

$$\boldsymbol{a} = a^i \boldsymbol{x}_i, \ \boldsymbol{b} = b^j \boldsymbol{x}_j \tag{5.40}$$

那么

$$\boldsymbol{a} \cdot \boldsymbol{b} = (a^i \boldsymbol{x}_i) \cdot (b^j \boldsymbol{x}_j) = a^i b^j \boldsymbol{x}_i \cdot \boldsymbol{x}_j = g_{ij} a^i b^j \tag{5.41}$$

$$|\boldsymbol{a}|^2 = \boldsymbol{a} \cdot \boldsymbol{a} = g_{ij} a^i a^j, \ |\boldsymbol{b}|^2 = \boldsymbol{b} \cdot \boldsymbol{b} = g_{ij} b^i b^j \tag{5.42}$$

$$\cos \measuredangle(\boldsymbol{a}, \boldsymbol{b}) = \frac{\boldsymbol{a} \cdot \boldsymbol{b}}{|\boldsymbol{a}|\,|\boldsymbol{b}|} = \frac{g_{ij} a^i b^j}{\sqrt{g_{ij} a^i a^j}\sqrt{g_{ij} b^i b^j}}. \tag{5.43}$$

**例 5.9.1** 对于 $\boldsymbol{x}_1$, $\boldsymbol{x}_2$，由 $\boldsymbol{x}_1 \cdot \boldsymbol{x}_1 = g_{11} = E$, $\boldsymbol{x}_1 \cdot \boldsymbol{x}_2 = g_{12} = g_{21} = F$, $\boldsymbol{x}_2 \cdot \boldsymbol{x}_2 = g_{22} = G$, 就有

$$|\boldsymbol{x}_1| = \sqrt{g_{11}} = \sqrt{E}, \ |\boldsymbol{x}_2| = \sqrt{g_{22}} = \sqrt{G},$$

$$\cos \measuredangle(\boldsymbol{x}_1, \boldsymbol{x}_2) = \frac{\boldsymbol{x}_1 \cdot \boldsymbol{x}_2}{|\boldsymbol{x}_1|\,|\boldsymbol{x}_2|} = \frac{F}{\sqrt{E}\sqrt{G}} \tag{5.44}$$

**例 5.9.2** 由(5.41)给出 $\boldsymbol{a}$ 与 $\boldsymbol{b}$ 正交的充要条件是

$$Ea^1b^1 + F(a^1b^2 + a^2b^1) + Ga^2b^2 = 0 \tag{5.45}$$

于是，在 $\boldsymbol{x}$ 处，由$(\mathrm{d}u^1, \mathrm{d}u^2)$给出的 $\mathrm{d}\boldsymbol{x} = \boldsymbol{x}_1 \mathrm{d}u^1 + \boldsymbol{x}_2 \mathrm{d}u^2$，与由$(\delta u^1, \delta u^2)$给出的 $\delta \boldsymbol{x} = \boldsymbol{x}_1 \delta u^1 + \boldsymbol{x}_2 \delta u^2$（参见图 5.5.1）正交的充要条件，就是

$$E\mathrm{d}u^1\delta u^1 + F(\mathrm{d}u^1\delta u^2 + \mathrm{d}u^2\delta u^1) + G\mathrm{d}u^2\delta u^2 = 0 \tag{5.46}$$

特别地，$\boldsymbol{x}_1$ 与 $\boldsymbol{x}_2$ 正交的充要条件是

$$F=0 \tag{5.47}$$

**例 5.9.3**　由 $\boldsymbol{x}_1$，$\boldsymbol{x}_2$ 构成的平行四边形的面积 $S$

$$S=|\boldsymbol{x}_1\times\boldsymbol{x}_2|=|\boldsymbol{x}_1||\boldsymbol{x}_2|\sin\measuredangle(\boldsymbol{x}_1,\boldsymbol{x}_2)$$

而

$$\sin\measuredangle(\boldsymbol{x}_1,\boldsymbol{x}_2)=\sqrt{1-\cos^2\measuredangle(\boldsymbol{x}_1,\boldsymbol{x}_2)}=\sqrt{1-\frac{F^2}{EG}},$$

所以最后有

$$S=|\boldsymbol{x}_1\times\boldsymbol{x}_2|=\sqrt{E}\sqrt{G}\sqrt{\frac{EG-F^2}{EG}}=\sqrt{EG-F^2}=\sqrt{g} \tag{5.48}$$

## §5.10　应用：曲面上曲线的弧长与曲面上的面积

我们知道曲线是单参数的，因此对曲面上的曲线 $C$：$\boldsymbol{x}(u,v)$应有 $\boldsymbol{x}=\boldsymbol{x}(u^1(t),u^2(t))$，$a\leqslant t\leqslant b$．于是从(3.17)，(5.25)有

$$s(C)=\int_a^b \mathrm{d}s=\int_a^b|\mathrm{d}\boldsymbol{x}|=\int_a^b\sqrt{\frac{\mathrm{I}}{\mathrm{d}t^2}}\,\mathrm{d}t=\int_a^b\sqrt{E\left(\frac{\mathrm{d}u^1}{\mathrm{d}t}\right)^2+2F\frac{\mathrm{d}u^1}{\mathrm{d}t}\frac{\mathrm{d}u^2}{\mathrm{d}t}+G\left(\frac{\mathrm{d}u^2}{\mathrm{d}t}\right)}\,\mathrm{d}t \tag{5.49}$$

对于由 $\Delta\boldsymbol{x}_1\equiv\boldsymbol{x}(u^1+\mathrm{d}u^1,u^2)-\boldsymbol{x}(u^1,u^2)=\boldsymbol{x}_1\mathrm{d}u^1$，与 $\Delta\boldsymbol{x}_2\equiv\boldsymbol{x}(u^1,u^2+\mathrm{d}u^2)-\boldsymbol{x}(u^1,u^2)=\boldsymbol{x}_2\mathrm{d}u^2$ 构成的平行四边形的面积（参见图 5.10.1，与例 5.9.3）$\Delta S$，有

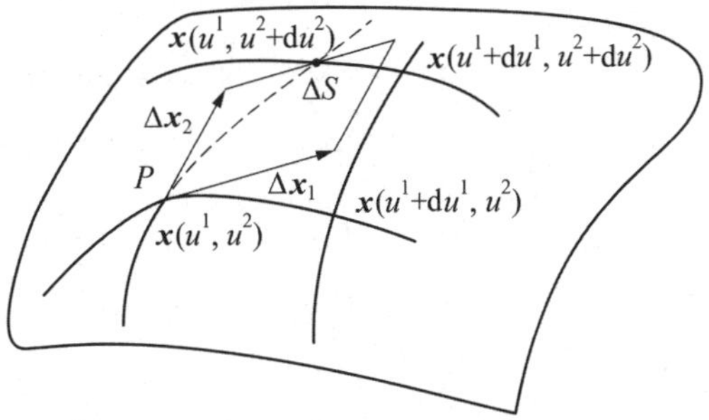


图 5.10.1

$$\begin{aligned}\Delta S &= |\Delta \boldsymbol{x}_1 \times \Delta \boldsymbol{x}_2| \\ &= |\boldsymbol{x}_1 \times \boldsymbol{x}_2| \, \mathrm{d}u^1 \mathrm{d}u^2 \\ &= \sqrt{g}\, \mathrm{d}u^1 \mathrm{d}u^2\end{aligned} \tag{5.50}$$

于是对 $u^1u^2$ 平面中某一区域 $U$ 给出的 $u^1$，$u^2$ 取值范围就有曲面上的面积

$$S(U) = \iint_U \Delta S = \iint_U \sqrt{g}\, \mathrm{d}u^1 \mathrm{d}u^2 = \iint_U \sqrt{EG - F^2}\, \mathrm{d}u^1 \mathrm{d}u^2 \tag{5.51}$$

**例 5.10.1** 求单位圆的周长.

由 § 5.7 可知单位圆上点的位置向量为 $\boldsymbol{x} = \cos\theta \boldsymbol{i} + \sin\theta \boldsymbol{j}$. 因此有 $\boldsymbol{x}_r = \boldsymbol{0}$，$\boldsymbol{x}_\theta = -\sin\theta \boldsymbol{i} + \cos\theta \boldsymbol{j}$，而 $E = \boldsymbol{x}_r \cdot \boldsymbol{x}_r = 0$，$F = \boldsymbol{x}_r \cdot \boldsymbol{x}_\theta = 0$，$G = \boldsymbol{x}_\theta \cdot \boldsymbol{x}_\theta = 1$. 所以 $\mathrm{I} = G\mathrm{d}\theta^2 = \mathrm{d}\theta^2$，于是 $\mathrm{d}s = \sqrt{\mathrm{I}} = \mathrm{d}\theta$，而

$$s = \int_0^{2\pi} \mathrm{d}\theta = 2\pi.$$

**例 5.10.2** 求单位球面的面积 $S$.

例 5.6.2 给出了单位球面的 $E = \sin^2\phi$，$F = 0$，$G = 1$. 因此 $\sqrt{EG - F^2} = \sin\phi$. 这样从(5.51)就得出

$$S = \iint_{\substack{0 \leqslant \theta \leqslant 2\pi \\ 0 \leqslant \phi \leqslant \pi}} \sin\phi \, \mathrm{d}\theta \, \mathrm{d}\phi = 4\pi.$$

**例 5.10.3** 求 § 5.3 中(ii)所讨论的环面 $T^2$ 的面积.

由 $\boldsymbol{x} = (R + r\sin\phi)\cos\theta \boldsymbol{i} + (R + r\sin\phi)\sin\theta \boldsymbol{j} + r\cos\phi \boldsymbol{k}$，有

$$\begin{aligned}\boldsymbol{x}_\theta &= -(R + r\sin\phi)\sin\theta \boldsymbol{i} + (R + r\sin\phi)\cos\theta \boldsymbol{j}, \\ \boldsymbol{x}_\phi &= r\cos\phi\cos\theta \boldsymbol{i} + r\cos\phi\sin\theta \boldsymbol{j} - r\sin\phi \boldsymbol{k}.\end{aligned}$$

因此，$E = \boldsymbol{x}_\theta \cdot \boldsymbol{x}_\theta = (R + r\sin\phi)^2$，$F = \boldsymbol{x}_\theta \cdot \boldsymbol{x}_\phi = 0$，$G = \boldsymbol{x}_\phi \cdot \boldsymbol{x}_\phi = r^2$，以及 $EG - F^2 = r^2(R + r\sin\phi)^2$. 于是

$$S = \iint_{\substack{0 \leqslant \theta \leqslant 2\pi \\ 0 \leqslant \phi \leqslant 2\pi}} r(R + r\sin\phi)\, \mathrm{d}\theta \, \mathrm{d}\phi = 4\pi^2 rR.$$

## §5.11 曲面上的单位法向量

对于曲面上点 $P$ 的位置向量

$$\boldsymbol{x}=x\boldsymbol{i}+y\boldsymbol{j}+z\boldsymbol{k}$$

从

$$\boldsymbol{x}_1=x_u\boldsymbol{i}+y_u\boldsymbol{j}+z_u\boldsymbol{k},\ \boldsymbol{x}_2=x_v\boldsymbol{i}+y_v\boldsymbol{j}+z_v\boldsymbol{k}$$

定义的过点 $P$ 的单位法向量,由(5.13),(5.48)可得到它的下列表达式

$$\boldsymbol{N}=\frac{\boldsymbol{x}_1\times\boldsymbol{x}_2}{\sqrt{g}} \tag{5.52}$$

它满足

$$\boldsymbol{x}_1\cdot\boldsymbol{N}=0,\ \boldsymbol{x}_2\cdot\boldsymbol{N}=0,\ \boldsymbol{N}\cdot\boldsymbol{N}=1 \tag{5.53}$$

习惯上,用 $X,Y,Z$ 来表示 $\boldsymbol{N}$ 的分量,即

$$\boldsymbol{N}=X\boldsymbol{i}+Y\boldsymbol{j}+Z\boldsymbol{k} \tag{5.54}$$

那么由(5.52)就有

$$\begin{aligned} X&=\frac{1}{\sqrt{g}}(y_uz_v-y_vz_u)\\ Y&=\frac{1}{\sqrt{g}}(z_ux_v-z_vx_u)\\ Z&=\frac{1}{\sqrt{g}}(x_uy_v-x_vy_u)\end{aligned} \tag{5.55}$$

**例 5.11.1** 单位法向量在参数变换下的性质.

如果对于参数 $\theta=\theta(u,v)$, $\phi=\phi(u,v)$,作出 $\boldsymbol{N}^*=\dfrac{\boldsymbol{x}_\theta\times\boldsymbol{x}_\phi}{|\boldsymbol{x}_\theta\times\boldsymbol{x}_\phi|}$,那么因为 $\boldsymbol{N}^*$ 过点 $P$, $\boldsymbol{N}^*$ 与 $\boldsymbol{N}$ 垂直于同一切平面,以及 $|\boldsymbol{N}^*|=1$,可知

$$\boldsymbol{N}^*=\pm\boldsymbol{N}. \tag{5.56}$$

例如当 $\theta=v$, $\phi=u$,我们就有 $\boldsymbol{N}^*=-\boldsymbol{N}$.

**例 5.11.2** 因为 $|\boldsymbol{N}|=1$,所以我们得出(参见例 2.1.2):$\mathrm{d}\boldsymbol{N}$ 垂直于 $\boldsymbol{N}$,即 $\mathrm{d}\boldsymbol{N}$ 位于切平面之中.

## §5.12 曲面上的第二基本形式Ⅱ

从

$$\mathrm{d}\boldsymbol{N}=\frac{\partial \boldsymbol{N}}{\partial u^1}\mathrm{d}u^1+\frac{\partial \boldsymbol{N}}{\partial u^2}\mathrm{d}u^2\equiv \boldsymbol{N}_1\mathrm{d}u^1+\boldsymbol{N}_2\mathrm{d}u^2 \tag{5.57}$$

有

$$\begin{aligned}\text{Ⅱ}&=-\mathrm{d}\boldsymbol{x}\cdot\mathrm{d}\boldsymbol{N}=-(\boldsymbol{x}_1\mathrm{d}u^1+\boldsymbol{x}_2\mathrm{d}u^2)\cdot(\boldsymbol{N}_1\mathrm{d}u^1+\boldsymbol{N}_2\mathrm{d}u^2)\\&=-\boldsymbol{x}_1\cdot\boldsymbol{N}_1(\mathrm{d}u^1)^2-(\boldsymbol{x}_1\cdot\boldsymbol{N}_2+\boldsymbol{x}_2\cdot\boldsymbol{N}_1)\mathrm{d}u^1\mathrm{d}u^2-\boldsymbol{x}_2\cdot\boldsymbol{N}_2(\mathrm{d}u^2)^2\end{aligned} \tag{5.58}$$

引入符号

$$\text{Ⅱ}=H_{ij}\mathrm{d}u^i\mathrm{d}u^j \tag{5.59}$$

以及通常的记号

$$\begin{aligned}&H_{11}=-\boldsymbol{x}_1\cdot\boldsymbol{N}_1=L,\\&H_{12}=H_{21}=-\frac{1}{2}(\boldsymbol{x}_1\cdot\boldsymbol{N}_2+\boldsymbol{x}_2\cdot\boldsymbol{N}_1)=M\\&H_{22}=-\boldsymbol{x}_2\cdot\boldsymbol{N}_2=N\end{aligned} \tag{5.60}$$

则可将Ⅱ写成

$$\text{Ⅱ}=H_{ij}\mathrm{d}u^i\mathrm{d}u^j=L(\mathrm{d}u^1)^2+2M\mathrm{d}u^1\mathrm{d}u^2+N(\mathrm{d}u^2)^2 \tag{5.61}$$

因此,Ⅱ是 $\mathrm{d}u^1$, $\mathrm{d}u^2$ 的,系数为 $L$, $M$, $N$ 的一个二次齐次函数.

**例 5.12.1** 单位球面的 $L$, $M$, $N$.

例 5.1.1,例 5.2.2 分别给出了单位球面的 $\boldsymbol{x}$, $\boldsymbol{x}_\theta$, $\boldsymbol{x}_\phi$, $\boldsymbol{x}_\theta\times\boldsymbol{x}_\phi$, $|\boldsymbol{x}_\theta\times\boldsymbol{x}_\phi|$,由此可得

$$\boldsymbol{N}=\frac{\boldsymbol{x}_\theta\times\boldsymbol{x}_\phi}{|\boldsymbol{x}_\theta\times\boldsymbol{x}_\phi|}=-\cos\theta\sin\phi\boldsymbol{i}-\sin\theta\sin\phi\boldsymbol{j}-\cos\phi\boldsymbol{k}$$

这是过球面上的点,指向球心的单位向量. 由此容易计算出

$$\boldsymbol{N}_\theta=\sin\theta\sin\phi\boldsymbol{i}-\cos\theta\sin\phi\boldsymbol{j},\ \boldsymbol{N}_\phi=-\cos\theta\cos\phi\boldsymbol{i}-\sin\theta\cos\phi\boldsymbol{j}+\sin\phi\boldsymbol{k}$$

这就有(作为练习)

$$\begin{aligned}L&=-\boldsymbol{x}_\theta\cdot\boldsymbol{N}_\theta\\&=-(-\sin\theta\sin\phi\boldsymbol{i}+\cos\theta\sin\phi\boldsymbol{j})\cdot(\sin\theta\sin\phi\boldsymbol{i}-\cos\theta\sin\phi\boldsymbol{j})\\&=\sin^2\phi,\\M&=-\frac{1}{2}(\boldsymbol{x}_\theta\cdot\boldsymbol{N}_\phi+\boldsymbol{x}_\phi\cdot\boldsymbol{N}_\theta)=0,\\N&=-\boldsymbol{x}_\phi\cdot\boldsymbol{N}_\phi=1.\end{aligned}$$

**例 5.12.2**　曲面上的第二基本形式在参数变换下的性质.

设在参数 $u, v$ 下的第二基本形式为 $\mathrm{II}=-\mathrm{d}\boldsymbol{x}\cdot\mathrm{d}\boldsymbol{N}$, 则在参数变换 $\theta=\theta(u, v)$, $\phi=\phi(u, v)$ 下有 $\boldsymbol{x}^*$, $\boldsymbol{N}^*$, 依此构造 $\mathrm{d}\boldsymbol{x}^*$, $\mathrm{d}\boldsymbol{N}^*$, 以及 $\mathrm{II}^*=-\mathrm{d}\boldsymbol{x}^*\cdot\mathrm{d}\boldsymbol{N}^*$. 由于 $\mathrm{d}\boldsymbol{x}^*=\mathrm{d}\boldsymbol{x}=\mathrm{d}s$ (参见例 5.6.3), 以及由 $\boldsymbol{N}^*=\pm\boldsymbol{N}$ (参见例 5.11.1)给出的 $\mathrm{d}\boldsymbol{N}^*=\pm\mathrm{d}\boldsymbol{N}$, 因此有

$$\mathrm{II}^*=-\mathrm{d}\boldsymbol{x}^*\cdot\mathrm{d}\boldsymbol{N}^*=\pm\mathrm{II}. \tag{5.62}$$

## §5.13　$L, M, N$ 的另一种表达式

从(5.53)所给出的 $\boldsymbol{x}_u\cdot\boldsymbol{N}=0$, $\boldsymbol{x}_v\cdot\boldsymbol{N}=0$, 通过偏导数运算分别得出

$$(\boldsymbol{x}_u\cdot\boldsymbol{N})_u=\boldsymbol{x}_{uu}\cdot\boldsymbol{N}+\boldsymbol{x}_u\cdot\boldsymbol{N}_u=0,\ (\boldsymbol{x}_u\cdot\boldsymbol{N})_v=\boldsymbol{x}_{uv}\cdot\boldsymbol{N}+\boldsymbol{x}_u\cdot\boldsymbol{N}_v=0,$$

$$(\boldsymbol{x}_v\cdot\boldsymbol{N})_u=\boldsymbol{x}_{vu}\cdot\boldsymbol{N}+\boldsymbol{x}_v\cdot\boldsymbol{N}_u=0,\ (\boldsymbol{x}_v\cdot\boldsymbol{N})_v=\boldsymbol{x}_{vv}\cdot\boldsymbol{N}+\boldsymbol{x}_v\cdot\boldsymbol{N}_v=0$$

因此有

$$\begin{aligned}&\boldsymbol{x}_{uu}\cdot\boldsymbol{N}=-\boldsymbol{x}_u\cdot\boldsymbol{N}_u=L,\\&\boldsymbol{x}_{uv}\cdot\boldsymbol{N}=\boldsymbol{x}_{vu}\cdot\boldsymbol{N}=-\boldsymbol{x}_u\cdot\boldsymbol{N}_v=-\boldsymbol{x}_v\cdot\boldsymbol{N}_u=M\text{(参见例 5.13.3)}\\&\boldsymbol{x}_{vv}\cdot\boldsymbol{N}=-\boldsymbol{x}_v\cdot\boldsymbol{N}_v=N.\end{aligned} \tag{5.63}$$

忆及 $\boldsymbol{N}=\dfrac{\boldsymbol{x}_u\times\boldsymbol{x}_v}{\sqrt{g}}$ (参见(5.52)),这就有(参见 1.27))

$$L=\frac{1}{\sqrt{g}}[\boldsymbol{x}_u\,\boldsymbol{x}_v\,\boldsymbol{x}_{uu}],\ M=\frac{1}{\sqrt{g}}[\boldsymbol{x}_u\,\boldsymbol{x}_v\,\boldsymbol{x}_{uv}],\ N=\frac{1}{\sqrt{g}}[\boldsymbol{x}_u\,\boldsymbol{x}_v\,\boldsymbol{x}_{vv}] \tag{5.64}$$

而

$$\mathrm{II}=\boldsymbol{x}_{uu}\cdot\boldsymbol{N}\mathrm{d}u^2+2\boldsymbol{x}_{uv}\cdot\boldsymbol{N}\mathrm{d}u\,\mathrm{d}v+\boldsymbol{x}_{vv}\cdot\boldsymbol{N}\mathrm{d}v^2\equiv\mathrm{d}^2\boldsymbol{x}\cdot\boldsymbol{N} \tag{5.65}$$

其中(参见(2.15))

$$\mathrm{d}^2\boldsymbol{x}=\boldsymbol{x}_{uu}\mathrm{d}u^2+2\boldsymbol{x}_{uv}\mathrm{d}u\,\mathrm{d}v+\boldsymbol{x}_{vv}\mathrm{d}v^2 \tag{5.66}$$

**例 5.13.1** 利用(5.63)中的 $\boldsymbol{x}$ 的二阶偏导数求单位球面的 $L, M, N$.

例 5.1.1 给出了单位球面的 $\boldsymbol{x}$,例 5.12.1 给出了它的单位切向量 $\boldsymbol{N}$. 从

$\boldsymbol{x}_\theta=-\sin\theta\sin\phi\boldsymbol{i}+\cos\theta\sin\phi\boldsymbol{j}$, $\boldsymbol{x}_\phi=\cos\theta\cos\phi\boldsymbol{i}+\sin\theta\cos\phi\boldsymbol{j}-\sin\theta\boldsymbol{k}$,

可求得 $\boldsymbol{x}_{\theta\theta}=-\cos\theta\sin\phi\boldsymbol{i}-\sin\theta\sin\phi\boldsymbol{j}$, $\boldsymbol{x}_{\theta\phi}=\boldsymbol{x}_{\phi\theta}=-\sin\theta\cos\phi\boldsymbol{i}+\cos\theta\cos\phi\boldsymbol{j}$, $\boldsymbol{x}_{\phi\phi}=-\cos\theta\sin\phi\boldsymbol{i}-\sin\theta\sin\phi\boldsymbol{j}-\cos\phi\boldsymbol{k}$. 于是有

$$L=\boldsymbol{x}_{\theta\theta}\cdot\boldsymbol{N}=\sin^2\phi,\ M=\boldsymbol{x}_{\theta\phi}\cdot\boldsymbol{N}=0,\ N=\boldsymbol{x}_{\phi\phi}\cdot\boldsymbol{N}=1.$$

这与例 5.12.1 结果一样. 此外,可得

$$LN-M^2=\sin^2\phi$$

**例 5.13.2** $L, M, N$ 的坐标计算公式

设 $\boldsymbol{x}=x\boldsymbol{i}+y\boldsymbol{j}+z\boldsymbol{k}$,则 $\boldsymbol{x}_{uu}=x_{uu}\boldsymbol{i}+y_{uu}\boldsymbol{j}+z_{uu}\boldsymbol{k}$, $\boldsymbol{x}_{uv}=x_{uv}\boldsymbol{i}+y_{uv}\boldsymbol{j}+z_{uv}\boldsymbol{k}$, $\boldsymbol{x}_{vv}=x_{vv}\boldsymbol{i}+y_{vv}\boldsymbol{j}+z_{vv}\boldsymbol{k}$. 此外,设 $\boldsymbol{N}=X\boldsymbol{i}+Y\boldsymbol{j}+Z\boldsymbol{k}$,而分量 $X, Y, Z$ 由(5.55)给出,由此可得

$$\begin{aligned}
L&=\boldsymbol{x}_{uu}\cdot\boldsymbol{N}\\
&=(x_{uu}\boldsymbol{i}+y_{uu}\boldsymbol{j}+z_{uu}\boldsymbol{k})\cdot\left[\frac{y_uz_v-y_vz_u}{\sqrt{g}}\boldsymbol{i}+\frac{z_ux_v-z_vx_u}{\sqrt{g}}\boldsymbol{j}+\frac{x_uy_v-x_vy_u}{\sqrt{g}}\boldsymbol{k}\right]\\
&=\frac{1}{\sqrt{g}}\begin{vmatrix} x_{uu} & y_{uu} & z_{uu}\\ x_u & y_u & z_u\\ x_v & y_v & z_v\end{vmatrix},
\end{aligned}$$

$$M=\frac{1}{\sqrt{g}}\begin{vmatrix} x_{uv} & y_{uv} & z_{uv} \\ x_u & y_u & z_u \\ x_v & y_v & z_v \end{vmatrix},\ N=\frac{1}{\sqrt{g}}\begin{vmatrix} x_{vv} & y_{vv} & z_{vv} \\ x_u & y_u & z_u \\ x_v & y_v & z_v \end{vmatrix}.$$

**例 5.13.3**　利用(5.63)中 $\boldsymbol{x}_u\cdot\boldsymbol{N}_v=\boldsymbol{x}_v\cdot\boldsymbol{N}_u$，则从(5.60)有

$$H_{12}=H_{21}=M=-\boldsymbol{x}_1\cdot\boldsymbol{N}_2=-\boldsymbol{x}_2\cdot\boldsymbol{N}_1.$$

## §5.14　曲面上的第二基本形式的几何意义

考虑曲面 $S$ 上的点 $P(u,v)$ 与点 $Q(u+\mathrm{d}u,v+\mathrm{d}v)$，它们的位置向量分别为 $\overrightarrow{OP}=\boldsymbol{x}(u,v)$，$\overrightarrow{OQ}=\boldsymbol{x}(u+\mathrm{d}u,v+\mathrm{d}v)$. 于是利用泰勒展开(参见§2.3)有

$$\boldsymbol{x}(u+\mathrm{d}u,v+\mathrm{d}v)=\boldsymbol{x}(u,v)+\mathrm{d}\boldsymbol{x}+\frac{1}{2}\mathrm{d}^2\boldsymbol{x}+\text{高阶项}$$

从而

$$\overrightarrow{PQ}=\overrightarrow{OQ}-\overrightarrow{OP}=\mathrm{d}\boldsymbol{x}+\frac{1}{2}\mathrm{d}^2\boldsymbol{x}+\text{高阶项}$$

因为 $\mathrm{d}\boldsymbol{x}=\boldsymbol{x}_u\mathrm{d}u+\boldsymbol{x}_v\mathrm{d}v$ 在切平面中，因而有 $\mathrm{d}\boldsymbol{x}\cdot\boldsymbol{N}=0$，我们从此式便得出

$$d\equiv\overrightarrow{PQ}\cdot\boldsymbol{N}\approx\frac{1}{2}\mathrm{d}^2\boldsymbol{x}\cdot\boldsymbol{N}=\frac{1}{2}\mathrm{II} \tag{5.67}$$

其中我们用到了(5.65). 这表明 $\mathrm{II}$ 是 $\overrightarrow{PQ}$ 到 $\boldsymbol{N}$ 上的投影(带符号)的 2 倍的主部，而 $|\mathrm{II}|$ 则是 $Q$ 到点 $P$ 的切平面垂直距离 $|d|$ 的 2 倍的主部.(图 5.14.1)

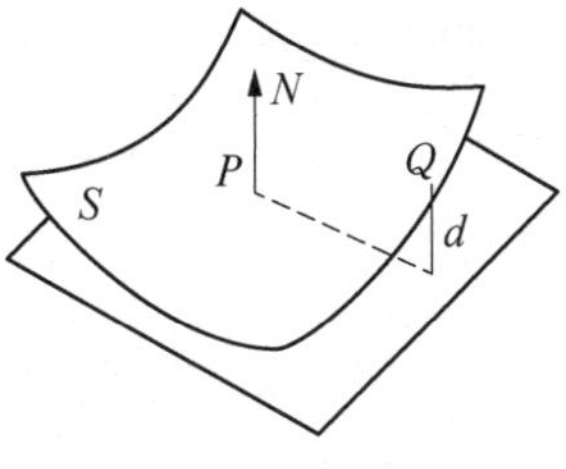

图 5.14.1

在下面的两节中，我们将研究曲面上的第二基本形式的判别式 $LN-M^2$ 在参数变换下的性质，以及这一判别式在对曲面上点的分类中的应用.

## §5.15 $LN-M^2$ 在参数变换下的性质

曲面 $S$ 上的第二基本形式

$$\mathrm{II}=L\mathrm{d}u^2+2M\mathrm{d}u\mathrm{d}v+N\mathrm{d}v^2$$

在曲面上一般不是正定的：即

$$\begin{vmatrix} L & M \\ M & N \end{vmatrix}=LN-M^2 \tag{5.68}$$

在某些点上可能大于零，在某些点上却会等于零，或小于零. 还有一点，例如 $LN-M^2$ 在某一点上大于零，我们这一断言应与所选用的参数组无关，否则就没有客观意义了. 为此，我们要研究 $LN-M^2$ 这一量在参数变换下的性质.

对于 $\boldsymbol{x}=\boldsymbol{x}(u, v)=\boldsymbol{x}^*(\theta, \phi)$，而

$$u=u(\theta, \phi),\ v=v(\theta, \phi)$$

我们不难证明(作为练习)

$$\boldsymbol{x}_\theta^*\times\boldsymbol{x}_\phi^*=\frac{\partial(u, v)}{\partial(\theta, \phi)}\boldsymbol{x}_u\times\boldsymbol{x}_v \tag{5.69}$$

这表明：若 $u$, $v$ 是正则参数，则当且仅当雅可比矩阵 $\begin{pmatrix} u_\theta & v_\theta \\ u_\phi & v_\phi \end{pmatrix}$ 的行列式

$$\frac{\partial(u, v)}{\partial(\theta, \phi)}=\begin{vmatrix} u_\theta & v_\theta \\ u_\phi & v_\phi \end{vmatrix}\neq 0,$$

时，$\theta$, $\phi$ 也是正则参数. 接下来用拉格朗日恒等式(参见例 1.11.2)计算

$$\begin{aligned}(\boldsymbol{N}_u\times\boldsymbol{N}_v)(\boldsymbol{x}_u\times\boldsymbol{x}_v)&=(\boldsymbol{N}_u\cdot\boldsymbol{x}_u)(\boldsymbol{N}_v\cdot\boldsymbol{x}_v)-(\boldsymbol{N}_u\cdot\boldsymbol{x}_v)(\boldsymbol{N}_v\cdot\boldsymbol{x}_u)\\ &=(-L)(-N)-(-M)(-M)=LN-M^2.\end{aligned}$$

其中用到了(5.63)中各式. 类似于(5.69)，我们有

$$\boldsymbol{N}_\theta^* \times \boldsymbol{N}_\phi^* = \frac{\partial(u, v)}{\partial(\theta, \phi)} \boldsymbol{N}_u \times \boldsymbol{N}_v \tag{5.70}$$

于是

$$\begin{aligned} L^* N^* - (M^*)^2 &= (\boldsymbol{N}_\theta^* \times \boldsymbol{N}_\phi^*)(\boldsymbol{x}_\theta^* \times \boldsymbol{x}_\phi^*) \\ &= \left[\frac{\partial(u, v)}{\partial(\theta, \phi)}\right]^2 (\boldsymbol{N}_u \times \boldsymbol{N}_v)(\boldsymbol{x}_u \times \boldsymbol{x}_v) = \left[\frac{\partial(u, v)}{\partial(\theta, \phi)}\right]^2 (LN - M^2). \end{aligned}$$

这一等式表明

$$L^* N^* - (M^*)^2 \begin{cases} > 0 \\ = 0 \\ < 0 \end{cases}，\text{当且仅当 } LN - M^2 \begin{cases} > 0 \\ = 0 \\ < 0 \end{cases}$$

即Ⅱ的判别式 $LN - M^2$ 在曲面上的每一点大于零、等于零、小于零是与参数的选取无关的，是曲面上点本身的属性.

## §5.16　曲面上点的分类

曲面在点 $P$ 邻近处的情况，是由让 $Q$ 点变动而由(5.67)给出的函数

$$\delta = \frac{1}{2}\mathrm{II} = \frac{1}{2}(L\mathrm{d}u^2 + 2M\mathrm{d}u\mathrm{d}v + N\mathrm{d}v^2)$$

决定的. 这个函数 $\delta = \delta(\mathrm{d}u, \mathrm{d}v)$ 称为点 $P$ 的密切抛物面. 我们按点 $P$ 的 $LN - M^2$ 取值，分别出下列 4 种情况：

(i) $LN - M^2 > 0$，此时点 $P$ 称为椭圆点. 此时 $\delta$ 是一个椭圆抛物面(参见图 5.16.1(a)). 这个情况有 2 个特点：(1) $\delta$ 保持同号，$\forall(\mathrm{d}u, \mathrm{d}v)$. (2) 曲面上邻近该点的点都在该点切平面的同一侧. 球面上的各点都是椭圆点.

(ii) $LN - M^2 < 0$，此时的点 $P$ 称为双曲点，此时 $\delta$ 是一个双曲抛物面(参见图 5.16.1(b)). 这种情况的特点是：(1) 点 $P$ 的切平面上有 2 条线，它们将该切平面分为 4 个部分，而 $\delta$ 在其中交替地正、负变化. (2) 在这两条线上 $\delta = 0$. (3) 与该点邻近的点有一部分在切平面的一侧，有一部分在切平面

的另一侧. 马鞍形的面上有这种点.

(iii) $LN-M^2=0$, 且 $L$, $M$, $N$ 不全为零,此时点 $P$ 称为抛物点,此时 $\delta$ 呈一个抛物柱面形. 在过点 $P$ 的切平面中有一条线,沿着它有 $\delta=0$, 而对其他点而言,$\delta$ 都保持同样符号,像瓦片那样的面上的点就属于这一类别(参见图 5.16.1(c)).

(iv) $LN-M^2=0$, $L=M=N=0$, 此时点 $P$ 称为平面点. 因此, $\delta=0$, $\forall(\mathrm{d}u, \mathrm{d}v)$. 按图 5.14.1,任意邻近点 $P$ 的点 $Q$,都位于切平面之中,所以就局部而言,曲面在点 $P$ 附近就犹如平面. 若作参数变换,则相应有 $L^*$, $M^*$, $N^*$, $\mathrm{II}^*=L^*\mathrm{d}\theta^2+M^*\mathrm{d}\theta\mathrm{d}\phi+N^*\mathrm{d}\phi^2$, 以及 $\delta^*$. 不过,从

$$\delta=\delta^*=\frac{1}{2}\mathrm{II}=\frac{1}{2}\mathrm{II}^*,$$

有

$$\delta^*=0, \ \forall(\mathrm{d}\theta, \mathrm{d}\phi)$$

由此推断 $L^*=M^*=N^*=0$. 这从另一角度表明了 $L^*N^*-M^{*2}=0$. 纸片上的点具有这种特性.

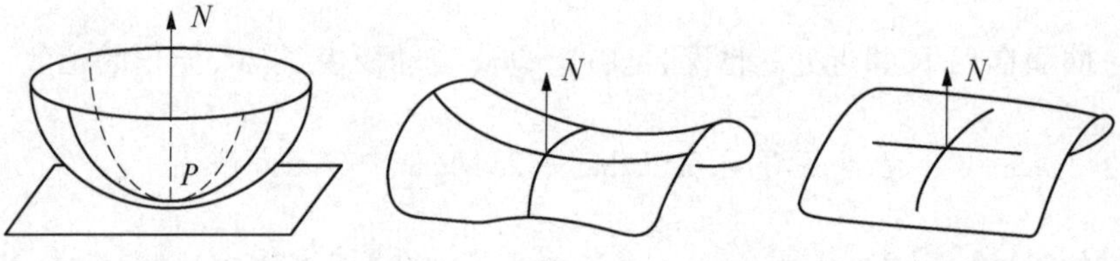


(a) (b) (c)

图 5.16.1

从图中可以看出,这些点的特性是与曲面在该点的弯曲情况相关的. 这确实如此,而我们在 §6.4 中会对此加以讨论.

**例 5.16.1** 环面 $T^2$ 的 $L$, $M$, $N$,以及 $LN-M^2$.

§5.3 给出了环面的 $\boldsymbol{x}=(R+r\sin\phi)\cos\theta\boldsymbol{i}+(R+r\sin\theta)\sin\theta\boldsymbol{j}+r\cos\phi\boldsymbol{k}$, $R>r$. 由此可求得

$$\boldsymbol{x}_{\theta\theta}=-(R+r\sin\phi)\cos\theta\boldsymbol{i}-(R+r\sin\phi)\sin\theta\boldsymbol{j},$$

$$\boldsymbol{x}_{\theta\phi}=-r\cos\phi\sin\theta\boldsymbol{i}+r\cos\phi\cos\theta\boldsymbol{j},$$

$$\boldsymbol{x}_{\phi\phi}=-r\sin\phi\cos\theta\boldsymbol{i}-r\sin\phi\sin\theta\boldsymbol{j}-r\cos\phi\boldsymbol{k},$$

例 5.4.1 计算了

$$\boldsymbol{N}=-\cos\theta\sin\phi\boldsymbol{i}-\sin\theta\sin\phi\boldsymbol{j}-\cos\phi\boldsymbol{k}$$

由此得出

$$L=\boldsymbol{x}_{\theta\theta}\cdot\boldsymbol{N}=(R+r\sin\phi)\sin\phi,\ M=\boldsymbol{x}_{\theta\phi}\cdot\boldsymbol{N}=0,\ N=\boldsymbol{x}_{\phi\phi}\cdot\boldsymbol{N}=r,$$
$$LN-M^2=r(R+r\sin\phi)\sin\phi.$$

由于在 $LN-M^2$ 的表达式中，$r(R+r\sin\phi)>0$，所以该判别式的符号由 $\sin\phi$ 的符号决定. 因此有

$$LN-M^2\begin{cases}>0,\text{当 }0<\phi<\pi,\\=0,\text{当 }\phi=0,\ \phi=\pi,\\<0,\text{当 }\pi<\phi<2\pi\end{cases}$$

环面上的外侧点，满足 $0<\phi<\pi$，因此是椭圆点(参见图 5.16.2)，与其中每一点邻近的点都在该点的切平面的一侧.

$\phi=0$，$\phi=\pi$ 给出的，最上面与最下面的那 2 个平行圆周上的各点是抛物点.

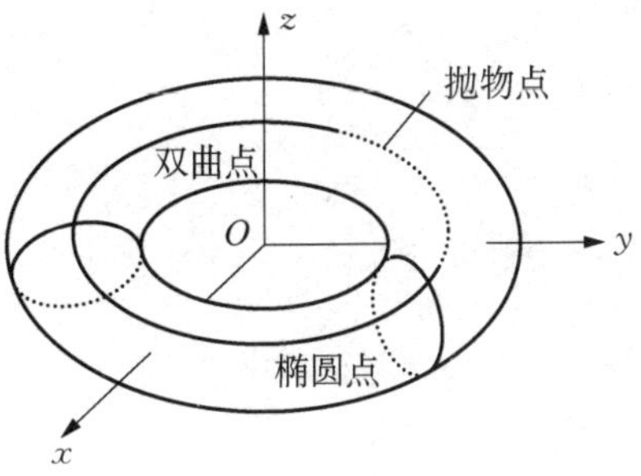


图 5.16.2

环面的内侧点，满足 $\pi<\phi<2\pi$，因此是双曲点，与其中每一点邻近的点在该点的切平面的两侧都有分布.

曲面上的第三基本形式Ⅲ，是由

$$\mathrm{d}\boldsymbol{N}=\boldsymbol{N}_u\mathrm{d}u+\boldsymbol{N}_v\mathrm{d}v=\frac{\partial\boldsymbol{N}}{\partial u^1}\mathrm{d}u^1+\frac{\partial\boldsymbol{N}}{\partial u^2}\mathrm{d}u^2\equiv\partial_1\boldsymbol{N}\mathrm{d}u^1+\partial_2\boldsymbol{N}\mathrm{d}u^2=\partial_i\boldsymbol{N}\mathrm{d}u^i \tag{5.71}$$

通过

$$\mathrm{d}\boldsymbol{N}\cdot\mathrm{d}\boldsymbol{N}=(\partial_i\boldsymbol{N}\mathrm{d}u^i)\cdot(\partial_j\boldsymbol{N}\mathrm{d}u^j)=N_{ij}\mathrm{d}u^i\mathrm{d}u^j \tag{5.72}$$

来定义的，其中

$$N_{ij}=(\partial_i \boldsymbol{N})\cdot(\partial_j \boldsymbol{N}) \tag{5.73}$$

所以，它也是 $\mathrm{d}u^1$，$\mathrm{d}u^2$ 的一个二次形式. 由于它与曲面上的方程有关，因此我们就在第七章中再来论述. 在下一章中，我们先来探究曲面上的一些曲率，这也是一个重要且有趣的课题.

# 第六章

# 曲面上的一些曲率

## §6.1 法曲率向量与法曲率

在第四章中，我们对空间曲线 $C: \boldsymbol{x}(s)$ 引入了曲率向量；在点 $P$ 有（参见§4.3）$\boldsymbol{k}=\dot{\boldsymbol{t}}=\frac{\mathrm{d}^2\boldsymbol{x}}{\mathrm{d}s^2}=\kappa\boldsymbol{n}$，其中 $\kappa$ 是曲率，$\boldsymbol{n}$ 是 $C$ 在点 $P$ 的主法向量，以此来把握 $C$ 的弯曲程度. 在本章中，我们要通过曲面上点 $P$ 的各曲线的弯曲情况来研究曲面在点 $P$ 周围的弯曲情况.

设在曲面上的点 $P$ 有通过它的曲线 $C: \boldsymbol{x}=\boldsymbol{x}(u(t), v(t))$，那么除了上面提到的 $\boldsymbol{k}$，$\boldsymbol{n}$ 以外，还有过点 $P$ 的切平面的单位法向量 $\boldsymbol{N}$. 利用它们，定义 $\boldsymbol{k}$ 在 $\boldsymbol{N}$ 上的垂直投影向量（参见§1.8）——$C$ 在点 $P$ 的法曲率向量

$$\boldsymbol{k}_n=(\boldsymbol{k}\cdot\boldsymbol{N})\boldsymbol{N}\equiv\kappa_n\boldsymbol{N} \tag{6.1}$$

式中的

$$\kappa_n=\boldsymbol{k}\cdot\boldsymbol{N} \tag{6.2}$$

是 $\boldsymbol{k}$ 在 $\boldsymbol{N}$ 上的垂直投影，称为 $C$ 在点 $P$ 的法曲率. $\boldsymbol{k}_n$ 与 $\kappa_n$ 中的下标 $n$ 是英语中 normal（法线的）一词的首字母. 由 $\boldsymbol{k}=\kappa\boldsymbol{n}$，所以

$$\kappa_n=\boldsymbol{k}\cdot\boldsymbol{N}=\kappa\boldsymbol{n}\cdot\boldsymbol{N}=\kappa\cos\measuredangle(\boldsymbol{n}, \boldsymbol{N})=\kappa\cos\theta \tag{6.3}$$

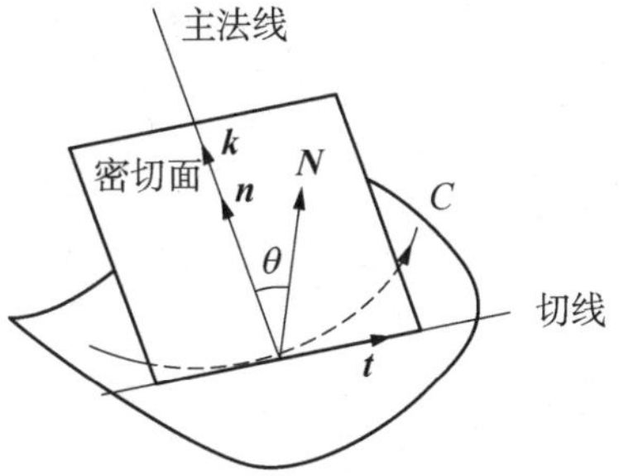

图 6.1.1

这里的几何关系由图 6.1.1 所明示. 在下一节中，我们将计算出 $\kappa_n$.

## §6.2 $\kappa_n$ 与第一基本形式和第二基本形式的关系

按照$\kappa_n$ 的定义，它是由曲面上的点 $P$ 以及过点$P$ 的曲线$C$ 所决定的. 其中点 $P$ 不仅提供了它的位置向量 $\boldsymbol{x}$，它的坐标$(u, v)$，还有它的切平面的单位法向量 $\boldsymbol{N}$，而曲线 $C$ 除了给出它的曲率向量 $\boldsymbol{k}$，主法向量 $\boldsymbol{n}$，还有切向量 $\boldsymbol{t}$ 等.

这里我们有(参见(4.2))

$$\boldsymbol{t}=\frac{\mathrm{d}\boldsymbol{x}}{\mathrm{d}s}=\frac{\mathrm{d}\boldsymbol{x}}{\mathrm{d}t}\frac{\mathrm{d}t}{\mathrm{d}s}=\frac{1}{\left|\frac{\mathrm{d}\boldsymbol{x}}{\mathrm{d}t}\right|}\frac{\mathrm{d}\boldsymbol{x}}{\mathrm{d}t} \tag{6.4}$$

$$\boldsymbol{t}\cdot\boldsymbol{N}=0 \tag{6.5}$$

以及(参见例 4.3.2)

$$\boldsymbol{k}=\frac{\mathrm{d}\boldsymbol{t}}{\mathrm{d}s}=\frac{1}{\left|\frac{\mathrm{d}\boldsymbol{x}}{\mathrm{d}t}\right|}\frac{\mathrm{d}\boldsymbol{t}}{\mathrm{d}t} \tag{6.6}$$

接下来，从(6.5)有

$$\frac{\mathrm{d}}{\mathrm{d}t}(\boldsymbol{t}\cdot\boldsymbol{N})=\frac{\mathrm{d}\boldsymbol{t}}{\mathrm{d}t}\cdot\boldsymbol{N}+\boldsymbol{t}\cdot\frac{\mathrm{d}\boldsymbol{N}}{\mathrm{d}t}=0,\text{即}\frac{\mathrm{d}\boldsymbol{t}}{\mathrm{d}t}\cdot\boldsymbol{N}=-\boldsymbol{t}\cdot\frac{\mathrm{d}\boldsymbol{N}}{\mathrm{d}t}$$

这就有

$$\begin{aligned}\kappa_n&=\boldsymbol{k}\cdot\boldsymbol{N}=\frac{1}{\left|\frac{\mathrm{d}\boldsymbol{x}}{\mathrm{d}t}\right|}\frac{\mathrm{d}\boldsymbol{t}}{\mathrm{d}t}\cdot\boldsymbol{N}=\frac{1}{\left|\frac{\mathrm{d}\boldsymbol{x}}{\mathrm{d}t}\right|}\left(-\boldsymbol{t}\cdot\frac{\mathrm{d}\boldsymbol{N}}{\mathrm{d}t}\right)\\&=-\frac{1}{\left|\frac{\mathrm{d}\boldsymbol{x}}{\mathrm{d}t}\right|^2}\frac{\mathrm{d}\boldsymbol{x}}{\mathrm{d}t}\cdot\frac{\mathrm{d}\boldsymbol{N}}{\mathrm{d}t}=\frac{-1}{\frac{\mathrm{d}\boldsymbol{x}}{\mathrm{d}t}\cdot\frac{\mathrm{d}\boldsymbol{x}}{\mathrm{d}t}}\frac{\mathrm{d}\boldsymbol{x}}{\mathrm{d}t}\cdot\frac{\mathrm{d}\boldsymbol{N}}{\mathrm{d}t}\end{aligned} \tag{6.7}$$

考虑到

$$\frac{\mathrm{d}\boldsymbol{x}}{\mathrm{d}t}=\frac{\partial\boldsymbol{x}}{\partial u}\frac{\mathrm{d}u}{\mathrm{d}t}+\frac{\partial\boldsymbol{x}}{\partial v}\frac{\mathrm{d}v}{\mathrm{d}t},\ \frac{\mathrm{d}\boldsymbol{N}}{\mathrm{d}t}=\frac{\partial\boldsymbol{N}}{\partial u}\frac{\mathrm{d}u}{\mathrm{d}t}+\frac{\partial\boldsymbol{N}}{\partial v}\frac{\mathrm{d}v}{\mathrm{d}t}, \tag{6.8}$$

从而(6.7)中的

$$
\begin{aligned}
\frac{\mathrm{d}\boldsymbol{x}}{\mathrm{d}t}\cdot\frac{\mathrm{d}\boldsymbol{N}}{\mathrm{d}t} &= \left(\boldsymbol{x}_u\frac{\mathrm{d}u}{\mathrm{d}t}+\boldsymbol{x}_v\frac{\mathrm{d}v}{\mathrm{d}t}\right)\cdot\left(\boldsymbol{N}_u\frac{\mathrm{d}u}{\mathrm{d}t}+\boldsymbol{N}_v\frac{\mathrm{d}v}{\mathrm{d}t}\right)\\
&= \boldsymbol{x}_u\cdot\boldsymbol{N}_u\left(\frac{\mathrm{d}u}{\mathrm{d}t}\right)^2+\boldsymbol{x}_u\cdot\boldsymbol{N}_v\frac{\mathrm{d}u}{\mathrm{d}t}\frac{\mathrm{d}v}{\mathrm{d}t}+\boldsymbol{x}_v\cdot\boldsymbol{N}_u\frac{\mathrm{d}v}{\mathrm{d}t}\frac{\mathrm{d}u}{\mathrm{d}t}+\boldsymbol{x}_v\cdot\boldsymbol{N}_v\left(\frac{\mathrm{d}v}{\mathrm{d}t}\right)^2\\
&= -\left[L\left(\frac{\mathrm{d}u}{\mathrm{d}t}\right)^2+2M\frac{\mathrm{d}u}{\mathrm{d}t}\frac{\mathrm{d}v}{\mathrm{d}t}+N\left(\frac{\mathrm{d}v}{\mathrm{d}t}\right)^2\right]\\
\frac{\mathrm{d}\boldsymbol{x}}{\mathrm{d}t}\cdot\frac{\mathrm{d}\boldsymbol{x}}{\mathrm{d}t} &= \boldsymbol{x}_u\cdot\boldsymbol{x}_u\left(\frac{\mathrm{d}u}{\mathrm{d}t}\right)^2+2\boldsymbol{x}_u\cdot\boldsymbol{x}_v\frac{\mathrm{d}u}{\mathrm{d}t}\frac{\mathrm{d}v}{\mathrm{d}t}+\boldsymbol{x}_v\cdot\boldsymbol{x}_v\left(\frac{\mathrm{d}v}{\mathrm{d}t}\right)^2\\
&= E\left(\frac{\mathrm{d}u}{\mathrm{d}t}\right)^2+2F\frac{\mathrm{d}u}{\mathrm{d}t}\frac{\mathrm{d}v}{\mathrm{d}t}+G\left(\frac{\mathrm{d}v}{\mathrm{d}t}\right)^2
\end{aligned}
$$

最终就有

$$
\kappa_n=\frac{L\left(\frac{\mathrm{d}u}{\mathrm{d}t}\right)^2+2M\frac{\mathrm{d}u}{\mathrm{d}t}\frac{\mathrm{d}v}{\mathrm{d}t}+N\left(\frac{\mathrm{d}v}{\mathrm{d}t}\right)^2}{E\left(\frac{\mathrm{d}u}{\mathrm{d}t}\right)^2+2F\frac{\mathrm{d}u}{\mathrm{d}t}\frac{\mathrm{d}v}{\mathrm{d}t}+G\left(\frac{\mathrm{d}v}{\mathrm{d}t}\right)^2}. \tag{6.9}
$$

这样,我们就得出了由点 $P$ 的切平面的单位法向量 $\boldsymbol{N}$,与过点 $P$ 的曲线 $C$ 的曲率向量 $\boldsymbol{k}$ 所定义的 $\kappa_n=\boldsymbol{k}\cdot\boldsymbol{N}$. 从(6.9)可以看出 $\kappa_n$ 取决于曲面在点 $P$ 的第一基本形式与第二基本形式的系数 $E, F, G; L, M, N$,还取决于 $\frac{\mathrm{d}u}{\mathrm{d}t}, \frac{\mathrm{d}v}{\mathrm{d}t}$.

由于 $\left(\frac{\mathrm{d}u}{\mathrm{d}t}\right)^2:\frac{\mathrm{d}u}{\mathrm{d}t}\frac{\mathrm{d}v}{\mathrm{d}t}:\left(\frac{\mathrm{d}v}{\mathrm{d}t}\right)^2=(\mathrm{d}u)^2:\mathrm{d}u\mathrm{d}v:(\mathrm{d}v)^2$,再考虑到 $(\mathrm{d}u)^2+(\mathrm{d}v)^2\neq 0$,即 $\mathrm{d}\boldsymbol{x}=\boldsymbol{x}_u\mathrm{d}u+\boldsymbol{x}_v\mathrm{d}v\neq\boldsymbol{0}$(参见图 5.5.1),那么不失一般性可设 $\mathrm{d}v\neq 0$,就有 $(\mathrm{d}u)^2:\mathrm{d}u\mathrm{d}v:(\mathrm{d}v)^2=\left(\frac{\mathrm{d}u}{\mathrm{d}v}\right)^2:\left(\frac{\mathrm{d}u}{\mathrm{d}v}\right):1$. 因此,$\kappa_n$ 由 $\mathrm{d}\boldsymbol{x}$ 中的 $\mathrm{d}u:\mathrm{d}v$ 决定. $\mathrm{d}u:\mathrm{d}v$ 称为由 $\mathrm{d}\boldsymbol{x}$ 给出的**方向数**.

这样,我们就把 $\kappa_n$ 称为点 $P$ 的,方向为 $\mathrm{d}u:\mathrm{d}v$, $\mathrm{d}u^2+\mathrm{d}v^2\neq 0$ 时的**法曲率**,而(6.9)就可改写成

$$
\kappa_n=\frac{L\mathrm{d}u^2+2M\mathrm{d}u\mathrm{d}v+N\mathrm{d}v^2}{E\mathrm{d}u+2F\mathrm{d}u\mathrm{d}v+G\mathrm{d}v^2}=\frac{H_{ij}\mathrm{d}u^i\mathrm{d}u^j}{g_{ij}\mathrm{d}u^i\mathrm{d}u^j}=\frac{\mathrm{II}}{\mathrm{I}} \tag{6.10}
$$

法曲率 $\kappa_n$ 这样就与曲面上的第一基本形式与第二基本形式有了联系.

**例 6.2.1** 方向数是用比来定义的,因此 $\mathrm{d}u : \mathrm{d}v$ 与 $\mathrm{d}u' : \mathrm{d}v'$ 给出同一方向,若存在 $\lambda \neq 0$, $\lambda \in \mathbf{R}$ 而使得 $\mathrm{d}u = \lambda\,\mathrm{d}u'$, $\mathrm{d}v = \lambda\,\mathrm{d}v'$.

**例 6.2.2** 半径为 $a$ 的球面的法曲率 $\kappa_n$.

类似于例 5.1.1,在这一情况中,我们得出 $\boldsymbol{x} = a\cos\theta\sin\phi\boldsymbol{i} + a\sin\theta\sin\phi\boldsymbol{j} + a\cos\phi\boldsymbol{k}$, $0<\theta<2\pi$, $0<\phi<\pi$. 类似于例 5.6.2,现在有 $E=a^2\sin^2\phi$, $F=0$, $G=a^2$. 类似于例 5.12.1,或例 5.13.1,有 $L=a\sin^2\phi$, $M=0$, $N=a$. 于是,最后就有

$$\kappa_n = \frac{L\mathrm{d}\theta^2 + 2M\mathrm{d}\theta\mathrm{d}\phi + N\mathrm{d}\phi^2}{E\mathrm{d}\theta^2 + 2F\mathrm{d}\theta\mathrm{d}\phi + G\mathrm{d}\phi^2} = \frac{a\sin^2\phi\mathrm{d}\theta^2 + a\mathrm{d}\phi^2}{a^2\sin^2\phi\mathrm{d}\theta^2 + a^2\mathrm{d}\phi^2} = \frac{1}{a}.$$

**例 6.2.3** $\kappa_n$ 在参数变换下的性质.

从Ⅰ在参数变换下是不变的(参见例 5.6.3),而Ⅱ在参数变换下变为 $\pm$Ⅱ(参见例 5.12.2),所以若参数变换不改变 $\boldsymbol{N}$ 的方向,则 $\kappa_n$ 不变;若参数变换改变 $\boldsymbol{N}$ 的方向,则 $\kappa_n$ 变号.

## §6.3 法截线的法曲率$\pm\boldsymbol{\kappa}$

过曲面 $S$ 上点 $P$ 的单位法向量 $\boldsymbol{N}$ 作一平面 $F$,它与 $S$ 的交线 $C$ 是一条平面曲线称为过点 $P$ 的一条法截线(图 6.3.1).

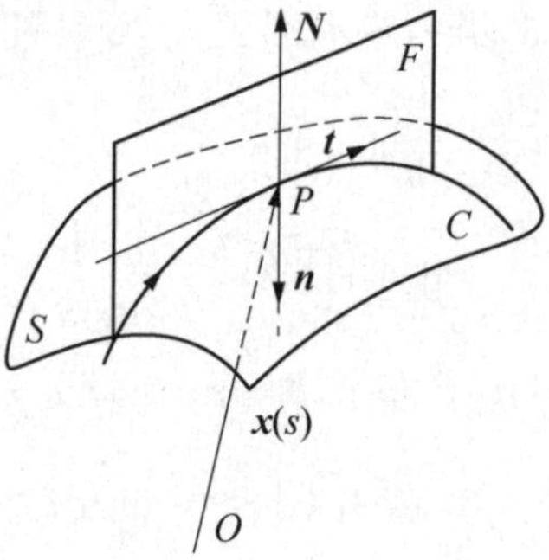


图 6.3.1

由于曲线 $C$: $\boldsymbol{x}(u(s), v(s))$ 的切向量 $\boldsymbol{t} = \frac{\mathrm{d}\boldsymbol{x}}{\mathrm{d}s} = \frac{\partial\boldsymbol{x}}{\partial u}\frac{\mathrm{d}u}{\mathrm{d}s} + \frac{\partial\boldsymbol{x}}{\partial v}\frac{\mathrm{d}v}{\mathrm{d}s} = \frac{\mathrm{d}u}{\mathrm{d}s}\boldsymbol{x}_u + \frac{\mathrm{d}v}{\mathrm{d}s}\boldsymbol{x}_v$, 所以 $\boldsymbol{t}$ 在点 $P$ 的切平面中. 因为 $\boldsymbol{N}$ 垂直于切平面,所以 $\boldsymbol{N}$ 垂直 $\boldsymbol{t}$. $C$ 是平面曲线, $\boldsymbol{t}$ 在平面 $F$ 中,因而点 $P$ 的垂直于 $\boldsymbol{t}$ 的主法向量 $\boldsymbol{n}$ 也在平面 $F$ 中. 这样就有

$$\boldsymbol{N} = \pm\boldsymbol{n} \tag{6.11}$$

在这些几何背景下,我们有(参见附录 2).

$$x=\frac{L\mathrm{d}u^2+2M\mathrm{d}u\mathrm{d}v+N\mathrm{d}v^2}{E\mathrm{d}u^2+2F\mathrm{d}u\mathrm{d}v+G\mathrm{d}v^2}=\frac{\mathrm{II}}{\mathrm{I}} \tag{6.12}$$

其中

$$x=\boldsymbol{k}\cdot\boldsymbol{N}=\kappa\boldsymbol{n}\cdot\boldsymbol{N}=\pm\kappa \tag{6.13}$$

式中 $\boldsymbol{k}$ 是曲线 $C$ 的曲率向量，$\kappa$ 是曲线 $C$ 的曲率. 这些公式中的 $\boldsymbol{N}$ 是由参数 $u$, $v$ 决定的(参见(5.52))，而 $\boldsymbol{n}$ 是由曲线 $C$ 的方向 $\mathrm{d}u:\mathrm{d}v$ 决定的：点 $P$ 的不同方向，给出不同的平面 $F$，从而有不同的法截线及其主法向量. 在点 $P$ 是双曲点的情况下，就会有 $\boldsymbol{n}$ 随方向的改变而改变符号的情况. 所以可以把这里的 $x$ 称为带符号的曲率.

(6.10)给出了曲面上过点 $P$ 的任意曲线(包括法截线)的法曲率 $\kappa_n$，而(6.12)只是给出了过点 $P$ 的任意法截线的法曲率 $x(=\pm\kappa)$. 然而这两个等式的右边是一样的，因此由它们分别导出的，求 $\kappa_n$ 的极值与求 $x$ 的极值的方程就是一样的(参见§6.4，附录3). 这就是说，过点 $P$ 的曲线(包括法截线)的 $\kappa_n$ 的取值范围与过点 $P$ 的法截线的 $x$ 取值范围一致. 因此，就 $x$ 的取值范围而言，只去研究过点 $P$ 的法截线便不失一般性了.

这样，我们就有下面的形象描述：当我们绕曲面过点 $P$ 的法线转动上述平面 $F$ 时，就会得出过点 $P$ 的一族法截线，其中有 $x$ 的最大值与最小值，而这又确定了点 $P$ 的两个主方向(参见§6.6).

## §6.4　主曲率、高斯曲率与中曲率

由(6.12)，可得

$$x(E\mathrm{d}u^2+2F\mathrm{d}u\mathrm{d}v+G\mathrm{d}v^2)=L\mathrm{d}u^2+2M\mathrm{d}u\mathrm{d}v+N\mathrm{d}v^2,$$

经移项整理后，有

$$(L-xE)\mathrm{d}u^2+2(M-xF)\mathrm{d}u\mathrm{d}v+(N-xG)\mathrm{d}v^2=0 \tag{6.14}$$

当 $\mathrm{d}u:\mathrm{d}v$ 变化，而给出 $x$ 的极值时，则必须有(参见附录3)

$$\begin{aligned}(L-xE)\mathrm{d}u+(M-xF)\mathrm{d}v&=0,\\(M-xF)\mathrm{d}u+(N-xG)\mathrm{d}v&=0.\end{aligned} \tag{6.15}$$

而此方程有 $\mathrm{d}u$，$\mathrm{d}v$ 非零解，即 $\mathrm{d}u^2+\mathrm{d}v^2\neq 0$，的充要条件是

$$\begin{vmatrix} L-xE & M-xF \\ M-xF & N-xG \end{vmatrix}=0 \tag{6.16}$$

这表明 $x$ 的极值应是展开这个行列式而得出的方程

$$(EG-F^2)x^2-(LG+NE-2FM)x+(LN-M^2)=0 \tag{6.17}$$

的根. 我们把这两个根记为 $\kappa_1$，$\kappa_2$，并把它们称为曲面在点 $P$ 的主曲率. 用二次方程的求根公式，不难得出

$$\kappa_1,\ \kappa_2 =\frac{(LG+NE-2FM)\pm\sqrt{(LG+NE-2FM)^2-4(EG-F^2)(LN-M^2)}}{2(EG-F^2)}. \tag{6.18}$$

我们不需记忆 $\kappa_1$，$\kappa_2$ 的这一表示式，只要注意到它们都只取决于曲面上点 $P$ 的第一基本形式与第二基本形式的系数 $E$，$G$，$F$；$L$，$M$，$N$. 重要的是，根据根与系数的关系，我们从(6.17)得出

$$\kappa_1+\kappa_2=\frac{LG-2FM+NE}{EG-F^2},\ \kappa_1\kappa_2=\frac{LN-M^2}{EG-F^2}$$

由此得出两个重要的几何量

$$H=\frac{1}{2}(\kappa_1+\kappa_2)=\frac{LG-2FM+NE}{2(EG-F^2)},\ K=\kappa_1\kappa_2=\frac{LN-M^2}{EG-F^2}, \tag{6.19}$$

其中 $H$ 称为曲面在点 $P$ 的中曲率，而 $K$ 称为曲面在点 $P$ 的全曲率，或高斯曲率.

高斯(Johann Earl Friedrich Gauss，1777—1855)，数学王子，是德国数学家，物理学家，天文学家，几何学家，以及大地测量学家. 他在数论、非欧几学、微分几何、超几何级数、复变函数论等方面都有卓越贡献. 他是十九世纪前半世纪最伟大的数学家.

由高斯曲率的表达式(6.19)可知：因为 $EG-F^2>0$(参见(5.31))，所以

$K$ 的符号与 $LN-M^2$ 的符号一致. 在 § 5.16 中,我们是用后者来对曲面上的点分类的,于是现在就可以说:

曲面上的点 $P$,若 $K>0$,那么它是椭圆点;若 $K<0$,那么它是双曲点;若 $K=0$,那么它是抛物点或平面点.

**例 6.4.1**　对于中曲率有 $H=\frac{1}{2}g^{ij}H_{ij}$ (作为练习).

**例 6.4.2**　求半径为 $a$ 的球面的 $K$ 和 $H$.

采用例 5.1.1 的参数 $\theta$, $\phi$,则从例 6.2.2 有

$E=a^2\sin^2\phi$, $F=0$, $G=a^2$; $L=a\sin^2\phi$, $M=0$, $N=a$, 于是

$$K=\kappa_1\kappa_2=\frac{LN-M^2}{EG-F^2}=\frac{a^2\sin^2\phi}{a^4\sin^2\phi}=\frac{1}{a^2}$$

$$H=\frac{1}{2}(\kappa_1+\kappa_2)=\frac{EN+GL-2FM}{2(EG-F^2)}=\frac{a^3\sin^2\phi+a^3\sin^2\phi}{2a^4\sin^2\phi}=\frac{1}{a},$$

若把参数 $\theta$, $\phi$ 变为 $\phi$, $\theta$,则

$$\frac{\partial(\theta,\phi)}{\partial(\phi,\theta)}=\begin{vmatrix}\theta_\phi & \phi_\phi\\ \theta_\theta & \phi_\theta\end{vmatrix}=\begin{vmatrix}0 & 1\\ 1 & 0\end{vmatrix}=-1.$$

而(参见例 5.6.3)

$$\mathrm{I}^*=E^*\mathrm{d}\phi^2+2F^*\mathrm{d}\phi\mathrm{d}\theta+G^*\mathrm{d}\theta^2=\mathrm{I}=E\mathrm{d}\theta^2+2F\mathrm{d}\theta\mathrm{d}\phi+G\mathrm{d}\phi^2,$$

但是(参见例 5.12.2)

$$\mathrm{II}^*=L^*\mathrm{d}\phi^2+2M^*\mathrm{d}\phi\mathrm{d}\theta+N^*\mathrm{d}\theta^2=-\mathrm{II}=-(L\mathrm{d}\theta^2+2M\mathrm{d}\theta\mathrm{d}\phi+N\mathrm{d}\phi^2),$$

由此得出

$$E^*=G,\ F^*=F,\ G^*=E;\ L^*=-N,\ M^*=-M,\ N^*=-L.$$

所以

$$E^*G^*-(F^*)^2=GE-F^2$$
$$L^*N^*-(M^*)^2=LN-M^2$$
$$E^*N^*+G^*L^*-2F^*M^*=-(EN+GL-2FM)$$

因此，

$$K^* = K = \frac{1}{a^2},\ H^* = -H = -\frac{1}{a}.$$

**例 6.4.3** 求环面 $T^2$ 的 $\kappa_1$，$\kappa_2$，与 $K$.

环面 $T^2$ 上点的位置向量由 § 5.3 中(ii)给出：

$$\boldsymbol{x} = \boldsymbol{x}(\theta,\ \phi) = (R + r\sin\phi)\cos\theta\boldsymbol{i} + (R + r\sin\phi)\sin\theta\boldsymbol{j} + r\cos\phi\boldsymbol{k}.$$

例 5.10.3 给出了 $E = (R + r\sin\phi)^2$，$F = 0$，$G = r^2$，而例 5.16.1 计算了 $L = (R + r\sin\phi)\sin\phi$，$M = 0$，$N = r$，把它们代入(6.18)，便能得出

$$\kappa_1,\ \kappa_2 = \frac{(R + 2r\sin\phi) \pm R}{2r(R + r\sin\phi)}$$

于是

$$K = \kappa_1\kappa_2 = \frac{\sin\phi}{r(R + r\sin\phi)},$$

若把 $\kappa_1$，$\kappa_2$ 中的较大值记为 $\kappa_1$，则

$$\kappa_1 = \frac{2R + 2r\sin\phi}{2r(R + r\sin\phi)} = \frac{1}{r},$$

对环曲上的任意点，它都是同一值. 事实上，这即是生成此环面的轮廓线的曲率. 若把 $\kappa_1$，$\kappa_2$ 中较小值记为 $\kappa_2$，则

$$\kappa_2 = \frac{\sin\phi}{R + r\sin\phi},$$

它是 $\phi$ 的函数：在 $\phi = \frac{\pi}{2}$ 给出的最外圈上，它有最大值 $\frac{1}{R + r}$；在 $\phi = 0$，$\phi = \pi$ 给出的，最上面与最下面的那两个平行圆周上的点，它的值为 0；在 $\phi = -\frac{\pi}{2}$ 给出的最内圈上，它有最小值 $\frac{-1}{R - r}$.

## § 6.5 以 $\kappa_1$，$\kappa_2$ 为根的二次方程的判别式与曲面上的脐点

现在来讨论(6.17)的判别式

$$\Delta=(EN+GL-2FM)^2-4(EG-F^2)(LN-M^2)$$

经过一些代数运算，我们得出

$$\Delta=4\left(\frac{EG-F^2}{E^2}\right)(EM-FL)^2+\left[EN-GL-\frac{2F}{E}(EM-FL)\right]^2 \tag{6.20}$$

因为 $EG-F^2>0$(参见(5.31))，所以我们得出 $\Delta\geqslant 0$. 由此又推出 $\kappa_1, \kappa_2\in\mathbf{R}$. 这是预料中的，因为(6.17)原本是过点 $P$ 的各法截线的曲率 $\kappa$(或曲率 $\kappa$ 的负值，参见(6.13))的极值. 于是 $K$ 与 $H$ 也都是实数，这也是预料中的. 这是因为由 $E, F, G; L, M, N\in\mathbf{R}$，则由(6.19)给出的 $K$ 与 $H$ 当然都是实数了.

现在来研究 $\Delta=0$ 的充要条件

$\Delta=0$，当且仅当 $\begin{cases}EM-FL=0\\ EN-GL-\dfrac{2F}{E}(EM-FL)=0\end{cases}$，当且仅当 $\begin{cases}EM-FL=0\\ EN-GL=0\end{cases}$，当且仅当 $\dfrac{L}{E}=\dfrac{M}{F}=\dfrac{N}{G}$.

如果曲面上的点 $P$，对各个方向(任意的 $\mathrm{d}u:\mathrm{d}v$)给出的 $x=\pm\kappa$ 是一个常数，即此时 $x$ 的最大值等于最小值，那么(6.17) 有重根，即它的判别式 $\Delta=0$，那么我们把该点称为一个**脐点**. 因此，点 $P$ 为脐点的充要条件是

$$\frac{L}{E}=\frac{M}{F}=\frac{N}{G} \tag{6.21}$$

作为脐点的两个特殊情况：当 $L=M=N=0$ 时，我们有**平面点**；当 $L, M, N$ 不同时等于零的脐点称为**球面点**. 当然，平面点属于抛物点，而球面点属于椭圆点.

**例 6.5.1**　球面上的点是球面点.

从例 6.2.2 可知此时 $E=a^2\sin^2\phi$, $F=0$, $G=a^2$; $L=a\sin^2\phi$, $M=0$, $N=a$，因此 $L:M:N=E:F:G$，且 $N=a\neq 0$. 因此，球面上的点是椭圆脐点.

**例 6.5.2**　对平面的讨论.

在例 1.10.1 中 $\overrightarrow{AX}+\boldsymbol{a}=\boldsymbol{x}$，然后用 $\overrightarrow{AB}\equiv\boldsymbol{f}_1$, $\overrightarrow{AC}\equiv\boldsymbol{f}_2$ 展开 $\overrightarrow{AX}$：$\overrightarrow{AX}=$

$u\boldsymbol{f}_1+v\boldsymbol{f}_2$，就有

$$\boldsymbol{x}=\boldsymbol{a}+u\boldsymbol{f}_1+v\boldsymbol{f}_2$$

由此有

$$\boldsymbol{x}_u=\boldsymbol{f}_1,\ \boldsymbol{x}_v=\boldsymbol{f}_2,\ \boldsymbol{x}_{uu}=\boldsymbol{x}_{uv}=\boldsymbol{x}_{vv}=\boldsymbol{0},$$

所以 $E=\boldsymbol{x}_u\cdot\boldsymbol{x}_u=\boldsymbol{f}_1\cdot\boldsymbol{f}_1$, $F=\boldsymbol{f}_1\cdot\boldsymbol{f}_2$, $G=\boldsymbol{f}_2\cdot\boldsymbol{f}_2$, $L=M=N=0$. 于是有 $\lambda=0$,使 $L=\lambda E$, $M=\lambda F$, $N=\lambda G$, 即平面上的点是抛物平面点.

**例 6.5.3** 脐点的 $\kappa_1$, $\kappa_2$

由(6.21),设 $L=\lambda E$,则有 $M=\lambda F$, $N=\lambda G$,将它们代入(6.18),利用 $\Delta=0$,可得 $x=\lambda$, 因此对于脐点而言,可得

$$\kappa_1=\kappa_2=\frac{L}{E}=\frac{M}{F}=\frac{N}{G}.$$

## §6.6 曲面上点的主方向

我们把曲面上点 $P$ 的,对应于主曲率 $\kappa_1$, $\kappa_2$ 的那两个方向都称为主方向,而每一点的切线都沿主方向的曲线称为曲率线(参见例 6.6.1, §6.7). 对于脐点来说,因为 $\kappa_1=\kappa_2$, 所以每一个方向都是主方向. 特别地,对球面点和平面点而言,每一个方向就都是主方向了.

下面我们讨论 $\kappa_1\neq\kappa_2$ 的情况,我们要证明对应它们的两个方向是正交的.

先叙述一下过点 $P$ 的曲线 $C$: $\boldsymbol{x}=\boldsymbol{x}(u(s),v(s))$ 的切向量 $\boldsymbol{t}=\frac{\mathrm{d}u}{\mathrm{d}s}\boldsymbol{x}_u+\frac{\mathrm{d}v}{\mathrm{d}s}\boldsymbol{x}_v$ 与方向 $\mathrm{d}u:\mathrm{d}v$ 的关系(参见 §6.3);由 $\boldsymbol{t}$ 给出了 $\mathrm{d}u:\mathrm{d}v$,反过来由 $\mathrm{d}u:\mathrm{d}v$ 也给出 $\boldsymbol{t}$ 的方向. 因此,若设过点 $P$ 的对应这两个主方向的曲率线 $C_1$, $C_2$ 的切向量各为 $\boldsymbol{t}^1=\frac{\mathrm{d}_1u}{\mathrm{d}s_1}\boldsymbol{x}_u+\frac{\mathrm{d}_1v}{\mathrm{d}s_1}\boldsymbol{x}_v$, $\boldsymbol{t}^2=\frac{\mathrm{d}_2u}{\mathrm{d}s_2}\boldsymbol{x}_u+\frac{\mathrm{d}_2v}{\mathrm{d}s_2}\boldsymbol{x}_v$, 则它们的方向各为 $\mathrm{d}_1u:\mathrm{d}_1v$ 与 $\mathrm{d}_2u:\mathrm{d}_2v$.

此时能推出 $\boldsymbol{t}^1\cdot\boldsymbol{t}^2=0$, 即 $\boldsymbol{t}^1$ 与 $\boldsymbol{t}^2$ 满足正交的充要条件(参见(5.46))

$$\begin{aligned}&\boldsymbol{x}_u\cdot\boldsymbol{x}_u\mathrm{d}_1u\mathrm{d}_2u+\boldsymbol{x}_u\cdot\boldsymbol{x}_v(\mathrm{d}_1u\mathrm{d}_2v+\mathrm{d}_1v\mathrm{d}_2u)+\boldsymbol{x}_v\cdot\boldsymbol{x}_v\mathrm{d}_1v\mathrm{d}_2v\\=&E\mathrm{d}_1u\mathrm{d}_2u+F(\mathrm{d}_1u\mathrm{d}_2v+\mathrm{d}_1v\mathrm{d}_2u)+G\mathrm{d}_1v\mathrm{d}_2v\\=&0.\end{aligned}\tag{6.22}$$

现设与 $\kappa_1$ 对应的方向为 $\mathrm{d}_1u:\mathrm{d}_1v$，于是 $\mathrm{d}_1u:\mathrm{d}_1v$ 满足(参见附录 3)

$$(L-\kappa_1E)\mathrm{d}_1u+(M-\kappa_1F)\mathrm{d}_1v=0$$
$$(M-\kappa_1F)\mathrm{d}_1u+(N-\kappa_1G)\mathrm{d}_1v=0,$$

也即

$$\begin{aligned}L\mathrm{d}_1u+M\mathrm{d}_1v&=\kappa_1(E\mathrm{d}_1u+F\mathrm{d}_1v),\\M\mathrm{d}_1u+N\mathrm{d}_1v&=\kappa_1(F\mathrm{d}_1u+G\mathrm{d}_1v).\end{aligned}\tag{6.23}$$

用矩阵的乘法运算可将此两式表示为

$$\begin{pmatrix}L&M\\M&N\end{pmatrix}\begin{pmatrix}\mathrm{d}_1u\\\mathrm{d}_1v\end{pmatrix}=\kappa_1\begin{pmatrix}E&F\\F&G\end{pmatrix}\begin{pmatrix}\mathrm{d}_1u\\\mathrm{d}_1v\end{pmatrix},\tag{6.24}$$

类似地，设 $\kappa_2$ 的方向为 $\mathrm{d}_2u:\mathrm{d}_2v$，则同样有

$$\begin{pmatrix}L&M\\M&N\end{pmatrix}\begin{pmatrix}\mathrm{d}_2u\\\mathrm{d}_2v\end{pmatrix}=\kappa_2\begin{pmatrix}E&F\\F&G\end{pmatrix}\begin{pmatrix}\mathrm{d}_2u\\\mathrm{d}_2v\end{pmatrix}.$$

在下面的计算中，将用到这两个等式，以及其中的 $2\times2$ 矩阵都是对称的，因而在转置下不变. 计算

$$\begin{aligned}\kappa_2(\mathrm{d}_1u\ \mathrm{d}_1u)\begin{pmatrix}E&F\\F&G\end{pmatrix}\begin{pmatrix}\mathrm{d}_2u\\\mathrm{d}_2v\end{pmatrix}&=(\mathrm{d}_1u\ \mathrm{d}_1v)\kappa_2\begin{pmatrix}E&F\\F&G\end{pmatrix}\begin{pmatrix}\mathrm{d}_2u\\\mathrm{d}_2v\end{pmatrix}\\&=(\mathrm{d}_1u\ \mathrm{d}_1v)\begin{pmatrix}L&M\\M&N\end{pmatrix}\begin{pmatrix}\mathrm{d}_2u\\\mathrm{d}_2v\end{pmatrix},\end{aligned}$$

这是一个 1 行 1 列的矩阵，故上式等式的最右边在转置下不变，因此有

$$\begin{aligned}(\mathrm{d}_1u\ \mathrm{d}_1v)\begin{pmatrix}L&M\\M&N\end{pmatrix}\begin{pmatrix}\mathrm{d}_2u\\\mathrm{d}_2v\end{pmatrix}&=(\mathrm{d}_2u\ \mathrm{d}_2v)\begin{pmatrix}L&M\\M&N\end{pmatrix}\begin{pmatrix}\mathrm{d}_1u\\\mathrm{d}_1v\end{pmatrix}\\&=\kappa_1(\mathrm{d}_2u\ \mathrm{d}_2v)\begin{pmatrix}E&F\\F&G\end{pmatrix}\begin{pmatrix}\mathrm{d}_1u\\\mathrm{d}_1v\end{pmatrix}\end{aligned}$$

对最后的结果进行转置，就有

$$\kappa_1(\mathrm{d}_1u\ \mathrm{d}_1v)\begin{pmatrix}E & F\\ F & G\end{pmatrix}\begin{pmatrix}\mathrm{d}_2u\\ \mathrm{d}_2v\end{pmatrix}$$

因此，我们最终就得出了

$$\kappa_2(\mathrm{d}_1u\ \mathrm{d}_1v)\begin{pmatrix}E & F\\ F & G\end{pmatrix}\begin{pmatrix}\mathrm{d}_2u\\ \mathrm{d}_2v\end{pmatrix}=\kappa_1(\mathrm{d}_1u\ \mathrm{d}_2v)\begin{pmatrix}E & F\\ F & G\end{pmatrix}\begin{pmatrix}\mathrm{d}_2u\\ \mathrm{d}_2v\end{pmatrix}$$

于是从 $\kappa_1\neq\kappa_2$，就有

$$(\mathrm{d}_1u\ \mathrm{d}_1v)\begin{pmatrix}E & F\\ F & G\end{pmatrix}\begin{pmatrix}\mathrm{d}_2u\\ \mathrm{d}_2v\end{pmatrix}=0 \tag{6.25}$$

把此式展开即是(6.22)，即点 $P$ 的两个主方向是正交的. 一个很优美的结论.

**例 6.6.1** 主方向 $\mathrm{d}u:\mathrm{d}v$ 应满足的一个充要条件.

设 $\kappa$ 是点 $P$ 的一个主曲率，而 $\mathrm{d}u:\mathrm{d}v$ 是对应的主方向，那么从(6.23)就有

$$\begin{aligned}L\mathrm{d}u+M\mathrm{d}v-\kappa(E\mathrm{d}u+F\mathrm{d}v)=0\\ M\mathrm{d}u+N\mathrm{d}v-\kappa(F\mathrm{d}u+G\mathrm{d}v)=0\end{aligned} \tag{6.26}$$

对此，构造

$$\begin{aligned}y(L\mathrm{d}u+M\mathrm{d}v)+x(E\mathrm{d}u+F\mathrm{d}v)=0\\ y(M\mathrm{d}u+N\mathrm{d}v)+x(F\mathrm{d}u+G\mathrm{d}v)=0\end{aligned} \tag{6.27}$$

这一个关于 $y$, $x$ 的方程组，用矩阵形式表示，有

$$\begin{pmatrix}L\mathrm{d}u+M\mathrm{d}v & E\mathrm{d}u+F\mathrm{d}v\\ M\mathrm{d}u+N\mathrm{d}v & F\mathrm{d}u+G\mathrm{d}v\end{pmatrix}\begin{pmatrix}y\\ x\end{pmatrix}=\begin{pmatrix}0\\ 0\end{pmatrix} \tag{6.28}$$

由(6.26)可知(6.28)有非零解 $(y, x)=(1, -\kappa)$，而(6.28)有非零解的充要条件是

$$\begin{vmatrix}L\mathrm{d}u+M\mathrm{d}v & E\mathrm{d}u+F\mathrm{d}v\\ M\mathrm{d}u+N\mathrm{d}v & F\mathrm{d}u+G\mathrm{d}v\end{vmatrix}=0.$$

这就是

$$(EM-LF)\mathrm{d}u^2+(EN-LG)\mathrm{d}u\mathrm{d}v+(FN-MG)\mathrm{d}v^2=0. \tag{6.29}$$

此微分方程解的存在与唯一，保证了曲面上存在着两族曲率线（参见§6.7，§6.8）

**例 6.6.2**　魏因加滕变换.

对于曲面上的点 $P$，有第一基本形式和第二基本形式分别给出的矩阵

$$\begin{pmatrix} E & F \\ F & G \end{pmatrix},\begin{pmatrix} L & M \\ M & N \end{pmatrix}$$

对于前者有逆矩阵 $\begin{pmatrix} E & F \\ F & G \end{pmatrix}^{-1}$，于是构造

$$W=\begin{pmatrix} E & F \\ F & G \end{pmatrix}^{-1}\begin{pmatrix} L & M \\ M & N \end{pmatrix}$$

以此对点 $P$ 的切平面中的向量 $\boldsymbol{x}_u\mathrm{d}u+\boldsymbol{x}_v\mathrm{d}v$ 的分量$(\mathrm{d}u,\mathrm{d}v)$作变换

$$W\begin{pmatrix} \mathrm{d}u \\ \mathrm{d}v \end{pmatrix}=\begin{pmatrix} E & F \\ F & G \end{pmatrix}^{-1}\begin{pmatrix} L & M \\ M & N \end{pmatrix}\begin{pmatrix} \mathrm{d}u \\ \mathrm{d}v \end{pmatrix}$$

这个变换称为魏因加滕变换，设这个变换的特征值为 $\lambda$，特征向量为$(\mathrm{d}u,\mathrm{d}v)$，则

$$W\begin{pmatrix} \mathrm{d}u \\ \mathrm{d}v \end{pmatrix}=\lambda\begin{pmatrix} \mathrm{d}u \\ \mathrm{d}v \end{pmatrix} \tag{6.30}$$

或

$$\left(W-\lambda\begin{pmatrix} 1 & 0 \\ 0 & 1 \end{pmatrix}\right)\begin{pmatrix} \mathrm{d}u \\ \mathrm{d}v \end{pmatrix}=0 \tag{6.31}$$

由(6.30)得出

$$\begin{pmatrix} L & M \\ M & N \end{pmatrix}\begin{pmatrix} \mathrm{d}u \\ \mathrm{d}v \end{pmatrix}=\lambda\begin{pmatrix} E & F \\ F & G \end{pmatrix}\begin{pmatrix} \mathrm{d}u \\ \mathrm{d}v \end{pmatrix} \tag{6.32}$$

把此式与(6.24)对比,可知主曲率即是魏因加滕变换的特征值,而主方向即由魏因加滕变换的特征向量确定.

从(6.31)有非零解,就有下列特征方程

$$\left| W-\lambda\begin{pmatrix}1 & 0\\ 0 & 1\end{pmatrix}\right|=0 \tag{6.33}$$

为了探究这一特征方程对应于我们前面叙述过的哪一个方程,我们来讨论(6.33)中的矩阵

$$\begin{aligned} W-\lambda\begin{pmatrix}1 & 0\\ 0 & 1\end{pmatrix} &= \begin{pmatrix}E & F\\ F & G\end{pmatrix}^{-1}\begin{pmatrix}L & M\\ M & N\end{pmatrix}-\begin{pmatrix}\lambda & 0\\ 0 & \lambda\end{pmatrix} \\ &= \begin{pmatrix}E & F\\ F & G\end{pmatrix}^{-1}\begin{pmatrix}L & M\\ M & N\end{pmatrix}-\begin{pmatrix}E & F\\ F & G\end{pmatrix}^{-1}\begin{pmatrix}E & F\\ F & G\end{pmatrix}\begin{pmatrix}\lambda & 0\\ 0 & \lambda\end{pmatrix} \\ &= \begin{pmatrix}E & F\\ F & G\end{pmatrix}^{-1}\left[\begin{pmatrix}L & M\\ M & N\end{pmatrix}-\begin{pmatrix}\lambda E & \lambda F\\ \lambda F & \lambda G\end{pmatrix}\right] \end{aligned} \tag{6.34}$$

对此式的两边取行列式,其左边的行列式即(6.33)的左边,而右边的行列式等于 $\left|\begin{pmatrix}E & F\\ F & G\end{pmatrix}^{-1}\right|$ 与 $\left|\begin{pmatrix}L & M\\ M & N\end{pmatrix}-\begin{pmatrix}\lambda E & \lambda F\\ \lambda F & \lambda G\end{pmatrix}\right|$ 的乘积(参见参考文献[10]).

但 $\left|\begin{pmatrix}E & F\\ F & G\end{pmatrix}^{-1}\right|\neq 0$,(参见(5.33)),因此由(6.33)得出

$$\left|\begin{pmatrix}L & M\\ M & N\end{pmatrix}-\begin{pmatrix}\lambda E & \lambda F\\ \lambda F & \lambda G\end{pmatrix}\right|=\begin{vmatrix}L-\lambda E & M-\lambda F\\ M-\lambda F & N-\lambda G\end{vmatrix}=0 \tag{6.35}$$

显然这就是前述的(6.16).

魏因加滕(Julius Weingarten, 1836—1910),德国数学家.他在曲面的微分几何理论方面作出了一些重要的贡献.

**例 6.6.3** 对于高斯曲率 $K$,证明 $\boldsymbol{N}_u\times\boldsymbol{N}_v=K(\boldsymbol{x}_u\times\boldsymbol{x}_v)$.

从 $\boldsymbol{N}\cdot\boldsymbol{N}=1$,可知 $\boldsymbol{N}_u$, $\boldsymbol{N}_v$ 垂直于 $\boldsymbol{N}$(参见例 2.1.2).因此,$\boldsymbol{N}_u$, $\boldsymbol{N}_v$ 位于由 $\boldsymbol{x}_u$, $\boldsymbol{x}_v$ 张成的切平面之中.于是有 $\boldsymbol{N}_u=a\boldsymbol{x}_u+b\boldsymbol{x}_v$, $\boldsymbol{N}_v=c\boldsymbol{x}_u+d\boldsymbol{x}_v$, $a$, $b$, $c$, $d\in\mathbf{R}$. 由此有

$$\mathbf{N}_u \times \mathbf{N}_v = (a\boldsymbol{x}_u + b\boldsymbol{x}_v) \times (c\boldsymbol{x}_u + d\boldsymbol{x}_v) = (ad - bc)(\boldsymbol{x}_u \times \boldsymbol{x}_v) = \begin{vmatrix} a & b \\ c & d \end{vmatrix} (\boldsymbol{x}_u \times \boldsymbol{x}_v).$$

把此式与我们要证明的等式比较,我们进而要做的就是证明 $\begin{vmatrix} a & b \\ c & d \end{vmatrix}$ 即是点 $P$ 的高斯曲率 $K$. 忆及 $K = \dfrac{LN - M^2}{EG - F^2}$, 那么我们就要从 $\boldsymbol{x}_u$, $\boldsymbol{x}_v$; $\mathbf{N}_u$, $\mathbf{N}_v$ 来构造出 $E$, $F$, $G$; $L$, $M$, $N$. 试计算

$$\boldsymbol{x}_u \cdot \mathbf{N}_u = \boldsymbol{x}_u \cdot (a\boldsymbol{x}_u + b\boldsymbol{x}_v) = a\boldsymbol{x}_u \cdot \boldsymbol{x}_u + b\boldsymbol{x}_u \cdot \boldsymbol{x}_v = aE + bF$$

而 $\boldsymbol{x}_u \cdot \mathbf{N}_u = -L$ (参见(5.63)). 这样就有

$$aE + bF = -L.$$

同样地,可得

$$\boldsymbol{x}_v \cdot \mathbf{N}_u = aF + bG = -M$$
$$\boldsymbol{x}_u \cdot \mathbf{N}_v = cE + dF = -M$$
$$\boldsymbol{x}_v \cdot \mathbf{N}_v = cF + dG = -N$$

将这 4 个等式中的 $a$, $b$, $c$, $d$; $E$, $F$, $G$; $-L$, $-M$, $-N$ 之间的关系用矩阵乘积表出,即有

$$\begin{pmatrix} a & b \\ c & d \end{pmatrix} \begin{pmatrix} E & F \\ F & G \end{pmatrix} = \begin{pmatrix} -L & -M \\ -M & -N \end{pmatrix}$$

于是从

$$\left| \begin{pmatrix} a & b \\ c & d \end{pmatrix} \begin{pmatrix} E & F \\ F & G \end{pmatrix} \right| = \begin{vmatrix} a & b \\ c & d \end{vmatrix} \begin{vmatrix} E & F \\ F & G \end{vmatrix} = \begin{vmatrix} -L & -M \\ -M & -N \end{vmatrix}$$

有

$$\begin{vmatrix} a & b \\ c & d \end{vmatrix} (EG - F^2) = LN - M^2,$$

即

$$\begin{vmatrix} a & b \\ c & d \end{vmatrix} = \frac{LN - M^2}{EG - F^2} = K.$$

**例 6.6.4** 曲率线满足的微分方程(6.29)用行列式形式可写成

$$\begin{vmatrix} \mathrm{d}v^2 & -\mathrm{d}u\mathrm{d}v & \mathrm{d}u^2 \\ E & F & G \\ L & M & N \end{vmatrix} = 0.$$

如果点 $P$ 为一个脐点,那么此式对任意方向 $\mathrm{d}u : \mathrm{d}v$ 都得成立. 这就推得点 $P$ 的 $E$、$F$、$G$, $L$、$M$、$N$ 必须满足的充要条件是: $\begin{vmatrix} E & F \\ L & M \end{vmatrix} = \begin{vmatrix} E & G \\ L & N \end{vmatrix} = \begin{vmatrix} F & G \\ M & N \end{vmatrix} = 0$, 这与(6.21)的结果一致.

## §6.7 曲率线与 $u$, $v$ 曲率系

例 6.6.1 断言,若 $\mathrm{d}u : \mathrm{d}v$ 是点 $P$ 的一个主方向,那么它在点 $P$ 满足(6.29):

$$(EM - LF)\mathrm{d}u^2 + (EN - LG)\mathrm{d}u\mathrm{d}v + (FN - MG)\mathrm{d}v^2 = 0 \quad (6.36)$$

我们知道曲率线是曲面上的一条曲线,在它上面的每一点的切线方向都是该点的一个主方向,于是(6.36)就是求解两族曲率线的微分方程. 由微分方程的理论可知,只要(6.36)中的各系数具有足够的可微性,那么它就存在着唯一的解(参见参考文献[1],[2]). 这样,我们就得出了:对于曲面上的一个非脐点而言,在它的周围就存在了两族正交的曲率线族.

而且我们还能引入新的参数 $\bar{u}$, $\bar{v}$,使得其中的一族曲率线为 $\bar{u}$ 曲线族,而与之正交的另一族曲率线为 $\bar{v}$ 曲线族(参见附录 6).

于是对于曲面上的一个非脐点而言,存在着由曲率线构成的 $u$ 曲线族与 $v$ 曲线族,在它们的每一个交点 $P$ 处,这两条曲线正交 ($F = \boldsymbol{x}_u \cdot \boldsymbol{x}_v = 0$, 参见(5.47)),且这两条曲线分别是点 $P$ 的主方向之一,我们把这样的 $u$ 曲线与 $v$ 曲线称为**$u$, $v$ 曲率系**.

下面我们就在曲面 $S$ 上选取 $u$, $v$ 参数,而它们的 $u$ 曲线与 $v$ 曲线构成 $u$, $v$ 曲率系,再来看看会有什么结果.

首先从 $\boldsymbol{x}_u = 1\boldsymbol{x}_u + 0\boldsymbol{x}_v$, $\boldsymbol{x}_v = 0\boldsymbol{x}_u + 1\boldsymbol{x}_v$, 且 $\boldsymbol{x}_u$ 与 $\boldsymbol{x}_v$ 都是主方向,因此 $\mathrm{d}u = 1$, $\mathrm{d}v = 0$,与 $\mathrm{d}u = 0$, $\mathrm{d}v = 1$ 都满足(6.36). 因此有

$$EM - LF = 0,\ FN - MG = 0 \tag{6.37}$$

于是由 $F = 0$, 就有

$$EM = MG = 0 \tag{6.38}$$

然而 $E > 0$(参见(5.31)),所以进而可得 $M = 0$. 所以采用了这样的参数后,在点 $P$ 有 $F = M = 0$. 反过来,若在点 $P$ 有 $F = M = 0$,则 $\mathrm{d}u = 1$, $\mathrm{d}v = 0$; $\mathrm{d}u = 0$, $\mathrm{d}v = 1$ 分别满足(6.36),即此时的 $u$ 曲线与 $v$ 曲线的方向是主方向. 把这一论述从点推广到线,我们就得到(参见例 9.6.3).

**定理 6.7.1**　$u$ 曲线与 $v$ 曲线,如果上面没有脐点,那么它们是曲率系的充要条件是:在它们上的每一点有 $F = M = 0$.

**例 6.7.1**　采用 $u$, $v$ 曲率系时,非脐点的主曲率的表达式.

主曲率 $\kappa_1$, $\kappa_2$ 是(6.17)

$$(EG - F^2)x^2 - (LG + NE - 2FM)x + (LN - M^2) = 0$$

的两个根. 这一方程在 $F = M = 0$ 的条件下,简化为

$$EGx^2 - (LG + NE)x + LN = 0,$$

其根为(作为练习)

$$\kappa_1 = \frac{L}{E},\ \kappa_2 = \frac{N}{G}.$$

**例 6.7.2**　对于曲面上的脐点,例 6.5.3 给出

$$\kappa_1 = \kappa_2 = \frac{L}{E} = \frac{N}{G}.$$

所以综合这两个例子的结果,我们得出:使用 $u$, $v$ 曲率系时,对于曲面上的每一点都有

$$\kappa_1=\frac{L}{E},\ \kappa_2=\frac{N}{G}.$$

## §6.8 一道说明题

在不少讨论中，我们需要把原来的参数 $u$，$v$ 转换成新的参数，比如说 $\theta$，$\phi$. 在此变换下，第一基本形式的系数虽然会改变，但其形式不变（参见例 5.6.3），而第二基本形式除了它的系数会改变以外，它也可能改变符号（参见例 5.12.2）. 因此，在参数变换下，按 $x=\frac{\mathrm{II}}{\mathrm{I}}$，$x=\pm\kappa$ 定义的带符号的曲率（参见 §6.3）就可能改变符号，从而(6.17)的解，即 $x$ 的最大值与最小值——主曲率 $\kappa_1$，$\kappa_2$ 就有可能改变符号. 不过尽管符号改变了，它们仍是 $\{\pm\kappa\}$ 中的极值，因此作为 $\{\pm\kappa\}$ 极值的主方向也就不会改变. 然而中曲率 $H$ 可能改变符号，但高斯曲率 $K$ 却保持不变. 后者是曲面的一个内蕴性质，它由第一基本形式决定（参见 §7.7）.

至于曲率线所满足的微分方程(6.36)，它的解表示两族正交的曲率线，在参数变换下，仍是(6.36)的解，表示的仍是同一的两族曲率线，只不过用了新的参数来表示而已.

现在来讨论由参数 $u$，$v$ 给出的下列**抛物面** $S$：$\boldsymbol{x}(u,\ v)=u\boldsymbol{i}+v\boldsymbol{j}+(u^2+v^2)\boldsymbol{k}$：

先算出（作为练习）

$$\begin{aligned}&E=1+4u^2,\ F=4uv,\ G=1+4v^2\\&L=2(4u^2+4v^2+1)^{-\frac{1}{2}},\ M=0,\ N=2(4u^2+4v^2+1)^{-\frac{1}{2}}\end{aligned}\tag{6.39}$$

把它们代入(6.36)中，经化简而得出

$$uv\mathrm{d}u^2+(v^2-u^2)\mathrm{d}u\mathrm{d}v-uv\mathrm{d}v^2=0\tag{6.40}$$

解出这一方程，便能得出曲面 $S$ 上的二族曲率线. 注意到(6.40)可表为

$$(u\mathrm{d}u+v\mathrm{d}v)(v\mathrm{d}u-u\mathrm{d}v)=0$$

这就有

$$u\mathrm{d}u+v\mathrm{d}v=0 \tag{6.41}$$

$$v\mathrm{d}u-u\mathrm{d}v=0 \tag{6.42}$$

(6.41)，即 $\dfrac{\mathrm{d}u}{\mathrm{d}v}=-\dfrac{v}{u}$，的解为

$$u^2+v^2=r^2 \tag{6.43}$$

这一条件在 $uv$ 平面中给出圆心为原点 $O$ 的一系列半径各为 $r>0$ 的圆（参见图 6.8.1），同时给出了曲面 $S$ 上的一族曲率线

$$C(u, v): \boldsymbol{x}(u, v)=u\boldsymbol{i}+v\boldsymbol{j}+r^2\boldsymbol{k} \tag{6.44}$$

$$u^2+v^2=r^2, \quad r>0$$

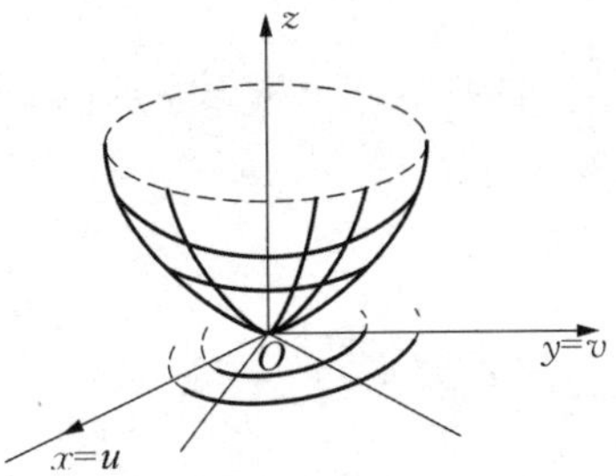


图 6.8.1

它们的几何图象是曲面 $S$ 上的一系列圆，圆心在 $z$ 轴上. 一个半径为 $r$ 的圆上的各点到 $xy$ 平面的距离都是 $r^2$.

从(6.44)可看出这些圆都不是 $u$ 曲线（$v$ 要保持不变），也不是 $v$ 曲线（$u$ 要保持不变），因为在其上，$u$，$v$ 都得变动，而保持 $u^2+v^2=r^2$ 不变.

(6.42)，即 $\dfrac{\mathrm{d}u}{\mathrm{d}v}=\dfrac{u}{v}$，的解为

$$v=au \tag{6.45}$$

这一条件在 $uv$ 平面中给出过原点 $O$ 一系列斜率各为 $a$ 的直线，同时给出了曲面 $S$ 上的一族曲线

$$\begin{aligned} D(u, v)&: \boldsymbol{x}(u, v)=u\boldsymbol{i}+v\boldsymbol{j}+(u^2+v^2)\boldsymbol{k} \\ v&=au \end{aligned} \tag{6.46}$$

它们的几何图象是曲面 $S$ 上的一系列曲线，其在 $uv$ 平面上的投影给出一系列过原点 $O$，斜率为 $a$ 的直线. (6.45)所示的各曲线，尽管对各自的 $a$，必须满足 $v=au$ 这一条件. 但 $u$，$v$ 仍可变动，因此它们也都不是 $u$ 曲线与 $v$ 曲线.

曲率线族 $\{C(u, v) \mid \boldsymbol{x}(u, v)=u\boldsymbol{i}+v\boldsymbol{j}+(u^2+v^2)\boldsymbol{k},\ u^2+v^2=r,\ r>0\}$ 与曲率线族 $\{D(u, v) \mid \boldsymbol{x}(u, v)=u\boldsymbol{i}+v\boldsymbol{j}+(u^2+v^2)\boldsymbol{k},\ v=au,\ a\in\mathbf{R}\}$

都不是 $u$ 曲线与 $v$ 曲线,也可以从下列事实看出:尽管采用了上面的 $u$, $v$ 参数有 $M=0$,但由于 $F=4uv$, 所以 $F$ 在这些曲线上就不恒为零了. 不过,这一 $u$, $v$ 参数还是有其优点,例如此时原点 $O$ 就有唯一的坐标 $u=0$, $v=0$, 由此从(6.39)可得

$$E=1,\ F=0,\ G=1;\ L=2,\ M=0,\ N=2$$

从而有 $E:F:G=L:M:N$. 这表明点 $O$ 是一个脐点.

因此,在不考虑脐点的情况下,根据前述,我们能在 $uv$ 平面中引入极坐标 $\theta$, $r$:

$$u=r\cos\theta,\ v=r\sin\theta \tag{6.47}$$

此时曲面 $S$ 为

$$\boldsymbol{x}=r\cos\theta\boldsymbol{i}+r\sin\theta\boldsymbol{j}+r^2\boldsymbol{k}, \tag{6.48}$$

$C(u, v)$曲线,对各固定 $r$ 值为

$$\boldsymbol{x}=r\cos\theta\boldsymbol{i}+r\sin\theta\boldsymbol{j}+r^2\boldsymbol{k}=\boldsymbol{x}(\theta) \tag{6.49}$$

$D(u, v)$曲线,对各固定 $\theta$ 值为

$$\boldsymbol{x}=r\cos\theta\boldsymbol{i}+r\sin\theta\boldsymbol{j}+r^2\boldsymbol{k}=\boldsymbol{x}(r) \tag{6.50}$$

由(6.48)可算得(作为练习)

$$E=r^2,\ F=0,\ G=1+4r^2;\ L=-2r^2(1+4r^2)^{-\frac{1}{2}},$$
$$M=0,\ N=-2(1+4r^2)^{-\frac{1}{2}}$$

$F=0$, $M=0$ 这是 $C(u, v)$曲线族与 $D(u, v)$曲线族是 $r$, $\theta$ 曲率系的充要条件,而(6.49)与(6.50)分别表明了 $C(u, v)$曲线是 $\theta$ 曲线,而 $D(u, v)$曲线是 $r$ 曲线.

最后可算得主曲率 $\kappa_1=\dfrac{L}{E}=-2(1+4r^2)^{-\frac{1}{2}}$, $\kappa_2=\dfrac{N}{G}=-2(1+4r^2)^{-\frac{3}{2}}$. 讲完了这道例题,这一章就结束了. 在下一章中,我们将讨论曲面上的一些方程式.

# 第七章

## 曲面上的一些方程式

### §7.1　曲面上的基本方程之一——高斯方程

前面已说明对于曲面 $S$ 上的点 $P$：$\boldsymbol{x}=\boldsymbol{x}(u^1, u^2)$，由 $\boldsymbol{x}_i=\partial_i\boldsymbol{x}=\dfrac{\partial\boldsymbol{x}}{\partial u^i}$，$i=1, 2$，可构造 $S$ 在点 $P$ 的切平面，以及该切平面的单位法向量

$$\boldsymbol{N}=\frac{\boldsymbol{x}_1\times\boldsymbol{x}_2}{|\boldsymbol{x}_1\times\boldsymbol{x}_2|} \tag{7.1}$$

据此作 $\boldsymbol{x}_1$，$\boldsymbol{x}_2$，$\boldsymbol{N}$ 的向量混合积，有(参见(5.48))

$$[\boldsymbol{x}_1\ \boldsymbol{x}_2\ \boldsymbol{N}]=[\boldsymbol{N}\ \boldsymbol{x}_1\ \boldsymbol{x}_2]=\boldsymbol{N}\cdot(\boldsymbol{x}_1\times\boldsymbol{x}_2)=|\boldsymbol{x}_1\times\boldsymbol{x}_2|=\sqrt{g}$$

这又一次表明了 $\boldsymbol{x}_1$，$\boldsymbol{x}_2$，$\boldsymbol{N}$ 是线性无关的(参见§1.10).它们构成了曲面 $S$ 上的活动标架系(参见§5.4).现在对 $\boldsymbol{x}_i$ 关于 $u^j$ 作偏微分，而得出

$$\partial_j\boldsymbol{x}_i\equiv\boldsymbol{x}_{ij}=\frac{\partial\boldsymbol{x}_i}{\partial u^j}=\frac{\partial}{\partial u^j}\left(\frac{\partial\boldsymbol{x}}{\partial u^i}\right),\ i,\ j=1,\ 2 \tag{7.2}$$

再将 $\partial_j\boldsymbol{x}_i$ 用 $\boldsymbol{x}_1$，$\boldsymbol{x}_2$，$\boldsymbol{N}$ 来展开：

$$\partial_j\boldsymbol{x}_i=\Gamma^1_{ji}\boldsymbol{x}_1+\Gamma^2_{ji}\boldsymbol{x}_2+h_{ji}\boldsymbol{N}=\Gamma^h_{ji}\boldsymbol{x}_h+h_{ji}\boldsymbol{N},\ i,\ j=1,\ 2, \tag{7.3}$$

由于 $i$，$j=1, 2$，所以这里一共有 4 个方程

$$\begin{aligned}\partial_1\boldsymbol{x}_1&=\Gamma^1_{11}\boldsymbol{x}_1+\Gamma^2_{11}\boldsymbol{x}_2+h_{11}\boldsymbol{N},\\ \partial_1\boldsymbol{x}_2&=\Gamma^1_{12}\boldsymbol{x}_1+\Gamma^2_{12}\boldsymbol{x}_2+h_{12}\boldsymbol{N},\\ \partial_2\boldsymbol{x}_1&=\Gamma^1_{21}\boldsymbol{x}_1+\Gamma^2_{21}\boldsymbol{x}_2+h_{21}\boldsymbol{N},\\ \partial_2\boldsymbol{x}_2&=\Gamma^1_{22}\boldsymbol{x}_1+\Gamma^2_{22}\boldsymbol{x}_2+h_{22}\boldsymbol{N}.\end{aligned} \tag{7.4}$$

(7.3),或(7.4)称为曲面的高斯方程. 当然,我们必须求出这些 $\Gamma_{ji}^{h}$, $h_{ji}$, $i$, $j$, $h=1, 2$,即用曲面上的 $E$, $F$, $G$; $L$, $M$, $N$ 来表示它们,这些方程这样才有意义.

首先,从偏导数与次序无关,由 $\partial_i\partial_j\boldsymbol{x}=\partial_j\partial_i\boldsymbol{x}$, 就有

$$\Gamma_{ij}^{h}\boldsymbol{x}_h+h_{ij}\boldsymbol{N}=\Gamma_{ji}^{h}\boldsymbol{x}_h+h_{ji}\boldsymbol{N},$$

由此可推得

$$\Gamma_{ij}^{h}=\Gamma_{ji}^{h},\ h_{ij}=h_{ji} \tag{7.5}$$

即 $\Gamma_{ij}^{h}$, $h_{ij}$ 关于它们的下标都是对称的. 接下来,我们来求(7.3)中的 $h_{ji}$. 为此利用 $\boldsymbol{x}_1\cdot\boldsymbol{N}=\boldsymbol{x}_2\cdot\boldsymbol{N}=0$, 则从(7.3)的两边对 $\boldsymbol{N}$ 的内积,给出

$$h_{ji}=(\partial_j\boldsymbol{x}_i)\cdot\boldsymbol{N}=\boldsymbol{x}_{ij}\cdot\boldsymbol{N},\ i,\ j=1,\ 2. \tag{7.6}$$

当 $i=j=1$ 时,有

$$h_{11}=\boldsymbol{x}_{11}\cdot\boldsymbol{N}=L=H_{11}, \tag{7.7}$$

这里用到了(5.63)与(5.60). 同样可得

$$\begin{aligned}&h_{12}=h_{21}=H_{12}=H_{21}=M,\\&h_{22}=H_{22}=N.\end{aligned} \tag{7.8}$$

这些量只是曲面的第二基本形式中的系数.

**例 7.1.1** 设 $u^1=u$, $u^2=v$, 求 $E_u$, $E_v$, $F_u$, $F_v$, $G_u$, $G_v$ 的一些表达式.

容易算出

$$\boldsymbol{x}_u\cdot\boldsymbol{x}_{uu}=\frac{1}{2}(\boldsymbol{x}_u\cdot\boldsymbol{x}_u)_u=\frac{1}{2}E_u,\ \boldsymbol{x}_u\cdot\boldsymbol{x}_{uv}=\frac{1}{2}(\boldsymbol{x}_u\cdot\boldsymbol{x}_u)_v=\frac{1}{2}E_v,$$

$$\boldsymbol{x}_v\cdot\boldsymbol{x}_{vv}=\frac{1}{2}(\boldsymbol{x}_v\cdot\boldsymbol{x}_v)_v=\frac{1}{2}G_v,\ \boldsymbol{x}_v\cdot\boldsymbol{x}_{uv}=\frac{1}{2}(\boldsymbol{x}_v\cdot\boldsymbol{x}_v)_u=\frac{1}{2}G_u.$$

由此,我们可以如下所示地求得 $\boldsymbol{x}_v\cdot\boldsymbol{x}_{uu}$, $\boldsymbol{x}_u\cdot\boldsymbol{x}_{vv}$:

$$F_u=(\boldsymbol{x}_u\cdot\boldsymbol{x}_v)_u=\boldsymbol{x}_{uu}\cdot\boldsymbol{x}_v+\boldsymbol{x}_u\cdot\boldsymbol{x}_{vu}=\boldsymbol{x}_{uu}\cdot\boldsymbol{x}_v+\frac{1}{2}E_v,$$

$$F_v=(\boldsymbol{x}_u\cdot\boldsymbol{x}_v)_v=\boldsymbol{x}_{uv}\cdot\boldsymbol{x}_v+\boldsymbol{x}_u\cdot\boldsymbol{x}_{vv}=\frac{1}{2}G_u+\boldsymbol{x}_u\cdot\boldsymbol{x}_{vv}.$$

即有

$$\boldsymbol{x}_v \cdot \boldsymbol{x}_{uu} = F_u - \frac{1}{2}E_v,\ \boldsymbol{x}_u \cdot \boldsymbol{x}_{vv} = F_v - \frac{1}{2}G_u.$$

**例 7.1.2**　证明 $\boldsymbol{x}_{uu} \cdot \boldsymbol{x}_{vv} - \boldsymbol{x}_{uv} \cdot \boldsymbol{x}_{uv} = F_{uv} - \frac{1}{2}E_{vv} - \frac{1}{2}G_{uu}$.

由上题有

$$\left(\frac{1}{2}G_u\right)_u = (\boldsymbol{x}_v \cdot \boldsymbol{x}_{uv})_u = \boldsymbol{x}_{vu} \cdot \boldsymbol{x}_{uv} + \boldsymbol{x}_{uvu} \cdot \boldsymbol{x}_v = \frac{1}{2}G_{uu},$$

$$\left(F_u - \frac{1}{2}E_v\right)_v = (\boldsymbol{x}_v \cdot \boldsymbol{x}_{uu})_v = \boldsymbol{x}_{vv} \cdot \boldsymbol{x}_{uu} + \boldsymbol{x}_{uuv} \cdot \boldsymbol{x}_v = F_{uv} - \frac{1}{2}E_{vv},$$

将此两式相减，即可得

$$\boldsymbol{x}_{uu} \cdot \boldsymbol{x}_{vv} - \boldsymbol{x}_{uv}\boldsymbol{x}_{uv} = F_{uv} - \frac{1}{2}E_{vv} - \frac{1}{2}G_{uu}.$$

在下一节中，我们来计算 $\Gamma^h_{ij}$，$i, j, h = 1, 2$，它们一共 8 个，称为克氏符号. 这是以德国数学家，物理学家克里斯托费尔(Elwin Bruno Christoffel, 1829—1900)命名的. 他在微分几何，张量分析等学科方面有贡献，后者成为爱因斯坦的广义相对论的数学基础.

## §7.2　克氏符号 $\boldsymbol{\Gamma}^h_{ij}$

为了求出 $\Gamma^h_{ij}$ 与曲面的关联，我们对

$$g_{ij} = \boldsymbol{x}_i \cdot \boldsymbol{x}_j$$

关于 $u^k$ 作偏导数，应用(7.3)，而有

$$\begin{aligned} \partial_k g_{ij} &= (\partial_k \boldsymbol{x}_i) \cdot \boldsymbol{x}_j + \boldsymbol{x}_i \cdot (\partial_k \boldsymbol{x}_j) \\ &= (\Gamma^h_{ki}\boldsymbol{x}_h + H_{ki}\mathbf{N}) \cdot \boldsymbol{x}_j + (\Gamma^h_{kj}\boldsymbol{x}_h + H_{kj}\mathbf{N}) \cdot \boldsymbol{x}_i \\ &= \Gamma^h_{ki}\boldsymbol{x}_h \cdot \boldsymbol{x}_j + \Gamma^h_{kj}\boldsymbol{x}_h \cdot \boldsymbol{x}_i = \Gamma^h_{ki}g_{hj} + \Gamma^h_{kj}g_{hi}, \end{aligned} \tag{7.9}$$

为了得出一个克氏符号的表达式，我们在(7.9)中交换指标 $k$ 和 $i$，而有

$$\partial_i g_{kj} = \Gamma^h_{ik} g_{hj} + \Gamma^h_{ij} g_{hk} \tag{7.10}$$

再在此式中，交换指标 $i$ 和 $j$，而有

$$\partial_j g_{ki} = \Gamma^h_{jk} g_{hi} + \Gamma^h_{ji} g_{hk} \tag{7.11}$$

我们把(7.9)加上(7.10)减去(7.11)，并考虑到 $\Gamma^h_{ij} = \Gamma^h_{ji}$，$g_{ij} = g_{ji}$，就有

$$\partial_k g_{ij} + \partial_i g_{kj} - \partial_j g_{ki} = 2\Gamma^h_{ki} g_{hj} \tag{7.12}$$

如果我们能把(7.12)中的 $g_{hj}$ 等从右边移到左边，那就得出了 $\Gamma^h_{ki}$ 的一个表达式. 为此，我们用例 5.8.2 所阐明的一个运算方式：用 $\frac{1}{2}g^{mj}$ 乘(7.12)的两边，并对指标 $j$ 求和：

$$\frac{1}{2}g^{mj}(\partial_k g_{ij} + \partial_i g_{kj} - \partial_j g_{ki}) = g^{mj} g_{hj} \Gamma^h_{ki} = \delta^m_h \Gamma^h_{ki} = \Gamma^m_{ki} \tag{7.13}$$

这就得出了计算 $\Gamma^m_{ki}$ 的明晰表达式，例如，当 $m = k = i = 1$ 时，有

$$\begin{aligned}
\Gamma^1_{11} &= \frac{1}{2}g^{1j}(\partial_1 g_{1j} + \partial_1 g_{1j} - \partial_j g_{11}) \\
&= \frac{1}{2}g^{11}(\partial_1 g_{11} + \partial_1 g_{11} - \partial_1 g_{11}) + \frac{1}{2}g^{12}(\partial_1 g_{12} + \partial_1 g_{12} - \partial_2 g_{11}) \\
&= \frac{1}{2}g^{11}(\partial_1 g_{11}) + \frac{1}{2}g^{12}(2\partial_1 g_{12} - \partial_2 g_{11}) \\
&= \frac{1}{2}\frac{G}{EG - F^2}E_u - \frac{1}{2}\frac{F}{EG - F^2}(2F_u - E_v) \\
&= \frac{GE_u - 2FF_u + FE_v}{2(EG - F^2)}.
\end{aligned} \tag{7.14}$$

其中我们用到了 $g_{ij}$ 的表达式(5.24)与 $g^{ij}$ 的表达式(5.34).

类似地，我们能求得(作为练习)

$$\begin{aligned}
&\Gamma^1_{12} = \Gamma^1_{21} = \frac{GE_v - FG_u}{2(EG - F^2)},\ \Gamma^1_{22} = \frac{2GF_v - GG_u - FG_v}{2(EG - F^2)}, \\
&\Gamma^2_{11} = \frac{2EF_u - EE_v - FE_u}{2(EG - F^2)},\ \Gamma^2_{12} = \Gamma^2_{21} = \frac{EG_u - FE_v}{2(EG - F^2)},
\end{aligned} \tag{7.15}$$

$$\Gamma_{22}^{2}=\frac{EG_{v}-2FF_{v}+FG_{u}}{2(EG-F^{2})}$$

这 8 个量都是用曲面上的第一基本形式的系数及其导数来表达的.

**例 7.2.1**　利用例 7.1.1 的结果求克氏符号.

利用(7.3),有 $\frac{1}{2}E_{u}=\boldsymbol{x}_{u}\cdot\boldsymbol{x}_{uu}=\boldsymbol{x}_{u}\cdot(\Gamma_{11}^{h}\boldsymbol{x}_{h}+L\boldsymbol{N})=\boldsymbol{x}_{u}\cdot(\Gamma_{11}^{1}\boldsymbol{x}_{u}+\Gamma_{11}^{2}\boldsymbol{x}_{v})=\Gamma_{11}^{1}E+\Gamma_{11}^{2}F$,以及 $F_{u}-\frac{1}{2}E_{v}=\boldsymbol{x}_{v}\cdot\boldsymbol{x}_{uu}=\boldsymbol{x}_{v}\cdot\Gamma_{11}^{h}\boldsymbol{x}_{h}=\Gamma_{11}^{1}F+\Gamma_{11}^{2}G$

于是根据这两个等式就能解出 $\Gamma_{11}^{1}$ 和 $\Gamma_{11}^{2}$. 同样,从

$$\frac{1}{2}E_{v}=\boldsymbol{x}_{u}\cdot\boldsymbol{x}_{uv}=\boldsymbol{x}_{u}\cdot(\Gamma_{12}^{h}\boldsymbol{x}_{h}+M\boldsymbol{N})=\Gamma_{12}^{1}E+\Gamma_{12}^{2}F,$$

$$\frac{1}{2}G_{u}=\boldsymbol{x}_{v}\cdot\boldsymbol{x}_{uv}=\Gamma_{12}^{1}F+\Gamma_{12}^{2}G,$$

可解出 $\Gamma_{12}^{1}$, $\Gamma_{12}^{2}$. 最后从

$$F_{v}-\frac{1}{2}G_{u}=\boldsymbol{x}_{u}\cdot\boldsymbol{x}_{vv}=\boldsymbol{x}_{u}\cdot(\Gamma_{22}^{1}\boldsymbol{x}_{u}+\Gamma_{22}^{2}\boldsymbol{x}_{v})=\Gamma_{22}^{1}E+\Gamma_{22}^{2}F$$

$$\frac{1}{2}G_{v}=\boldsymbol{x}_{v}\cdot\boldsymbol{x}_{vv}=\boldsymbol{x}_{v}\cdot(\Gamma_{22}^{1}\boldsymbol{x}_{u}+\Gamma_{22}^{2}\boldsymbol{x}_{v})=\Gamma_{22}^{1}F+\Gamma_{22}^{2}G,$$

可解出 $\Gamma_{22}^{1}$, $\Gamma_{22}^{2}$. 请试试看,检验一下是否与(7.14),(7.15)一致.

## §7.3　曲面上的基本方程之二——魏因加滕方程

在§7.1 中,我们从对曲面上的活动标架系中的 $\boldsymbol{x}_1$, $\boldsymbol{x}_2$ 求偏导数得出了高斯方程,现在再来对其中的单位法向量 $\boldsymbol{N}$ 求其变化率,看看能得出些什么.

对 $\partial_j\boldsymbol{N}$ 用 $\boldsymbol{x}_1$, $\boldsymbol{x}_2$, $\boldsymbol{N}$ 展开,设有

$$\partial_{j}\boldsymbol{N}=K_{j}^{h}\boldsymbol{x}_{h}+L_{j}\boldsymbol{N},\ j=1,\ 2 \tag{7.16}$$

再去求 $K_j^h$ 与 $L_j$. 首先从 $\boldsymbol{N}\cdot\boldsymbol{N}=1$, 可知 $\partial_j\boldsymbol{N}$ 是垂直于 $\boldsymbol{N}$ 的,这样就有 $L_j=0$, $j=1$, 2. 于是

$$\partial_j \boldsymbol{N} = K_j^h \boldsymbol{x}_h, \ j = 1, 2, \tag{7.17}$$

为了求得 $K_j^h$,我们对 $\boldsymbol{x}_i \cdot \boldsymbol{N} = 0$, $i = 1, 2$, 两边对 $u^j$ 求偏导数,而有

$$(\partial_j \boldsymbol{x}_i) \cdot \boldsymbol{N} + \boldsymbol{x}_i \cdot (\partial_j \boldsymbol{N}) = 0$$

对此等式中的 $\partial_j \boldsymbol{x}_i$,用高斯方程(7.3)代入,而 $\partial_j \boldsymbol{N}$ 用(7.17)代入,则有

$$(\Gamma_{ji}^h \boldsymbol{x}_h + H_{ji} \boldsymbol{N}) \cdot \boldsymbol{N} + \boldsymbol{x}_i \cdot (K_j^h \boldsymbol{x}_h) = 0$$

这就得出

$$K_j^h \boldsymbol{x}_i \cdot \boldsymbol{x}_h = K_j^h g_{ih} = -H_{ji} \tag{7.18}$$

为了求得 $K_j^h$ 的表达式,要把 $g_{ih}$ 从一边移到另一边去. 于是像 §7.2 中所做的那样:用 $g^{il}$ 乘(7.18)的两边,并对 $i$ 求和,有

$$K_j^h g_{ih} g^{il} = K_j^h \delta_h^l = K_j^l = -H_{ji} g^{il}$$

所以最终有

$$K_j^l = -H_{ji} g^{il} \equiv -H_j^l \tag{7.19}$$

由于 $H_{ji}$, $g^{il}$ 都是已知的(参见(5.60),(5.34)),所以 $K_j^l$ 也求得了.

方程组

$$\partial_j \boldsymbol{N} = K_j^h \boldsymbol{x}_h = -H_j^h \boldsymbol{x}_h, \ j = 1, 2. \tag{7.20}$$

称为曲面上的魏因加滕方程.

**例 7.3.1** 计算 $-H_j^h$.

从 $-H_j^h = -H_{ji} g^{ih}$,有

$$\begin{aligned}
-H_1^1 &= -H_{1i} g^{i1} = -H_{11} g^{11} - H_{12} g^{21} = -L\left(\frac{G}{EG - F^2}\right) - M\left(\frac{-F}{EG - F^2}\right) \\
&= \frac{MF - LG}{EG - F^2}, \\
-H_1^2 &= -H_{1i} g^{i2} = -H_{11} g^{12} - H_{12} g^{22} = \frac{LF - ME}{EG - F^2}, \\
-H_2^1 &= -H_{2i} g^{i1} = -H_{21} g^{11} - H_{22} g^{21} = \frac{NF - MG}{EG - F^2},
\end{aligned} \tag{7.21}$$

$$-H_2^2=-H_{2i}g^{i2}=-H_{21}g^{12}-H_{22}g^{22}=\frac{MF-NE}{EG-F^2}.$$

**例 7.3.2**　$H_j^l=H_{ji}g^{il}$，$H_{ji}=H_j^h g_{ih}$.

由(7.19)得到第一个等式，而由(7.18)有 $H_{ji}=-K_j^h g_{ih}$，而其中的 $K_j^h$ 由(7.19)有 $K_j^h=-H_j^h$，因此就有 $H_{ji}=H_j^h g_{ih}$. 这里的两个运算分别称为用 $(g^{ij})$，$(g_{ij})$来升降指标.

**例 7.3.3**　计算回转面 $\boldsymbol{x}=t\cos\theta\boldsymbol{i}+t\sin\theta\boldsymbol{j}+g(t)\boldsymbol{k}$，$t>0$ 的 $\Gamma_{ij}^h$ 与 $-H_j^h$.

在例 5.1.2 取 $f(t)=t$，即是所需要计算的曲面，此时参数为 $t$，$\theta$. 记 $g'=\frac{\mathrm{d}g}{\mathrm{d}t}$，$g''=\frac{\mathrm{d}^2g}{\mathrm{d}t^2}$，不难算得(作为练习)

$$\boldsymbol{x}_t=\cos\theta\boldsymbol{i}+\sin\theta\boldsymbol{j}+g'\boldsymbol{k},\ \boldsymbol{x}_\theta=-t\sin\theta\boldsymbol{i}+t\cos\theta\boldsymbol{j}$$

$$\mathbf{N}=\frac{\boldsymbol{x}_t\times\boldsymbol{x}_\theta}{|\boldsymbol{x}_t\times\boldsymbol{x}_\theta|}=-[1+(g')^2]^{-\frac{1}{2}}(g'\cos\theta\boldsymbol{i}+g'\sin\theta\boldsymbol{j}-\boldsymbol{k})$$

$$\boldsymbol{x}_{tt}=g''\boldsymbol{k},\ \boldsymbol{x}_{t\theta}=-\sin\theta\boldsymbol{i}+\cos\theta\boldsymbol{j},\ \boldsymbol{x}_{\theta\theta}=-t\cos\theta\boldsymbol{i}-t\sin\theta\boldsymbol{j}$$

由此可算出

$$E=\boldsymbol{x}_t\cdot\boldsymbol{x}_t=1+(g')^2,\ F=\boldsymbol{x}_t\cdot\boldsymbol{x}_\theta=0,\ G=\boldsymbol{x}_\theta\cdot\boldsymbol{x}_\theta=t^2,$$

$$L=\boldsymbol{x}_{tt}\cdot\mathbf{N}=g''[1+(g')^2]^{-\frac{1}{2}},\ M=\boldsymbol{x}_{t\theta}\cdot\mathbf{N}=0,$$

$$\mathbf{N}=\boldsymbol{x}_{\theta\theta}\cdot\mathbf{N}=tg'[1+(g')^2]^{-\frac{1}{2}}.$$

最后用(7.14)，(7.15)，与(7.21)可分别算得

$$\Gamma_{11}^1=\frac{g'g''}{1+(g')^2},\ \Gamma_{12}^1=\Gamma_{11}^2=\Gamma_{22}^2=0,\ \Gamma_{12}^2=\frac{1}{t},\ \Gamma_{22}^1=\frac{-t}{1+(g')^2},$$

$$-H_1^1=-g''[1+(g')^2]^{-\frac{3}{2}},\ -H_1^2=-H_2^1=0,\ -H_2^2=-\frac{g'}{t}[1+(g')^2]^{-\frac{1}{2}}.$$

## §7.4　魏因加滕方程与第三基本形式Ⅲ

曲面上的第三基本形式

$$\begin{aligned} \mathrm{III} = \mathrm{d}\boldsymbol{N}\cdot\mathrm{d}\boldsymbol{N} &= (\partial_i \boldsymbol{N}\mathrm{d}u^i)\cdot(\partial_j \boldsymbol{N}\mathrm{d}u^j) \\ &= (\partial_i \boldsymbol{N})\cdot(\partial_j \boldsymbol{N})\mathrm{d}u^i\mathrm{d}u^j \\ &= N_{ij}\mathrm{d}u^i\mathrm{d}u^j \end{aligned} \tag{7.22}$$

其中Ⅲ的系数

$$N_{ij} = (\partial_i \boldsymbol{N})\cdot(\partial_j \boldsymbol{N}) \tag{7.23}$$

满足

$$N_{ij} = N_{ji} \tag{7.24}$$

再从魏因加滕方程(7.20),有

$$N_{ij} = (\partial_i \boldsymbol{N})\cdot(\partial_j \boldsymbol{N}) = (-H_i^h \boldsymbol{x}_h)\cdot(-H_j^l \boldsymbol{x}_l) = H_i^h H_j^l g_{hl} \tag{7.25}$$

其中 $H_i^h$, $H_j^l$, $g_{hl}$ 都可以用曲面上的Ⅰ,Ⅱ的系数来表出(参见(7.21),(5.32)),所以 $N_{ij}$ 也可以用$E$, $F$, $G$; $L$, $M$, $N$ 表出(参见例 7.8.1).

**例 7.4.1** $N_{ij} = H_{im}H_{jk}g^{mk}$.

由(7.19)有 $H_i^h = H_{im}g^{mh}$, $H_j^l = H_{jk}g^{kl}$,因此(7.25)给出

$$N_{ij} = H_i^h H_j^l g_{hl} = H_{im}g^{mh}H_{jk}g^{kl}g_{hl} = H_{im}H_{jk}g^{mh}\delta_h^k = H_{im}H_{jk}g^{mk}.$$

## §7.5 由曲面上的基本方程的可积条件给出的方程

高斯方程给出

$$\partial_j \boldsymbol{x}_i = \Gamma_{ji}^h \boldsymbol{x}_h + H_{ji}\boldsymbol{N} \tag{7.26}$$

如果对此式的两边再关于 $u^k$ 作偏导数,则有

$$\partial_k \partial_j \boldsymbol{x}_i = \partial_k(\Gamma_{ji}^h \boldsymbol{x}_h + H_{ji}\boldsymbol{N}) \tag{7.27}$$

倘若我们对

$$\partial_k \boldsymbol{x}_i = \Gamma_{ki}^h \boldsymbol{x}_h + H_{ki}\boldsymbol{N} \tag{7.28}$$

两边关于 $u^j$ 作偏导数,则有

$$\partial_j \partial_k \boldsymbol{x}_i = \partial_j (\Gamma^h_{ki} \boldsymbol{x}_h + H_{ki} \boldsymbol{N}) \tag{7.29}$$

比较(7.27),(7.29),因为偏导数运算是与次序无关的,所以它们的左边是相等的,因此它们的右边也一定相等.这就会导出一些方程来.它们是由高斯方程的可积条件推出的方程.

对于魏因加滕方程

$$\partial_j \boldsymbol{N} = -H^h_j \boldsymbol{x}_h \tag{7.30}$$

也有同样情况.

我们讨论高斯方程的可积条件,为此计算(7.27)的右边

$$\begin{aligned}\partial_k \partial_j \boldsymbol{x}_i &= \partial_k (\Gamma^h_{ji} \boldsymbol{x}_h + H_{ji} \boldsymbol{N}) \\ &= (\partial_k \Gamma^h_{ji}) \boldsymbol{x}_h + \Gamma^l_{ji}\, \partial_k \boldsymbol{x}_l + (\partial_k H_{ji}) \boldsymbol{N} + H_{ji}\, \partial_k \boldsymbol{N}\end{aligned}$$

对右边的$\partial_k \boldsymbol{x}_l$，$\partial_k \boldsymbol{N}$ 各用相应的高斯方程和魏因加滕方程代入,经整理就有

$$\partial_k \partial_j \boldsymbol{x}_i = [\partial_k \Gamma^h_{ji} + \Gamma^h_{kl} \Gamma^l_{ji} - H^h_k H_{ji}] \boldsymbol{x}_h + [\partial_k H_{ji} + \Gamma^l_{ji} H_{kl}] \boldsymbol{N} \tag{7.31}$$

接下来要计算(7.29)的右边,可以如同得出(7.31)那样去做,不过更简单的方法是在(7.31)中交换指标 $k$，$j$ 就能得出.将(7.31)减去得出的那个式子,再从 $\partial_k \partial_j \boldsymbol{x}_i - \partial_j \partial_k \boldsymbol{x}_i = 0$，就有

$$\begin{aligned}&[\partial_k \Gamma^h_{ji} - \partial_j \Gamma^h_{ki} + \Gamma^h_{kl} \Gamma^l_{ji} - \Gamma^h_{jl} \Gamma^l_{ki} - H^h_k H_{ji} + H^h_j H_{ki}] \boldsymbol{x}_h \\ &\quad + [\partial_k H_{ji} - \partial_j H_{ki} + \Gamma^l_{ji} H_{kl} - \Gamma^l_{ki} H_{jl}] \boldsymbol{N} = \boldsymbol{0}\end{aligned} \tag{7.32}$$

考虑到 $\boldsymbol{x}_1$，$\boldsymbol{x}_2$，$\boldsymbol{N}$ 是线性无关的,这就推导出下列两组方程

高斯(可积条件)方程:

$$\partial_k \Gamma^h_{ji} - \partial_j \Gamma^h_{ki} + \Gamma^h_{kl} \Gamma^l_{ji} - \Gamma^h_{jl} \Gamma^l_{ki} = H^h_k H_{ji} - H^h_j H_{ki} \tag{7.33}$$

科达齐方程:

$$\partial_k H_{ji} - \partial_j H_{ki} + \Gamma^l_{ji} H_{kl} - \Gamma^l_{ki} H_{jl} = 0 \tag{7.34}$$

若引入符号

$$-R^h_{ijk} = \partial_k \Gamma^h_{ji} - \partial_j \Gamma^h_{ki} + \Gamma^h_{kl} \Gamma^l_{ji} - \Gamma^h_{jl} \Gamma^l_{ki} \tag{7.35}$$

$$\nabla_k H_{ji} = \partial_k H_{ji} - \Gamma^l_{kj} H_{li} - \Gamma^l_{ki} H_{jl}①. \tag{7.36}$$

则可将(7.33),(7.34)较简洁地表示为

$$R^h_{ijk} = H^h_j H_{ki} - H^h_k H_{ji} \tag{7.37}$$

$$\nabla_k H_{ji} = \nabla_j H_{ki} \tag{7.38}$$

科达齐(Delfino Codazzi, 1824—1873)是意大利数学家. 他在曲面的理论方面做出了一些重要贡献.

## §7.6 黎曼曲率张量 $R^h_{ijk}$ 与 $R_{hijk}$

我们把由(7.35)定义的量 $R^h_{ijk}$ 称为曲面上的第一类黎曼曲率张量(参见[10]),而高斯方程(7.37)告诉我们

$$R^h_{ijk} = H^h_j H_{ki} - H^h_k H_{ji} \tag{7.39}$$

而由

$$R_{hijk} = g_{hl} R^l_{ijk} = g_{hl}(H^l_j H_{ki} - H^l_k H_{ji}) = H_{jh} H_{ki} - H_{kh} H_{ji} \tag{7.40}$$

(参见例 7.3.2)定义的量 $R_{hijk}$ 称为曲面上的第二类黎曼曲率张量.

第二类黎曼曲率张量的特点之一是它的 4 个指标都是下标. 这就容易看出它的对称性. 例如我们把它的前 2 个指标换一下,就有

$$R_{ihjk} = H_{ji} H_{kh} - H_{ki} H_{jh} = -(H_{jh} H_{ki} - H_{kh} H_{ji}) = -R_{hijk}, \tag{7.41}$$

这表明 $R_{ihjk}$ 关于它的前 2 个指标量反对称的. 同样有

$$R_{hikj} = -R_{hijk}. \tag{7.42}$$

也即 $R_{hijk}$ 关于它的后 2 个指标也是反对称的.

**例 7.6.1** 黎曼曲率张量 $R^h_{ijk}$, $R_{hijk}$ 都可以用曲面 $S$ 上的第一基本形式的系数及其导数表示.

---

① 从此定义可知 $\nabla_k H_{ji}$ 不同于偏导数 $\partial_k H_{ji}$,称为 $H_{ji}$ 的协变导数(参见参考文献[10],[19]). 应用协变导数这一数学工具能够较简洁地证明:由魏因加滕方程(7.30)的可积条件 $\partial_k \partial_j \boldsymbol{N} = \partial_j \partial_k \boldsymbol{N}$ 给出的方程与这里的科达齐方程是等价的(参见参考文献[19]).

因为克氏符号 $\Gamma^h_{ij}$ 都是以 $E$，$F$，$G$ 及其导数表示的(参见(7.15))，于是由(7.35)可知 $R^h_{ijk}$ 也由 $E$，$F$，$G$ 及其导数表出. 此外，$(g_{ij})$ 中的元是 $E$，$F$，$G$(参见(5.32))，因此(7.40)中的 $R_{hijk}=g_{hl}R^l_{ijk}$ 也可由曲面 $S$ 上的第一基本形式的系数及其导数表示.

**例 7.6.2**　求 $R_{1212}$.

由(7.40)可得 $R_{1212}=H_{11}H_{22}-H_{21}H_{12}=LN-M^2$.

黎曼(Georg Friedrich Bernhard Riemann，1826—1866)，德国著名数学家. 他在数学分析和微分几何等方面都有重大贡献. 1854 年他发表了题为《论作为几何学基础的假设》的演说，创立了黎曼几何. 1915 年，爱因斯坦运用黎曼几何和张量分析的工具建立了广义相对论.

## §7.7　高斯的“绝妙定理”

$R_{hijk}$ 关于它的前 2 个指标 $h$，$i$，以及后 2 个指标 $j$，$k$ 都是反对称的，因此，若 $h=i$，或 $j=k$，则 $R_{hijk}=0$. 于是由 $h$，$i$，$j$，$k=1$，2 给出的 16 个量 $R_{hijk}$ 中，只有下列 4 个量不一定为零

$$R_{1212},\ R_{2121},\ R_{1221},\ R_{2112} \tag{7.43}$$

而且

$$R_{1212}=R_{2121}=-R_{1221}=-R_{2112}=LN-M^2 \tag{7.44}$$

于是，它就与曲面上的高斯曲率(参见(6.19))联系起来了：

$$K=\frac{LN-M^2}{EG-F^2}=\frac{R_{1212}}{g} \tag{7.45}$$

高斯曲率 $K$ 起源于(6.17)的根，其中有曲面 $S$ 上第一基本形式，以及第二基本形式的系数. 然而(7.45)断言，它可表达为 $\dfrac{R_{1212}}{g}$，而 $R_{1212}$ 和 $g$ 都只与第一基本形式的系数及其导数有关(参见例 7.6.1). 1826 年高斯得到了这一结果，并把它称为“绝妙定理”(Theorema Egregium).

**定理 7.7.1**　曲面 $S$ 上的高斯曲率仅是第一基本形式的系数 $E$，$F$，$G$

及其导数的函数.

单单由曲面 $S$ 上的第一基本形式 $I=\mathrm{d}s^2=g_{ij}\mathrm{d}u^i\mathrm{d}u^j$ 决定的性质称为曲面 $S$ 的一个内蕴性质,所以高斯证明了高斯曲率是一个内蕴性质. 因此,研究曲面 $S$ 的内蕴性质就不必涉及将曲面 $S$ 嵌入 $\mathbf{R}^3$ 之中. 与之对比,曲面上的第二基本形式就要用到曲面 $S$ 之外的单位法向量 $\boldsymbol{N}$,因而中曲率 $H$ 就不是一个内蕴性质了.

**例 7.7.1**　符号 $e_{ij}$ 与黎曼张量 $R_{hijk}$.

定义符号

$$e_{ij}=\sqrt{g}\varepsilon_{ij}, \text{其中 } \varepsilon_{ij}=\begin{cases}\varepsilon_{11}=\varepsilon_{22}=0\\ \varepsilon_{12}=-\varepsilon_{21}=1\end{cases}$$

于是量

$$r_{hijk}=e_{hi}e_{jk}$$

对其前 2 个指标是反对称的,对其后 2 个指标也是反对称的,且 $r_{1212}=g$. 由此可得

$$R_{hijk}=Kr_{hijk}=Ke_{hi}e_{jk}$$

**例 7.7.2**　$g^{ki}e_{kj}e_{ih}=g_{jh}$.

例如,对于 $j=h=1$, 左边给出 $g^{ki}e_{k1}e_{i1}$,在此求和中,只有 $k=i=2$ 才有贡献,因此

$$g^{ki}e_{k1}e_{i1}=g^{22}e_{21}e_{21}=g^{22}\cdot g=g_{11}\text{(参见(5.33))}$$

对于指标的其他情况都可以同样地加以证明(作为练习).

**例 7.7.3**　讨论柱面.

在 $xy$ 平面中给定曲线 $C$: $x=x(u)$, $y=y(u)$, 而作出曲面

$$\boldsymbol{x}=x(u)\boldsymbol{i}+y(u)\boldsymbol{j}+v\boldsymbol{k}, -\infty<v<\infty$$

就得到柱面 $S$(图 7.7.1). 引入 $\dfrac{\mathrm{d}x}{\mathrm{d}u}=x'$, $\dfrac{\mathrm{d}y}{\mathrm{d}u}=y'$ 等,且设 $u$ 是 $C$ 的弧长参数,则有 $(x')^2+(y')^2=1$. 于是从

$$\mathrm{d}\boldsymbol{x}=\boldsymbol{x}_u\mathrm{d}u+\boldsymbol{x}_v\mathrm{d}v,\ \boldsymbol{x}_u=(x',\ y',\ 0),\ \boldsymbol{x}_v=(0,\ 0,\ 1)$$

有

$$\mathrm{I}=(\mathrm{d}u)^2+(\mathrm{d}v)^2$$

因此，$E=1,\ F=0,\ G=1$，再从

$$\boldsymbol{N}=\boldsymbol{x}_u\times\boldsymbol{x}_v=y'\boldsymbol{i}-x'\boldsymbol{j}$$

$$\mathrm{d}\boldsymbol{N}=y''\mathrm{d}u\boldsymbol{i}-x''\mathrm{d}u\boldsymbol{j}$$

$$\mathrm{II}=-\mathrm{d}\boldsymbol{x}\cdot\mathrm{d}\boldsymbol{N}=(x''y'-x'y'')(\mathrm{d}u)^2$$

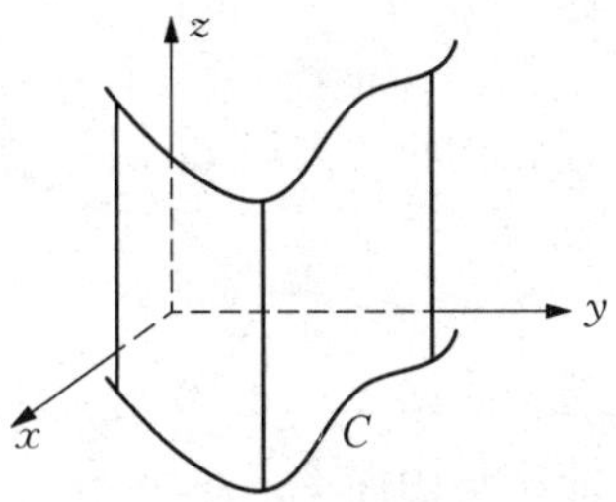

图 7.7.1

因此，$L=x''y'-x'y'',\ M=N=0$，由此解(6.17)可得

$$\kappa_1=0,\ \kappa_2=L=x''y'-x'y''$$

于是，最后有

$$K=0,\ H=\frac{1}{2}(x''y'-x'y'')=\frac{1}{2}L.$$

由此可以得出：柱面与平面有同样的第一基本形式 Ⅰ（参见 §5.7），因此有同样的内蕴性质，比如说高斯曲率为零（参见 §5.16，§6.4），而中曲率 $H$ 却不能由第一基本形式 Ⅰ 定下来，它不是曲面的内蕴性质.

## §7.8 Ⅰ，Ⅱ，Ⅲ之间的一个关系

我们把由例 7.7.1 得出的

$$R_{hijk}=Ke_{hi}e_{jk}$$

代入高斯（可积条件）方程(7.40)的左边，则有

$$Ke_{hi}e_{jk}=H_{jh}H_{ki}-H_{kh}H_{ji},\tag{7.46}$$

将此式两边乘以 $g^{ki}$ 并对 $k,\ i$ 求和，有

$$Kg^{ki}e_{hi}e_{jk}=H_{jh}H_{ki}g^{ki}-H_{kh}H_{ji}g^{ki}\tag{7.47}$$

从其中的 $g^{ki}e_{hi}e_{jk}=g_{jh}$（参见例 7.7.2），$H_{ki}g^{ki}=2H$（参见例 6.4.1），以及

$H_{kh}H_{ji}g^{ki}=N_{jh}$（参见例 7.4.1），就有

$$Kg_{jh}=2HH_{jh}-N_{jh} \tag{7.48}$$

在此式两边乘以 $du^j du^h$，并对 $j$，$h$ 求和，就能得到更为醒目的形式

$$K\,\mathrm{I}-2H\,\mathrm{II}+\mathrm{III}=0. \tag{7.49}$$

这是曲面 $S$ 上的第一，二，三基本形式的一个关系式，式中 $K$，$H$ 分别是高斯曲率与中曲率.

**例 7.8.1**　求曲面 $S$ 上第三基本形式Ⅲ的系数.

从 $\mathrm{I}=E\mathrm{d}u^2+2F\mathrm{d}u\mathrm{d}v+G\mathrm{d}v^2$，$\mathrm{II}=L\mathrm{d}u^2+2M\mathrm{d}u\mathrm{d}v+N\mathrm{d}v^2$

而令

$$\mathrm{III}=N_{ij}\mathrm{d}u^i\mathrm{d}u^j\equiv a\mathrm{d}u^2+2b\mathrm{d}u\mathrm{d}v+c\mathrm{d}v^2$$

则从(7.49)有

$$a=N_{11}=-KE+2HL,\ b=N_{12}=N_{21}=-KF+2HM,$$
$$c=N_{22}=-KG+2HN.$$

**例 7.8.2**　高斯曲率 $K$ 的一个表达式.

在(7.48)的两边乘以$\frac{\mathrm{d}u^j}{\mathrm{d}s}\frac{\mathrm{d}u^h}{\mathrm{d}s}$，则有

$$Kg_{jh}\frac{\mathrm{d}u^j}{\mathrm{d}s}\frac{\mathrm{d}u^h}{\mathrm{d}s}=2HH_{jh}\frac{\mathrm{d}u^j}{\mathrm{d}s}\frac{\mathrm{d}u^h}{\mathrm{d}s}-N_{jh}\frac{\mathrm{d}u^j}{\mathrm{d}s}\frac{\mathrm{d}u^h}{\mathrm{d}s},$$

其中

$$g_{jh}\frac{\mathrm{d}u^j}{\mathrm{d}s}\frac{\mathrm{d}u^h}{\mathrm{d}s}=\frac{g_{jh}\mathrm{d}u^j\mathrm{d}u^h}{\mathrm{d}s^2}=\frac{\mathrm{d}s^2}{\mathrm{d}s^2}=1,$$

因此，

$$K=2HH_{jh}\frac{\mathrm{d}u^j}{\mathrm{d}s}\frac{\mathrm{d}u^h}{\mathrm{d}s}-N_{jh}\frac{\mathrm{d}u^j}{\mathrm{d}s}\frac{\mathrm{d}u^h}{\mathrm{d}s},$$

当 $H_{jh}\frac{\mathrm{d}u^j}{\mathrm{d}s}\frac{\mathrm{d}u^h}{\mathrm{d}s}=0$ 时（参见(9.46)），就得到

$$K = -N_{jh} \frac{\mathrm{d}u^j}{\mathrm{d}s} \frac{\mathrm{d}u^h}{\mathrm{d}s}.$$

在本书的最后一部分中，我们将论述高斯-博内定理. 为此先开始讨论测地线.

# 第四部分
# 高斯-博内定理



在第八章中，我们从历史上著名的最速降线问题讲起，讨论了求泛函极值的欧拉-拉格朗日方程，证明了最速降线是摆线，最后导出了曲面上测地线应满足的微分方程.

在第九章中，我们讨论了曲率向量、测地曲率向量，以及法曲率向量之间的关系. 进而讨论了测地曲率的计算与渐近曲线，并证明了欧拉公式、罗德里格斯公式，以及恩尼珀定理等.

在最后的第十章中，我们用测地曲率的刘维尔公式讲清了测地坐标系的构成，并应用这一公式证明了曲面上曲线多边形的高斯-博内定理，以及将它推广到闭曲面的情况中去. 最后我们证明了闭曲面的欧拉示性数是一个与曲面剖分无关的拓扑不变量，从而给出了带手柄的球面的亏格.

# 第八章

# 测地线

## §8.1 曲面上的测地线

由§3.5可知,曲面 $S$ 上曲线 $C$: $\boldsymbol{x}=\boldsymbol{x}(u(t),\ v(t))$,在点 $P$: $u^i(t_0)$ 与点 $Q$: $u^i(t_1)$, $i=1,2$ 之间的弧长 $s(C)$,由

$$s(C)=\int_P^Q \mathrm{d}s \tag{8.1}$$

给出,而 $\mathrm{d}s^2=g_{ij}\mathrm{d}u^i\mathrm{d}u^j$,因此,

$$s(C)=\int_{t_0}^{t_1}\sqrt{g_{ij}\ \frac{\mathrm{d}u^i}{\mathrm{d}t}\ \frac{\mathrm{d}u^j}{\mathrm{d}t}}\ \mathrm{d}t=\int_{t_0}^{t_1}\sqrt{g_{ij}\dot{u}^i\dot{u}^j}\ \mathrm{d}t. \tag{8.2}$$

在这里与以前不同,“·”表示对参数 $t$ 求导数,而不是对弧长 $s$ 求导数.在后面两节中,我们还以 $t$ 表示时间,请注意区别.

在曲面 $S$ 上会有各种不同的曲线 $C$ 连结点 $P$ 和点 $Q$,从而使得(8.2)给出不同的 $s(C)$ 值.这也是说,$s(C)$ 应是曲线 $C$ 的“函数”.不过,这里我们在函数两字上加上了引号,用来表示它不是通常意义上的函数.例如说,我们在 $y=f(x)$ 时,指的是给定了一个数 $x$,就有一个数 $y$ 与之相对应,而这里却是在给定一条曲线 $C$ 时,才有一个数 $s(C)$ 与之相对应.在这一新情况中,我们称 $s$ 是 $C$ 的一个(广)泛函(数).

在曲面 $S$ 上,在连结点 $P$ 和点 $Q$ 的各种曲线中,若有一条曲线 $C$ 能使 $s(C)$ 取得**极值**,那么这条曲线就称为连结点 $P$ 和点 $Q$ 的一条**测地线**.由于泛函不同于函数,所以求解测地线的方法也就不同于普通函数求极值的方法,研究求泛函极值的学科称为**变分法**,它最早发端于对**最速降线**的研究.

## §8.2 最速降线与欧拉-拉格朗日方程

17—18 世纪瑞士的伯努利家族中出现了多位数学和自然科学大家，其中的约翰·伯努利(Johann Bernoulli, 1667—1748)在 1696 年提出并解决了“最速降线”问题：

图 8.2.1 中的点 $O$，点 $A$ 是在同一铅垂面上，但不在同一铅垂线上，而高度不相同的两点. 问连 $O$, $A$ 的曲线呈什么形状时，质点 $m$ 无摩擦地在重力作用下，自 $O$ 运动到 $A$ 所需的时间为最短.

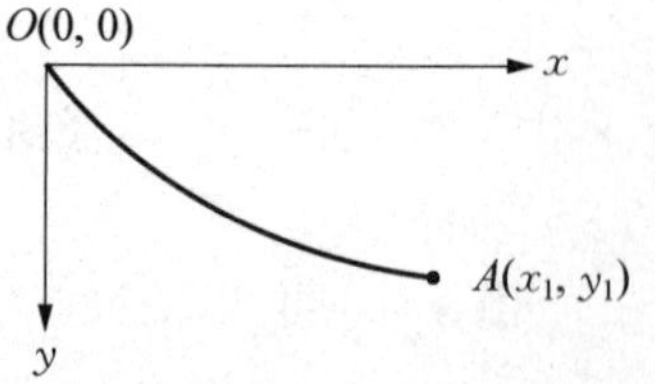

图 8.2.1

牛顿、莱布尼茨，以及雅克布·伯努利(Jocob Bernoulli, 1654—1705)等人都研究过这一问题，并得出了：最速降线就是一条摆线，也称旋轮线(参见参考文献[16]).

约翰·伯努利的学生瑞士数学家欧拉(Leonhard Euler, 1707—1783)与前面提到过的拉格朗日在研究变分法时得出了下列欧拉-拉格朗日方程(参见附录 4).

设对于变量 $t$ 的函数 $x=x(t)$，有函数 $F(t, x(t), \dot{x}(t))$，以及积分

$$\text{I}(x(t))=\int_{t_0}^{t_1} F(t, x, \dot{x})\mathrm{d}t \tag{8.3}$$

若对于 $x$ 的，有端点值 $x(t_0)=x_0$, $x(t_1)=x_1$ 的任意函数而言，$x(t)$能使(8.3)取极值，那么 $x(t)$满足下列必要条件：

$$\frac{\partial F}{\partial x}-\frac{\mathrm{d}}{\mathrm{d}t}\left(\frac{\partial F}{\partial \dot{x}}\right)=0 \tag{8.4}$$

这就是著名的欧拉-拉格朗日方程. 我们在附录 4 中给出这个方程的证明. 欧拉的一个著名且有趣的恒等式是 $e^{i\pi}+1=0$，它把数学中最重要的 5 个常数：自然对数的底 $e$，圆周率 $\pi$，虚数单位 i，自然数的单位 1，以及 0 联系在一起. 对此有兴趣的读者可以参见参考文献[12]中的叙述. 关于欧拉示性数的另一个著名等式，我们会在 §10.8 中阐明.

**例 8.2.1**　平面中的测地线.

在图 8.2.2 中,设连结 $OA$ 的测地线为 $y=f(x)$. 从 $\mathrm{d}s^2=\mathrm{d}x^2+\mathrm{d}y^2$(参见 §5.7),且 $y'^2=(y')^2$,有

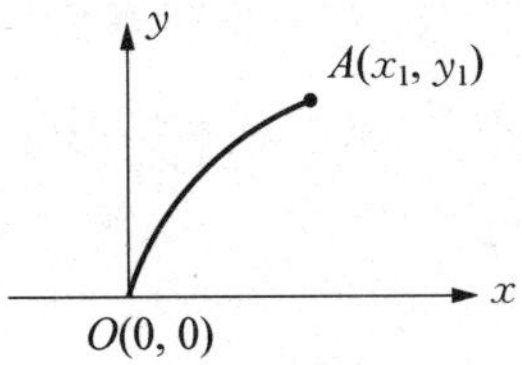

图 8.2.2

$$\mathrm{d}s^2=\mathrm{d}x^2+\left(\frac{\mathrm{d}y}{\mathrm{d}x}\right)^2\mathrm{d}x^2=(1+y'^2)\mathrm{d}x^2.$$

于是有

$$s=\int_0^{x_1}\sqrt{1+y'^2}\,\mathrm{d}x$$

与(8.3)相对照,现在的 $x$ 是变量 $t$, $y(x)$是 $x(t)$, $y'=\frac{\mathrm{d}y}{\mathrm{d}x}$ 是 $\dot{x}(t)$(注意:这里“′”表示的是对变量 $x$ 的求导),而 $F=F(x, y, y')=\sqrt{1+y'^2}$, 那么(8.4)即为

$$\frac{\partial F}{\partial y}-\frac{\mathrm{d}}{\mathrm{d}x}\left(\frac{\partial F}{\partial y'}\right)=0$$

注意到 $\frac{\partial F}{\partial y'}=\frac{y'}{\sqrt{1+y'^2}}$,其中不含变量 $x$,于是从$\frac{\mathrm{d}}{\mathrm{d}x}\left(\frac{\partial F}{\partial y'}\right)=0$,有$\frac{\partial F}{\partial y'}=c_1$,或 $\frac{y'}{\sqrt{1+y'^2}}=c_1$,或 $y'=c_2$,即 $y=c_2x+c_3$. 而由 $x=0$, $y=0$,得出 $c_3=0$,而由 $x=x_1$, $y=y_1$,得出 $c_2=\frac{y_1}{x_1}$. 因此,最后有

$$y=\frac{y_1}{x_1}x$$

即连结 $O$, $A$ 的测地线即是连结 $O$, $A$ 的直线段,其斜率为$\frac{y_1}{x_1}$.

最速降线问题的解答比此例略为复杂一些.

## §8.3　最速降线是摆线

按图 8.2.1,设所求的最速降线为 $y=y(x)$, 即这里的 $x$ 为参数. 又设 $v$

为质点 $m$ 在该线上每一点的瞬时速率，则有 $\frac{1}{2}mv^2 = mgy$，即 $v = \sqrt{2gy}$. 另外，设 $s$ 为此曲线的，自原点 $O$ 定义的弧长，$t$ 为时间，则从 $\mathrm{d}s^2 = \mathrm{d}x^2 + \mathrm{d}y^2 = \mathrm{d}x^2 + \left(\frac{\mathrm{d}y}{\mathrm{d}x}\mathrm{d}x\right)^2 = \mathrm{d}x^2(1 + y'^2)$ 有

$$v = \frac{\mathrm{d}s}{\mathrm{d}t} = \sqrt{1 + y'^2}\ \frac{\mathrm{d}x}{\mathrm{d}t}$$

这里的“$'$”是表示对参数 $x$ 的求导. 这样就有

$$\mathrm{d}t = \frac{\mathrm{d}s}{v} = \frac{\sqrt{1 + y'^2}}{\sqrt{2gy}}\mathrm{d}x$$

因此，质点 $m$ 从点 $O$ 运动到点 $A$ 所需要的总时间为

$$T = \int_0^{x_1} \frac{\sqrt{1 + y'^2}}{\sqrt{2gy}}\mathrm{d}x \tag{8.5}$$

式中的被积函数 $\sqrt{\frac{1 + y'^2}{2gy}} \equiv F(y,\ y')$ 具有(8.3)中被积函数的形式，因此，$y = y(x)$ 使(8.5)取极值时应满足欧拉-拉格朗日方程

$$\frac{\partial F}{\partial y} - \frac{\mathrm{d}}{\mathrm{d}x}\left(\frac{\partial F}{\partial y'}\right) = 0 \tag{8.6}$$

类似于例 8.2.1 的求积方法，引入参数 $\theta$，使得

$$y' = \cot\frac{\theta}{2} \tag{8.7}$$

则最后可得出(参见附录 5)

$$\begin{aligned} x &= r(\theta - \sin\theta) \\ y &= r(1 - \cos\theta) \end{aligned} \tag{8.8}$$

这正是一个半径为 $r$ 的圆在水平地面滚动时，圆周上一点形成的轨迹的参数方程——摆线的参数方程(参见参考文献[16]).

## §8.4 曲面上的测地线应满足的微分方程[①]

这是要对(8.2)中的被积函数 $F=\sqrt{g_{ij}\dot{u}^i\dot{u}^j}$,其中$\dot{u}^i=\frac{\mathrm{d}u^i}{\mathrm{d}t}$,作出欧拉-拉格朗日方程(参见附录 4)

$$\frac{\mathrm{d}}{\mathrm{d}t}\left(\frac{\partial F}{\partial \dot{u}^i}\right)-\frac{\partial F}{\partial u^i}=0,\ i=1,\ 2. \tag{8.9}$$

为此,先计算出

$$\frac{\partial F}{\partial \dot{u}^k}=\frac{1}{F}g_{ik}\dot{u}^i,\ \frac{\partial F}{\partial u^k}=\frac{1}{2F}(\partial_k g_{ij})\dot{u}^i\dot{u}^j$$

于是(8.9)就为

$$\frac{\mathrm{d}}{\mathrm{d}t}\left(\frac{1}{F}g_{ik}\dot{u}^i\right)-\frac{1}{2F}(\partial_k g_{ij})\dot{u}^i\dot{u}^j=0$$

再对其中第一项计算后有

$$\frac{1}{F}g_{ik}\ddot{u}^i+\frac{1}{F}(\partial_j g_{ik})\dot{u}^j\dot{u}^i-\frac{\frac{\mathrm{d}F}{\mathrm{d}t}}{F^2}g_{ik}\dot{u}^i-\frac{1}{2F}(\partial_k g_{ij})\dot{u}^i\dot{u}^j=0,$$

对其中的第 2 项中的$(\partial_j g_{ik})\dot{u}^j\dot{u}^i$ 用 $\frac{1}{2}(\partial_j g_{ik}+\partial_i g_{jk})\dot{u}^i\dot{u}^j$ 来表示(参见例 1.12.2),经化简后有

$$g_{ik}\ddot{u}^i+\frac{1}{2}(\partial_j g_{ik}+\partial_i g_{jk}-\partial_k g_{ij})\dot{u}^i\dot{u}^j-\frac{\frac{\mathrm{d}F}{\mathrm{d}t}}{F}g_{ik}\dot{u}^i=0 \tag{8.10}$$

以 $g^{hk}$ 乘上式的两边,并对指标 $k$ 求和,再利用(7.13)所示的克氏符号,则从(8.10)最后得到

---

① §8.4,§8.5 两节用于推导出曲面的测地线应满足的方程.从测地曲率向量在曲线上处处为零,也能得出(8.15)(参见§9.1).所以,这两节可以跳过.不过,这就得不出测地线的极值性了.

$$\frac{d^2u^h}{dt^2}+\Gamma_{ij}^h\frac{du^i}{dt}\frac{du^j}{dt}-\frac{\frac{dF}{dt}}{F}\frac{du^h}{dt}=0. \tag{8.11}$$

这就是测地线应满足的微分方程.

## §8.5 弧长作曲线参数时测地线满足的微分方程

在本节中,我们要把对曲线的一般参数 $t$ 满足的测地线方程(8.11)转为适用于弧长参数的测地线方程.

先从(8.2)有

$$s(t)=\int_{t_0}^{t}F\,dt,\ F=\sqrt{g_{ij}\dot{u}^i\dot{u}^j} \tag{8.12}$$

由此有

$$\frac{ds}{dt}=F,\quad \frac{1}{F}=\frac{dt}{ds},\quad F=\frac{1}{\frac{dt}{ds}},$$

于是

$$\frac{dF}{dt}=\frac{d\left(\frac{1}{\frac{dt}{ds}}\right)}{dt}=-\frac{1}{\left(\frac{dt}{ds}\right)^2}\frac{d}{dt}\left(\frac{dt}{ds}\right)=-\frac{1}{\left(\frac{dt}{ds}\right)^2}\frac{d^2t}{ds^2}\frac{ds}{dt},$$

这样就有

$$\frac{\frac{dF}{dt}}{F}=-\frac{1}{\left(\frac{dt}{ds}\right)^2}\frac{d^2t}{ds^2}\frac{ds}{dt}\frac{dt}{ds}=-\frac{1}{\left(\frac{dt}{ds}\right)^2}\frac{d^2t}{ds^2}, \tag{8.13}$$

把此式代入(8.11),有

$$\frac{\mathrm{d}^2u^h}{\mathrm{d}t^2}\left(\frac{\mathrm{d}t}{\mathrm{d}s}\right)^2+\Gamma_{ij}^h\frac{\mathrm{d}u^i}{\mathrm{d}t}\frac{\mathrm{d}u^j}{\mathrm{d}t}\left(\frac{\mathrm{d}t}{\mathrm{d}s}\right)^2+\frac{\mathrm{d}^2t}{\mathrm{d}s^2}\frac{\mathrm{d}u^h}{\mathrm{d}t}=0, \tag{8.14}$$

在此式中，令 $t=s$，即取弧长 $s$ 为参数，则从$\frac{\mathrm{d}s}{\mathrm{d}s}=1$，$\frac{\mathrm{d}^2s}{\mathrm{d}s^2}=0$，最后就得出

$$\frac{\mathrm{d}^2u^h}{\mathrm{d}s^2}+\Gamma_{ij}^h\frac{\mathrm{d}u^i}{\mathrm{d}s}\frac{\mathrm{d}u^j}{\mathrm{d}s}=0 \tag{8.15}$$

这就是曲面上以弧长 $s$ 为参数的**测地线方程**. 我们在下一节中，将看到与此相关联的内容.

# 第九章

## 曲率、法曲率与测地曲率

### §9.1 曲率向量、测地曲率向量与法曲率向量

对于曲面 $S$ 上的曲线 $C$：$\boldsymbol{x}=\boldsymbol{x}(u^1(s),\ u^2(s))$，从

$$\dot{\boldsymbol{x}}=\frac{\mathrm{d}\boldsymbol{x}}{\mathrm{d}s}=\frac{\mathrm{d}u^i}{\mathrm{d}s}\boldsymbol{x}_i,\ \ddot{\boldsymbol{x}}=\frac{\mathrm{d}^2\boldsymbol{x}}{\mathrm{d}s^2}=\frac{\mathrm{d}^2u^i}{\mathrm{d}s^2}\boldsymbol{x}_i+\frac{\mathrm{d}u^i}{\mathrm{d}s}\frac{\mathrm{d}\boldsymbol{x}_i}{\mathrm{d}s}=\frac{\mathrm{d}^2u^i}{\mathrm{d}s^2}\boldsymbol{x}_i+\frac{\mathrm{d}u^i}{\mathrm{d}s}\frac{\partial\boldsymbol{x}_i}{\partial u^j}\frac{\mathrm{d}u^j}{\mathrm{d}s},$$

由(4.8)，(4.11)，以及高斯方程(7.3)有

$$\boldsymbol{k}=\kappa\boldsymbol{n}=\ddot{\boldsymbol{x}}=\left(\frac{\mathrm{d}^2u^h}{\mathrm{d}s^2}+\Gamma^h_{ij}\frac{\mathrm{d}u^i}{\mathrm{d}s}\frac{\mathrm{d}u^j}{\mathrm{d}s}\right)\boldsymbol{x}_h+H_{ij}\frac{\mathrm{d}u^i}{\mathrm{d}s}\frac{\mathrm{d}u^j}{\mathrm{d}s}\boldsymbol{N}\tag{9.1}$$

其中 $\boldsymbol{k}$ 为曲线 $C$ 的曲率向量，而由 $H_{ij}\frac{\mathrm{d}u^i}{\mathrm{d}s}\frac{\mathrm{d}u^j}{\mathrm{d}s}=\frac{\mathrm{II}}{\mathrm{I}}=\kappa_n$ 可知 $H_{ij}\frac{\mathrm{d}u^i}{\mathrm{d}s}\frac{\mathrm{d}u^j}{\mathrm{d}s}\boldsymbol{N}$ 为 $C$ 的法曲率向量 $\boldsymbol{k}_n$（参见(6.1)）. 因此，若令

$$\boldsymbol{k}_g=\left(\frac{\mathrm{d}^2u^h}{\mathrm{d}s^2}+\Gamma^h_{ij}\frac{\mathrm{d}u^i}{\mathrm{d}s}\frac{\mathrm{d}u^j}{\mathrm{d}s}\right)\boldsymbol{x}_h\tag{9.2}$$

则有

$$\boldsymbol{k}=\boldsymbol{k}_g+\boldsymbol{k}_n\tag{9.3}$$

$\boldsymbol{k}_g$ 称为曲线 $C$ 在点 $P$ 的**测地曲率向量**（下标 $g$ 是英语 geodesic（测地线）一词的首字母）. 注意到 $\boldsymbol{k}_g$ 是在切平面之中，于是从 $\boldsymbol{k}\cdot\boldsymbol{N}=\kappa\boldsymbol{n}\cdot\boldsymbol{N}=\kappa\cos\measuredangle(\boldsymbol{n},\ \boldsymbol{N})$，$\boldsymbol{k}_g\cdot\boldsymbol{N}=0$，$\boldsymbol{k}_n\cdot\boldsymbol{N}=\kappa_n$，就有

$$\kappa\cos\measuredangle(\boldsymbol{n},\ \boldsymbol{N})=\kappa_n\tag{9.4}$$

以这样的方式得到的这一结果称为梅斯尼埃定理（参见(6.3)）. 梅斯尼

埃(Jean Bapliste Marie Charle Meusnier de la place, 1754—1793)是法国数学家和工程师,研究曲面理论,并于1785年发表了《曲面的曲率》一文.

**例 9.1.1**　由 $\boldsymbol{k}_n$ 与 $\boldsymbol{k}_g$ 正交有 $\boldsymbol{k}\cdot\boldsymbol{k}=(\boldsymbol{k}_g+\boldsymbol{k}_n)\cdot(\boldsymbol{k}_g+\boldsymbol{k}_n)=\boldsymbol{k}_g\cdot\boldsymbol{k}_g+\boldsymbol{k}_n\cdot\boldsymbol{k}_n$, 也即

$$\kappa^2=|\boldsymbol{k}_g|^2+\kappa_n^2 \tag{9.5}$$

**例 9.1.2**　测地线满足(8.15),因此由(9.2)可知:对测地线上的每一点都有 $\boldsymbol{k}_g=\boldsymbol{0}$, 即测地线上,处处的测地曲率向量都为零向量. 反过来,若曲线 $C$ 上处处的测地曲率向量都为零,那么(8.15)成立. 于是,我们可以用曲线上测地曲率向量处处为零来定义测地线.

**例 9.1.3**　对于曲面 $S$ 上点 $P$ 的一条法截线而言,此时在点 $P$ 有 $\boldsymbol{N}=\pm\boldsymbol{n}$ (参见(6.11)). 于是由(9.4)得出 $\kappa_n=\pm\kappa$; 再由(9.5)得出在点 $P$ 有 $|\boldsymbol{k}_g|=0$, 但此法截线不一定是一条测地线. 只有当法截线上处处都有 $|\boldsymbol{k}_g|=0$, 它才是一条测地线,比如像球面上的大圆那样,它既是法截线又是测地线.

## §9.2　测地曲率及其计算

为了定义测地曲率 $\kappa_g$,我们要把测地曲率向量 $\boldsymbol{k}_g$ 的表达形式(9.2)改变一下. 因为这个表示式涉及一个向量和式,加上 $\boldsymbol{x}_1$, $\boldsymbol{x}_2$ 不一定是单位向量,且不一定是相互正交的,因此是不方便的. 为此,我们把点 $P$ 的三重系 $\boldsymbol{x}_1$, $\boldsymbol{x}_2$, $\boldsymbol{N}$ 改造一下:因为曲线 $C$ 的切向量 $\boldsymbol{t}=\dot{\boldsymbol{x}}$, 它是在切平面中的,并在切平面构造垂直于 $\boldsymbol{t}$ 的单位向量 $\boldsymbol{U}$,使 $\boldsymbol{t}$, $\boldsymbol{U}$, $\boldsymbol{N}$ 成为点 $P$ 的一个标准正交右手系,即 $\boldsymbol{U}=\boldsymbol{N}\times\boldsymbol{t}$ (图 9.2.1). 我们用切平面中的 $\boldsymbol{t}$, $\boldsymbol{U}$ 来代替 $\boldsymbol{x}_1$, $\boldsymbol{x}_2$, 从而对 $\boldsymbol{k}_g$, $\boldsymbol{k}$ 有

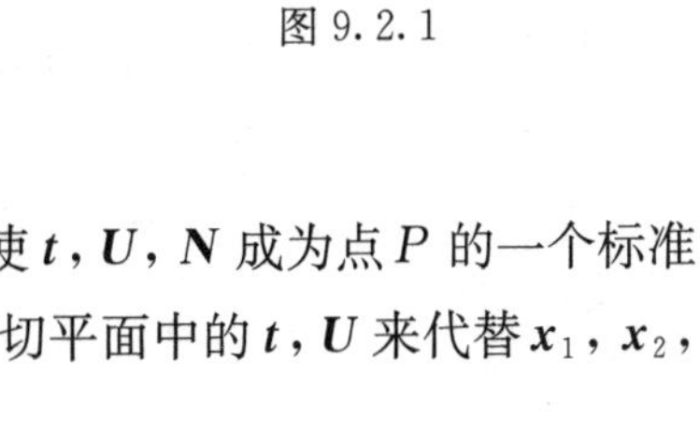

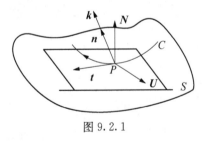

图 9.2.1

$$\boldsymbol{k}_g=a\boldsymbol{t}+b\boldsymbol{U}, \tag{9.6}$$

$$\boldsymbol{k}=\kappa\boldsymbol{n}=\boldsymbol{k}_g+\kappa_n\boldsymbol{N}=a\boldsymbol{t}+b\boldsymbol{U}+\kappa_n\boldsymbol{N} \tag{9.7}$$

接下来将(9.7)的两边与 $\boldsymbol{t}$ 作内积,而有 $0=a\boldsymbol{t}\cdot\boldsymbol{t}+0+0$. 由此得出 $a=0$. 将(9.6) 中的 $b$ 记为 $\kappa_g$, 则(9.6),(9.7)就分别给出

$$\boldsymbol{k}_g=\kappa_g\boldsymbol{U}, \tag{9.8}$$

$$\boldsymbol{k}=\kappa_g\boldsymbol{U}+\kappa_n\boldsymbol{N} \tag{9.9}$$

量 $\kappa_g$ 称为曲线 $C$ 在点 $P$ 的测地曲率. ①

若对(9.9)的两边与 $\boldsymbol{U}$ 作内积,就有

$$\kappa_g=\boldsymbol{k}\cdot\boldsymbol{U}=\boldsymbol{k}\cdot(\boldsymbol{N}\times\boldsymbol{t}) \tag{9.10}$$

忆及 $\boldsymbol{k}=\ddot{\boldsymbol{x}}$, $\boldsymbol{t}=\dot{\boldsymbol{x}}$, 由此就最后得出

$$\kappa_g=\ddot{\boldsymbol{x}}\cdot(\boldsymbol{N}\times\dot{\boldsymbol{x}})=[\dot{\boldsymbol{x}}\ddot{\boldsymbol{x}}\boldsymbol{N}]=[\boldsymbol{t}\ \boldsymbol{k}\ \boldsymbol{N}]. \tag{9.11}$$

这是用向量混合积的形式给出的 $\kappa_g$ 的计算公式.

**例 9.2.1** 利用(9.11),对于曲面上的曲线 $C$: $\boldsymbol{x}=\boldsymbol{x}(s)=\boldsymbol{x}(u(s), v(s))$, 有(参见附录 7)

$$\kappa_g=\left[\Gamma_{11}^2\left(\frac{\mathrm{d}u}{\mathrm{d}s}\right)^3+(2\Gamma_{12}^2-\Gamma_{11}^1)\left(\frac{\mathrm{d}u}{\mathrm{d}s}\right)^2\frac{\mathrm{d}v}{\mathrm{d}s}+(\Gamma_{22}^2-2\Gamma_{12}^1)\frac{\mathrm{d}u}{\mathrm{d}s}\left(\frac{\mathrm{d}v}{\mathrm{d}s}\right)^2-\right.$$
$$\left.\Gamma_{22}^1\left(\frac{\mathrm{d}v}{\mathrm{d}s}\right)^3+\frac{\mathrm{d}u}{\mathrm{d}s}\frac{\mathrm{d}^2v}{\mathrm{d}s^2}-\frac{\mathrm{d}^2u}{\mathrm{d}s^2}\frac{\mathrm{d}v}{\mathrm{d}s}\right]\sqrt{EG-F^2} \tag{9.12}$$

由此证出 $\kappa_g$ 完全可以由曲面上的第一基本形式决定,这是与 $\kappa_n$ 不同的(参见(6.10)). 这就是说,在曲线上定义的测地曲率是曲面的一个内蕴性质.

**例 9.2.2** 计算曲面上点 $P$ 的 $u$ 曲线的测地曲率 $\kappa_g$.

设点 $P$ 的位置向量为 $\boldsymbol{x}=\boldsymbol{x}(u(s), v(s))$, 而由于在 $u$ 曲线上有 $v(s)$ 为常数. 因此 $\frac{\mathrm{d}v}{\mathrm{d}s}=0$. 于是从 $\mathrm{d}v=0$, 以及 $\mathrm{d}s^2=E\mathrm{d}u^2+2F\mathrm{d}u\mathrm{d}v+G\mathrm{d}v^2$ 就能得

---

① 注意:由(9.8)可推出 $|\boldsymbol{k}_g|=|\kappa_g||\boldsymbol{U}|=|\kappa_g|$. 因此,测地曲率的绝对值才是测地曲率向量的大小. 根据这一点,(9.5) 可表示为 $\kappa^2=\kappa_g^2+\kappa_n^2$. 另外,由例 9.1.2 可知,曲线为测地线的充要条件是:在其上的测地曲率为零.

出 $ds^2 = E du^2$，即 $\frac{du}{ds} = \frac{1}{\sqrt{E}}$. 因此，(9.12)给出

$$\kappa_g \Big|_{v=c} = \Gamma_{11}^2 \left(\frac{du}{ds}\right)^3 \sqrt{EG - F^2} = \Gamma_{11}^2 \frac{\sqrt{EG - F^2}}{E\sqrt{E}}, \tag{9.13}$$

类似地，对于点 $P$ 的 $v$ 曲线有(作为练习)

$$\kappa_g \Big|_{u=c} = -\Gamma_{22}^1 \left(\frac{dv}{ds}\right)^3 \sqrt{EF - F^2} = -\Gamma_{22}^1 \frac{\sqrt{EG - F^2}}{G\sqrt{G}} \tag{9.14}$$

其中(参见(7.15))

$$\Gamma_{11}^2 = \frac{2EF_u - EE_v - FE_u}{2(EG - F^2)},\ \Gamma_{22}^1 = \frac{2GF_v - GG_u - FG_v}{2(EG - F^2)}. \tag{9.15}$$

**例 9.2.3**　如果 $u$ 曲线与 $v$ 曲线处处成正交，即 $\boldsymbol{x}_u$ 处处垂直于 $\boldsymbol{x}_v$，那么从 $\boldsymbol{x}_u \cdot \boldsymbol{x}_v = 0$，有 $F = g_{12} = g_{21} = 0$. 因此，从(9.15)有

$$\Gamma_{11}^2 = -\frac{E_v}{2G},\ \Gamma_{22}^1 = -\frac{G_u}{2E},$$

再从(9.13)，(9.14)有(作为练习)

$$\kappa_g \Big|_{v=c} = -\frac{E_v}{2E\sqrt{G}} = -\frac{1}{2\sqrt{G}} \frac{\partial \ln E}{\partial v},$$

$$\kappa_g \Big|_{u=c} = \frac{G_u}{2G\sqrt{E}} = \frac{1}{2\sqrt{E}} \frac{\partial \ln G}{\partial u}, \tag{9.16}$$

## §9.3　继续讨论测地线

若曲面 $S$ 上的曲线 $C$ 是一条测地线，则由(9.2)可知在其上测地曲率向量 $\boldsymbol{k}_g = \boldsymbol{0}$，也即测地曲率为零，反过来，若在曲线 $C$ 上每点测地曲率为零，则测地曲率向量为零，那么测地线方程(8.15)成立，那就意味着该曲线就是一条测地线. 所以，有的作者也以 $\kappa_g$ 每点为零来定义测地线的.

若 $C$ 是一条测地线，于是由(9.1)有

$$\frac{\mathrm{d}^2\boldsymbol{x}}{\mathrm{d}s^2}=H_{ij}\frac{\mathrm{d}u^i}{\mathrm{d}s}\frac{\mathrm{d}u^j}{\mathrm{d}s}\boldsymbol{N} \tag{9.17}$$

此时会有以下2种情况：

(i) 若 $\kappa_n=H_{ij}\frac{\mathrm{d}u^i}{\mathrm{d}s}\frac{\mathrm{d}u^j}{\mathrm{d}s}$ 在曲线 $C$ 上等于零，那么从 $\frac{\mathrm{d}^2\boldsymbol{x}}{\mathrm{d}s^2}=\boldsymbol{0}$，可推出 $\boldsymbol{x}=s\boldsymbol{a}+\boldsymbol{b}$，即曲线 $C$ 是一条直线，反过来，若 $C$ 是一条直线即 $\boldsymbol{x}=s\boldsymbol{a}+\boldsymbol{b}$，则此时 $\frac{\mathrm{d}^2\boldsymbol{x}}{\mathrm{d}s^2}=0$，由此可知 $\boldsymbol{k}=\boldsymbol{k}_g=\boldsymbol{k}_n=\boldsymbol{0}$，也即 $H_{ij}\frac{\mathrm{d}u^i}{\mathrm{d}s}\frac{\mathrm{d}u^j}{\mathrm{d}s}=0$，以及由 $\kappa_g=0$ 可知直线是测地线.

(ii) 若 $\kappa_n=H_{ij}\frac{\mathrm{d}u^i}{\mathrm{d}s}\frac{\mathrm{d}u^j}{\mathrm{d}s}\neq 0$，那么此时从 $\frac{\mathrm{d}^2\boldsymbol{x}}{\mathrm{d}s^2}=\kappa_n\boldsymbol{N}$ 可知该测地线上每一点的曲率向量 $\boldsymbol{k}$ 都垂直于在这点处的切平面. 反过来，若 $\boldsymbol{k}$ 每一点都垂直于该点的切平面，则 $\boldsymbol{k}_g=\boldsymbol{0}$，即该曲线是测地线. 这些情况总结为

**定理 9.3.1** 曲面上的曲线是测地线的充要条件是：它或是直线，或它的曲率向量在每一点都垂直于该点的切平面.

**例 9.3.1** 曲率向量 $\boldsymbol{k}$ 在点 $P$ 的密切面之中(参见图 6.1.1)，因此，上面提到的 $\boldsymbol{k}$ 垂直于切平面这一事实就等价于单位法向量 $\boldsymbol{N}$ 在密切面之中. 事实上，从(9.17)有 $\boldsymbol{k}=\kappa\boldsymbol{n}=\kappa_n\boldsymbol{N}$，而按 $\boldsymbol{N}=\pm\boldsymbol{n}$（参见(6.11))，得出 $\theta=\measuredangle(\boldsymbol{N},\boldsymbol{n})=0,\ \pi$. 然而这两种情况都只有一个结论：$\boldsymbol{N}$ 在点 $P$ 的密切面之中(参见图 6.3.1). 同样，也可以因 $\kappa_g=0$，由(9.5)给出 $\kappa^2=\kappa_n^2$，于是 $\kappa_n=\pm\kappa=\kappa\cos\theta$，而有 $\theta=0,\ \pi$. 这样就同样得出单位法向量 $\boldsymbol{N}$ 在密切面之中的结论.

**例 9.3.2** 设过点 $P$ 有2条曲线 $C_1$，$C_2$，其中 $C_1$ 是测地线，且 $C_1$，$C_2$ 有同一切线，即 $\mathrm{d}u:\mathrm{d}v$ 一致，那么 $C_1$，$C_2$ 就有同样的法曲率向量，即法曲率一样(参见(6.1)，(6.10)). 所以，曲面上的曲线在一点的法曲率等于在这一点处与该曲线相切的测地线的法曲率.

## §9.4 欧拉公式

(6.12)，(6.13)已明示对于曲面 $S$ 上过点 $P$ 的法截线 $C$ 而言，若它的曲

率为 $\kappa$，则

$$x=\frac{\text{II}}{\text{I}}=\frac{L\mathrm{d}u^2+2M\mathrm{d}u\mathrm{d}v+N\mathrm{d}v^2}{E\mathrm{d}u^2+2F\mathrm{d}u\mathrm{d}v+G\mathrm{d}v^2}, \tag{9.18}$$

$$x=\pm\kappa. \tag{9.19}$$

而由(6.15)

$$\begin{aligned}(L-xE)\mathrm{d}u+(M-xF)\mathrm{d}v=0\\(M-xF)\mathrm{d}u+(N-xG)\mathrm{d}v=0\end{aligned} \tag{9.20}$$

得出的两个根 $\kappa_1\equiv\dfrac{1}{R_1}$，$\kappa_2\equiv\dfrac{1}{R_2}$是由过点 $P$ 的所有法截线给出的全部 $x$ 值中的极值，即主曲率，而相应的方向为点 $P$ 的主方向(参见§6.4，§6.6)．

忆及 $E=g_{11}$，$F=g_{12}=g_{21}$，$G=g_{22}$；$L=H_{11}$，$M=H_{12}=H_{21}$，$N=H_{22}$，且应用 $u^1=u$，$u^2=v$，以及引入

$$x=\frac{1}{R} \tag{9.21}$$

则可将(9.18)，(9.20)分别表示为

$$\frac{1}{R}=\frac{H_{ij}\mathrm{d}u^i\mathrm{d}u^j}{g_{ij}\mathrm{d}u^i\mathrm{d}u^j} \tag{9.22}$$

$$\left(H_{ij}-\frac{1}{R_l}g_{ij}\right)\mathrm{d}_l u^i=0,\ l,\ j=1,\ 2. \tag{9.23}$$

其中 $\kappa_l=\dfrac{1}{R_l}$ 是主方向 $\mathrm{d}_l u:\mathrm{d}_l v$ 确定的主曲率，$l=1,\ 2$．

这里的 $R_1$，$R_2$ 是对应于曲率 $\kappa_1$，$\kappa_2$ 的带符号的曲率半径，而 $R$ 是点 $P$ 的沿一般方向 $\mathrm{d}u:\mathrm{d}v$ 的带符号的曲率半径．于是现在要解决就是如何通过 $R_1$，$R_2$ 去求 $R$．

我们采用§6.7中所论述的 $u$，$v$ 主曲率线，即此时的 $u$ 曲线与 $v$ 曲线分别是点 $P$ 的两个主曲率线．给定点 $P$ 的法截线 $C$：$\boldsymbol{x}=\boldsymbol{x}(u(s),\ v(s))$ 的切线方向：$C$ 在点 $P$ 的切线 $L$ 的方向 $\mathrm{d}\boldsymbol{x}$ 与 $\boldsymbol{x}_u$ 的交角为 $\theta$(参见图9.4.1)．此时从 $F=M=0$(参见定理6.7.1)，由(9.22)，或(9.18)有

$$\frac{1}{R}=\frac{L\mathrm{d}u^2+N\mathrm{d}v^2}{E\mathrm{d}u^2+G\mathrm{d}v^2} \tag{9.24}$$

其中 $\mathrm{d}u^2=(\mathrm{d}u)^2$，$\mathrm{d}v^2=(\mathrm{d}v)^2$.

再由例 6.7.1：$\kappa_1=\frac{L}{E}$，$\kappa_2=\frac{N}{G}$，可将(9.24)与 $\kappa_1$，$\kappa_2$ 联系起来

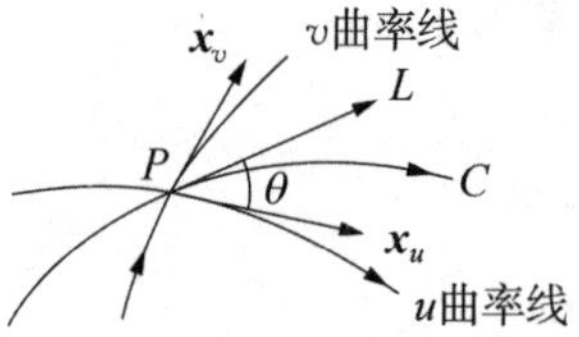

图 9.4.1

$$\frac{1}{R}=\kappa_1\frac{E\mathrm{d}u^2}{E\mathrm{d}u^2+G\mathrm{d}v^2}+\kappa_2\frac{G\mathrm{d}v^2}{E\mathrm{d}u^2+G\mathrm{d}v^2}, \tag{9.25}$$

接下去要计算 $\cos\theta=\cos\measuredangle(\mathrm{d}\boldsymbol{x},\boldsymbol{x}_u)$. 注意到 $\mathrm{d}\boldsymbol{x}=\boldsymbol{x}_u\mathrm{d}u+\boldsymbol{x}_v\mathrm{d}v$，有

$$|\mathrm{d}\boldsymbol{x}|=\sqrt{\boldsymbol{x}_u\cdot\boldsymbol{x}_u\mathrm{d}u^2+\boldsymbol{x}_v\cdot\boldsymbol{x}_v\mathrm{d}v^2}$$
$$=\sqrt{E\mathrm{d}u^2+G\mathrm{d}v^2},\ |\boldsymbol{x}_u|=\sqrt{\boldsymbol{x}_u\cdot\boldsymbol{x}_u}=\sqrt{E},$$

于是利用(5.43)就得出

$$\cos\theta=\cos\measuredangle(\mathrm{d}\boldsymbol{x},\boldsymbol{x}_u)=\frac{(\boldsymbol{x}_u\mathrm{d}u+\boldsymbol{x}_v\mathrm{d}v)\cdot\boldsymbol{x}_u}{|\mathrm{d}\boldsymbol{x}||\boldsymbol{x}_u|}=\frac{E\mathrm{d}u}{\sqrt{E\mathrm{d}u^2+G\mathrm{d}v^2}\sqrt{E}}, \tag{9.26}$$

类似地，可算出(作为练习，参见例 5.9.3)

$$\sin\theta=\cos\measuredangle(\mathrm{d}\boldsymbol{x},\boldsymbol{x}_v)=\frac{G\mathrm{d}v}{\sqrt{E\mathrm{d}u^2+G\mathrm{d}v^2}\sqrt{G}} \tag{9.27}$$

将(9.26)，(9.27)自各平方后，代入(9.25)中的相应项之中，就得出

$$\frac{1}{R}=\kappa_1\cos^2\theta+\kappa_2\sin^2\theta=\frac{1}{R_1}\cos^2\theta+\frac{1}{R_2}\sin^2\theta \tag{9.28}$$

这就是关于带符号的曲率半径的欧拉公式. 这个公式在点 $P$ 是脐点时，即 $\kappa_1=\kappa_2$ 时也显然是成立的.

倘若 $\frac{1}{R_1}\neq\frac{1}{R_2}$，且不失一般性假定 $\frac{1}{R_1}>\frac{1}{R_2}$，那么利用欧拉公式可以证明：在由过点 $P$ 的各法截线给出的所有 $\frac{1}{R}$ 之中，$\frac{1}{R_1}$ 和 $\frac{1}{R_2}$ 分别就是最大值和

最小值.

**例 9.4.1**　从 $\frac{1}{R}=\frac{1}{R_1}(1-\sin^2\theta)+\frac{1}{R_2}\sin^2\theta=\frac{1}{R_1}-\sin^2\theta\left(\frac{1}{R_1}-\frac{1}{R_2}\right)$，可推出$\frac{1}{R_1}\geqslant\frac{1}{R}$. 类似地，从$\frac{1}{R}=\frac{1}{R_2}+\cos^2\theta\left(\frac{1}{R_1}-\frac{1}{R_2}\right)$，可推出$\frac{1}{R}\geqslant\frac{1}{R_2}$. 综合这两个结果，就有 $\frac{1}{R_1}\geqslant\frac{1}{R}\geqslant\frac{1}{R_2}$.

## §9.5　罗德里格斯公式

(9.23)中的 $\mathrm{d}_1u^1$, $\mathrm{d}_1u^2$ 指的是主曲率 $\kappa_1$ 的主方向，而 $\mathrm{d}_2u^1$, $\mathrm{d}_2u^2$ 是主曲率 $\kappa_2$ 的主方向. 如果把(9.23)较明晰地写出来，便是

$$\begin{aligned}
&l=1,\ j=1, && l=1,\ j=2\\
&\left(H_{i1}-\frac{1}{R_1}g_{i1}\right)\mathrm{d}_1u^i=0, && \left(H_{i2}-\frac{1}{R_1}g_{i2}\right)\mathrm{d}_1u^i=0\\
&l=2,\ j=1, && l=2,\ j=2\\
&\left(H_{i1}-\frac{1}{R_2}g_{i1}\right)\mathrm{d}_2u^i=0, && \left(H_{i2}-\frac{1}{R_2}g_{i2}\right)\mathrm{d}_2u^i=0
\end{aligned}\tag{9.29}$$

如果希望再详尽一些，那就要对(9.29)各式中的求和指标 $i$ 再展开了. 由此可见使用指标以及求和规约的方便，下面我们就从(9.23)

$$\left(H_{ij}-\frac{1}{R_l}g_{ij}\right)\mathrm{d}_lu^i=0,\ l,\ j=1,\ 2\tag{9.30}$$

开始讨论. 在(9.30)中，令 $l=1$, 再乘以 $\mathrm{d}_2u^j$，而对 $j$ 求和，就有

$$\left(H_{ij}-\frac{1}{R_1}g_{ij}\right)\mathrm{d}_1u^i\mathrm{d}_2u^j=0.\tag{9.31}$$

同样，在(9.30)中，令 $l=2$, 再乘以 $\mathrm{d}_1u^j$，而对 $j$ 求和，就有

$$\left(H_{ij}-\frac{1}{R_2}g_{ij}\right)\mathrm{d}_2u^i\mathrm{d}_1u^j=0\tag{9.32}$$

将(9.32)减去(9.31)，给出

$$\left(\frac{1}{R_1}-\frac{1}{R_2}\right)g_{ij}\mathrm{d}_1u^i\mathrm{d}_2u^j=0 \tag{9.33}$$

即

$$g_{ij}\mathrm{d}_1u^i\mathrm{d}_2u^j=0 \tag{9.34}$$

这又一次证明了：对应于不同主曲率 $\kappa_1$，$\kappa_2$ 的两个主方向是正交的(参见(6.22)，(6.25))。

把(9.34)的结果代入(9.31)，或(9.32)，就得出

$$H_{ij}\mathrm{d}_1u^i\mathrm{d}_2u^j=0 \tag{9.35}$$

这是主方向 $\mathrm{d}_1u^1:\mathrm{d}_1u^2$ 与主方向 $\mathrm{d}_2u^1$，$\mathrm{d}_2u^2$ 之间的一个关系. 下面再把(9.30)改写为

$$\left(H_{ij}-\frac{1}{R_l}g_{ij}\right)\frac{\mathrm{d}_lu^i}{\mathrm{d}s}=0,\ l,\ j=1,\ 2 \tag{9.36}$$

接下去用我们已熟悉的运算方法把 $H_{ij}$ 中的 $j$ 指标提升上去：用 $g^{jh}$ 乘该等式两边，并对 $j$ 求和，而有(作为练习)

$$H_i^h\frac{\mathrm{d}_lu^i}{\mathrm{d}s}=\frac{1}{R_l}\frac{\mathrm{d}_lu^h}{\mathrm{d}s},\ l,\ h=1,\ 2 \tag{9.37}$$

其中若 $l=1$，$h=1$，2 则给出对 $\kappa_1$ 的主方向的一组方程；若 $l=2$，$h=1$，2 则给出对 $\kappa_2$ 的主方向的另一组方程，(9.37)中的 $H_i^h$ 使我们想起了魏因加滕方程(7.20)

$$\partial_i\boldsymbol{N}=-H_i^h\boldsymbol{x}_h \tag{9.38}$$

为了利用(9.37)，我们就在(9.38)的两边都乘以$\dfrac{\mathrm{d}_lu^i}{\mathrm{d}s}$，并对 $i$ 求和，则有

$$(\partial_i\boldsymbol{N})\frac{\mathrm{d}_lu^i}{\mathrm{d}s}=-H_i^h\frac{\mathrm{d}_lu^i}{\mathrm{d}s}\boldsymbol{x}_h=-\frac{1}{R_l}\frac{\mathrm{d}_lu^h}{\mathrm{d}s}\boldsymbol{x}_h \tag{9.39}$$

式中的$(\partial_i\boldsymbol{N})\mathrm{d}_lu^i$ 与$(\mathrm{d}_lu^h)\boldsymbol{x}_h$ 分别是沿 $\kappa_l$，$l=1$，2 的主曲率方向的 $\mathrm{d}\boldsymbol{N}$ 与 $\mathrm{d}\boldsymbol{x}$. 这样，我们就证明了下列的**罗德里格斯公式**：对于相应于 $\kappa_l$ 的曲率线，有

$$\frac{d\boldsymbol{N}}{ds}+\frac{1}{R_l}\frac{d\boldsymbol{x}}{ds}=0,\ l=1,\ 2,\tag{9.40}$$

或

$$d\boldsymbol{N}+\frac{1}{R_l}d\boldsymbol{x}=0,\ l=1,\ 2.\tag{9.41}$$

罗德里格斯(Benjamin Olinde Rodrigues，1795—1851)法国银行家和数学家,他在微分几何,向量的转动等方面有贡献.

**例 9.5.1** 曲面上点 $P$ 的一个方向为主方向的充要条件是 $d\boldsymbol{N}$ 平行于 $d\boldsymbol{x}$.

从罗德里格斯定理知道这个条件是必要的. 反过来,设 $d\boldsymbol{N}$ 与 $d\boldsymbol{x}$ 平行,则从 $d\boldsymbol{x}\neq\boldsymbol{0}$(参见例 5.5.1, § 5.8),可见存在 $\lambda\in\mathbf{R}$, 使得

$$\lambda\, d\boldsymbol{x}=d\boldsymbol{N}$$

接下来从 $d\boldsymbol{x}=\boldsymbol{x}_u du+\boldsymbol{x}_v dv$, $d\boldsymbol{N}=\boldsymbol{N}_u du+\boldsymbol{N}_v dv$, 有

$$\lambda(\boldsymbol{x}_u du+\boldsymbol{x}_v dv)=\boldsymbol{N}_u du+\boldsymbol{N}_v dv$$

将此式分别与 $\boldsymbol{x}_u$, $\boldsymbol{x}_v$ 内积,就给出

$$\lambda(E du+F dv)=-L du-M dv,$$
$$\lambda(F du+G dv)=-M du-N dv.$$

将此两式两边相除,消去常数 $\lambda$,并对角相乘,就有

$$(EM-FL)du^2-(GL-EN)du\,dv+(FN-GM)dv^2=0$$

此即(6.29).

**例 9.5.2** 设有由 $f(x, y, z)=c$ ($c$ 是常数)给出的曲面,求在其上主方向应满足的方程. 首先由 $df=0$,有

$$f_x dx+f_y dy+f_z dz=0$$

这是必须满足的一个方程. 其次,设曲面上点的位置向量为 $\boldsymbol{x}=x\boldsymbol{i}+y\boldsymbol{j}+z\boldsymbol{k}$, 若此时有切向量 $d\boldsymbol{x}=dx\boldsymbol{i}+dy\boldsymbol{j}+dz\boldsymbol{k}$,那么令 $\boldsymbol{G}=f_x\boldsymbol{i}+f_y\boldsymbol{j}+f_z\boldsymbol{k}$,则从 $d\boldsymbol{x}\cdot\boldsymbol{G}=0$, 可知 $\boldsymbol{G}$ 沿法向量方向. 再令 $\boldsymbol{N}=\frac{\boldsymbol{G}}{|\boldsymbol{G}|}=\frac{\boldsymbol{G}}{\sqrt{\boldsymbol{G}\cdot\boldsymbol{G}}}$, 而有

$$\mathrm{d}\boldsymbol{N}=\frac{\mathrm{d}\boldsymbol{G}}{|\boldsymbol{G}|}+\boldsymbol{G}\mathrm{d}(\boldsymbol{G}\cdot\boldsymbol{G})^{-\frac{1}{2}}=\frac{\mathrm{d}\boldsymbol{G}}{|\boldsymbol{G}|}-\frac{\boldsymbol{G}(\boldsymbol{G}\cdot\mathrm{d}\boldsymbol{G})}{|\boldsymbol{G}|^3},$$

其中 $\mathrm{d}\boldsymbol{G}=\mathrm{d}f_x\boldsymbol{i}+\mathrm{d}f_y\boldsymbol{j}+\mathrm{d}f_z\boldsymbol{k}$. 若 $\mathrm{d}\boldsymbol{x}$ 是一个主方向,那么由上例可知 $\mathrm{d}\boldsymbol{x}$ 与 $\mathrm{d}\boldsymbol{N}$ 共线. 于是 $\mathrm{d}\boldsymbol{x}$, $\boldsymbol{N}$, $\mathrm{d}\boldsymbol{N}$ 线性相关,这样就有(参见(1.28))

$$\begin{aligned}[\mathrm{d}\boldsymbol{x},\ \boldsymbol{N},\ \mathrm{d}\boldsymbol{N}]&=\left[\mathrm{d}\boldsymbol{x},\ \frac{\boldsymbol{G}}{|\boldsymbol{G}|},\ \frac{\mathrm{d}\boldsymbol{G}}{|\boldsymbol{G}|}-\frac{\boldsymbol{G}(\boldsymbol{G}\cdot\mathrm{d}\boldsymbol{G})}{|\boldsymbol{G}|^3}\right]\\&=\left[\mathrm{d}\boldsymbol{x},\ \frac{\boldsymbol{G}}{|\boldsymbol{G}|},\ \frac{\mathrm{d}\boldsymbol{G}}{|\boldsymbol{G}|}\right]-\left[\mathrm{d}\boldsymbol{x},\ \frac{\boldsymbol{G}}{|\boldsymbol{G}|},\ \frac{\boldsymbol{G}(\boldsymbol{G}\cdot\mathrm{d}\boldsymbol{G})}{|\boldsymbol{G}|^3}\right]\\&=\left[\mathrm{d}\boldsymbol{x},\ \frac{\boldsymbol{G}}{|\boldsymbol{G}|},\ \frac{\mathrm{d}\boldsymbol{G}}{|\boldsymbol{G}|}\right]=\frac{1}{|\boldsymbol{G}|^2}[\mathrm{d}\boldsymbol{x},\ \boldsymbol{G},\ \mathrm{d}\boldsymbol{G}]=0\end{aligned}$$

所以,必须有

$$[\mathrm{d}\boldsymbol{x},\ \boldsymbol{G},\ \mathrm{d}\boldsymbol{G}]=\begin{vmatrix}\mathrm{d}x & \mathrm{d}y & \mathrm{d}z\\ f_x & f_y & f_z\\ \mathrm{d}f_x & \mathrm{d}f_y & \mathrm{d}f_z\end{vmatrix}=0.$$

## §9.6　渐近曲线

在(9.1)中,我们给出了

$$\boldsymbol{k}=\kappa\boldsymbol{n}=\ddot{\boldsymbol{x}}=\left(\frac{\mathrm{d}^2u^h}{\mathrm{d}s^2}+\Gamma_{ij}^h\frac{\mathrm{d}u^i}{\mathrm{d}s}\frac{\mathrm{d}u^j}{\mathrm{d}s}\right)\boldsymbol{x}_h+H_{ij}\frac{\mathrm{d}u^i}{\mathrm{d}s}\frac{\mathrm{d}u^j}{\mathrm{d}s}\boldsymbol{N}\tag{9.42}$$

由此定义了(参见(9.3))

$$\boldsymbol{k}=\boldsymbol{k}_g+\boldsymbol{k}_n\tag{9.43}$$

而把满足

$$\frac{\mathrm{d}^2u^h}{\mathrm{d}s^2}+\Gamma_{ij}^h\frac{\mathrm{d}u^i}{\mathrm{d}s}\frac{\mathrm{d}u^j}{\mathrm{d}s}=0,\ h=1,\ 2\tag{9.44}$$

的曲线称为测地线(参见(8.15)),此时

$$\boldsymbol{k}_g=\boldsymbol{0},\ \boldsymbol{k}=\kappa\boldsymbol{n}=\boldsymbol{k}_n=\kappa_n\boldsymbol{N}\tag{9.45}$$

现在，我们把满足

$$H_{ij}\frac{\mathrm{d}u^i}{\mathrm{d}s}\frac{\mathrm{d}u^j}{\mathrm{d}s}=0 \tag{9.46}$$

的曲线称为渐近曲线. 此时

$$\boldsymbol{k}_n=\boldsymbol{0},\ \boldsymbol{k}=\boldsymbol{k}_g \tag{9.47}$$

即

$$\kappa=|\kappa_g| \tag{9.48}$$

这也是说渐近曲线的曲率等于它的测地曲率的绝对值. 为了给出渐近线的几何意义，我们定义曲面上点 $P$ 的两个方向，$\mathrm{d}_1u^1:\mathrm{d}_1u^2$ 与 $\mathrm{d}_2u^1$，$\mathrm{d}_2u^2$ 互为共轭的概念：如果此时有

$$H_{ij}\mathrm{d}_1u^i\mathrm{d}_2u^j=0 \tag{9.49}$$

而如果点 $P$ 的方向 $\mathrm{d}u^1:\mathrm{d}u^2$，满足

$$H_{ij}\mathrm{d}u^i\mathrm{d}u^j=0 \tag{9.50}$$

那么就说该方向是自共轭的，而把这一方向称为是一个渐近方向. 沿着渐近方向的曲线，即其上每一点都满足

$$H_{ij}\frac{\mathrm{d}u^i}{\mathrm{d}s}\frac{\mathrm{d}u^j}{\mathrm{d}s}=0 \tag{9.51}$$

的曲线那就是渐近曲线了.

对过点 $P$ 的渐近曲线而言，在点 $P$ 有 $\boldsymbol{k}=\kappa\boldsymbol{n}=\boldsymbol{k}_g$，因此渐近曲线在点 $P$ 的主法向量 $\boldsymbol{n}$ 在曲面上点 $P$ 的切平面之中. 忆及曲线的密切面是由曲线的切线 $\boldsymbol{t}$ 与 $\boldsymbol{n}$ 张成的(参见图 4.6.1)，而 $\boldsymbol{t}$ 也在切平面之中，于是就得出：渐近线上各点的密切面与曲面上该点的切平面一致.

**例 9.6.1**　曲面上点 $P$ 的两个主方向 $\mathrm{d}_1u^1:\mathrm{d}_1u^2$，$\mathrm{d}_2u^1:\mathrm{d}_2u^2$ 满足(9.35)，即(9.49). 因此，两个主方向是共轭的.

**例 9.6.2**　把(9.49)明晰地写出来即是

$$
\begin{aligned}
&H_{11}\mathrm{d}_1u^1\mathrm{d}_2u^1+H_{12}\mathrm{d}_1u^1\mathrm{d}_2u^2+H_{21}\mathrm{d}_1u^2\mathrm{d}_2u^1+H_{22}\mathrm{d}_1u^2\mathrm{d}_2u^2\\
&=L\mathrm{d}_1u^1\mathrm{d}_2u^2+M(\mathrm{d}_1u^1\mathrm{d}_2u^2+\mathrm{d}_1u^2\mathrm{d}_2u^1)+N\mathrm{d}_1u^2\mathrm{d}_2u^2\\
&=0
\end{aligned}
$$

**例 9.6.3** 对于 $u$，$v$ 曲率系而言(参见 §6.7)，在上例中令 $\mathrm{d}_1u^1=1$，$\mathrm{d}_1u^2=0$；$\mathrm{d}_2u^1=0$，$\mathrm{d}_2u^2=1$，则可得出 $M=0$(参见定理 6.7.1).

**例 9.6.4** 对点 $P$ 的一个渐近方向 $\mathrm{d}u:\mathrm{d}v$ 有 $\mathrm{II}=L\mathrm{d}u^2+2M\mathrm{d}u\mathrm{d}v+N\mathrm{d}v^2=0$(参见(9.46)). 因此，从 $\kappa_n=\dfrac{\mathrm{II}}{\mathrm{I}}$，可知此时 $\kappa_n=0$(参见(9.47)). 对于 §5.16 中讨论过的 4 种点：椭圆点、双曲点、抛物点、平面点，它们分别为没有、有两个不同的、有一个、每一个方向都是、渐近方向(参见参考文献[2]).

**例 9.6.5** 在由 $f(x, y, z)=c$ ($c$ 是常数)给出的曲面上，求渐近方向应满足的方程. 沿用例 9.5.2 中的符号与计算，先有下列方程

$$f_x\mathrm{d}x+f_y\mathrm{d}y+f_z\mathrm{d}z=0.$$

接下来从 $\boldsymbol{G}=f_x\boldsymbol{i}+f_y\boldsymbol{j}+f_z\boldsymbol{k}$，$\boldsymbol{N}=\dfrac{\boldsymbol{G}}{|\boldsymbol{G}|}$，$\mathrm{d}\boldsymbol{N}=\dfrac{\mathrm{d}\boldsymbol{G}}{|\boldsymbol{G}|}-\dfrac{(\boldsymbol{G}\cdot\mathrm{d}\boldsymbol{G})\boldsymbol{G}}{|\boldsymbol{G}|^3}$ 可知，若 $\mathrm{d}\boldsymbol{x}=\mathrm{d}x\boldsymbol{i}+\mathrm{d}y\boldsymbol{j}+\mathrm{d}z\boldsymbol{k}$ 是一个渐近方向，那么有(参见(5.61)，(9.50))

$$\mathrm{II}=-\mathrm{d}\boldsymbol{x}\cdot\mathrm{d}\boldsymbol{N}=0$$

因此

$$\mathrm{II}=-\mathrm{d}\boldsymbol{x}\cdot\left(\frac{\mathrm{d}\boldsymbol{G}}{|\boldsymbol{G}|}-\frac{(\boldsymbol{G}\cdot\mathrm{d}\boldsymbol{G})\boldsymbol{G}}{|\boldsymbol{G}|^3}\right)=\frac{-\mathrm{d}\boldsymbol{x}\cdot\mathrm{d}\boldsymbol{G}}{|\boldsymbol{G}|}+\frac{(\boldsymbol{G}\cdot\mathrm{d}\boldsymbol{G})(\mathrm{d}\boldsymbol{x}\cdot\boldsymbol{G})}{|\boldsymbol{G}|^3}=0$$

于是从 $\mathrm{d}\boldsymbol{x}\cdot\boldsymbol{G}=0$，得出 $\mathrm{d}\boldsymbol{x}\cdot\mathrm{d}\boldsymbol{G}=0$. 这就给出另一个应满足的方程

$$\mathrm{d}x\,\mathrm{d}f_x+\mathrm{d}y\,\mathrm{d}f_y+\mathrm{d}z\,\mathrm{d}f_z=0.$$

## §9.7 恩尼珀定理

继续讨论渐近曲线，既然渐近线上各点的密切面与曲面上该点的切平面重合，那么过该点与密切面垂直的副法向量 $\boldsymbol{b}$ 就与过该点与切平面垂直的单

位法向量 $\boldsymbol{N}$ 共线了，也即

$$\boldsymbol{b}=\pm\boldsymbol{N} \tag{9.52}$$

对此等式沿着该渐近曲线对弧长 $s$ 求导，则从 $\dfrac{\mathrm{d}\boldsymbol{b}}{\mathrm{d}s}=-\tau\boldsymbol{n}$（参见(4.26)），以及 $\dfrac{\mathrm{d}\boldsymbol{N}}{\mathrm{d}s}=\dfrac{\partial\boldsymbol{N}}{\partial u^j}\dfrac{\mathrm{d}u^j}{\mathrm{d}s}=(\partial_j\boldsymbol{N})\dfrac{\mathrm{d}u^j}{\mathrm{d}s}=-H_j^h\dfrac{\mathrm{d}u^j}{\mathrm{d}s}\boldsymbol{x}_h$（参见(7.20)），就有

$$-\tau\boldsymbol{n}=\mp H_j^h\frac{\mathrm{d}u^j}{\mathrm{d}s}\boldsymbol{x}_h. \tag{9.53}$$

由此，用下式计算(9.53)两边向量大小的平方：

$$\begin{aligned}\tau^2&=(-\tau\boldsymbol{n})\cdot(-\tau\boldsymbol{n})=\left(H_j^h\frac{\mathrm{d}u^j}{\mathrm{d}s}\boldsymbol{x}_h\right)\cdot\left(H_i^k\frac{\mathrm{d}u^i}{\mathrm{d}s}\boldsymbol{x}_k\right)\\&=H_i^kH_j^hg_{kh}\frac{\mathrm{d}u^i}{\mathrm{d}s}\frac{\mathrm{d}u^j}{\mathrm{d}s}=N_{ij}\frac{\mathrm{d}u^i}{\mathrm{d}s}\frac{\mathrm{d}u^j}{\mathrm{d}s}\end{aligned} \tag{9.54}$$

其中我们用到了 $H_i^kH_j^hg_{kh}=N_{ij}$（参见(7.25)）. 这样，渐近曲线的挠率 $\tau$ 已与曲面上的第三基本形式Ⅲ联系起来了. 从而利用由例 7.8.2 给出的对渐近曲线（参见(9.46)，(9.51)）的结果

$$K=-N_{ij}\frac{\mathrm{d}u^i}{\mathrm{d}s}\frac{\mathrm{d}u^j}{\mathrm{d}s} \tag{9.55}$$

(9.54)就是

$$\tau^2=-K \tag{9.56}$$

或

$$\tau=\pm\sqrt{-K} \tag{9.57}$$

这就是**恩尼珀定理**，其中 $\tau$ 是过点 $P$ 的渐近曲线在点 $P$ 的挠率，而 $K$ 是曲面在点 $P$ 的高斯曲率.

恩尼珀(Alfred Enneper，1830—1885)，德国数学家，他在极小曲面等理论方面作出了贡献.

在下一章中，我们将讨论曲面上的高斯-博内定理.

# 第十章

# 高斯-博内定理

## §10.1 测地坐标系

在§6.7中我们讨论了曲面上的$u$，$v$曲率线系，这时的$u$曲线和$v$曲线又是曲率线.在§9.4中，我们用这种曲线或坐标系，证明了欧拉公式.在本节中，我们要引进测地坐标系：比如说，它的$u$曲线族是测地线族，而其$v$曲线族(与$u$曲线族在相应的相交点处正交)称为测地平行线族，测地线族与其测地平行线族共同构成了曲面上的一个测地坐标系.若过点$P$的测地线上$v$参数为$v_0$，过点$P$的$v$曲线上$u$参数为$u_0$，则点$P$的坐标为$(u_0, v_0)$.这种坐标称为测地坐标.这种坐标系的特点是：测地线上点的测地曲率为零.

**例 10.1.1** 在§5.7中讨论过的平面极坐标系是一种测地坐标系，此时$r$曲线是始于原点$O$的各射线，它们都是测地线，而$\theta$曲线是圆心在原点，半径均为各自$r$的一系列同心圆.当过点$P$(除了原点以外)的$r$曲线上的$\theta$为$\theta_0$，过点$P$的$\theta$曲线上的$r$为$r_0$，则点$P$的极坐标是$(r_0, \theta_0)$.

**例 10.1.2** 在球面上，各经线都是测地线.与此测地线族正交的测地平行线族正是由全体纬线构成的曲线族.球面上除了南极点与北极点以外，所有的点都由其经度与纬度标定.

一般曲面上是否存在测地坐标系?

## §10.2 测地坐标系的构成

由例10.1.1与例10.1.2这两实例所示的情况，对一般曲面也成立：

给定曲面上的一条曲线，则存在一个测地坐标系，它的测地平行线族中含有该给定曲线.

这一点是基于下列定理(参见参考文献[2],[3],[26],以及附录 11).

**定理 10.2.1** 在曲面 $S$ 的每一点 $P$,沿任意方向,恒有唯一的一条过点 $P$ 的测地线.

下面我们就应用这一定理来构成曲面 $S$ 上的一个测地坐标系.为此设 $C_0$ 是 $S$ 上的一条任意曲线,它的参数记为 $v$,即

$$C_0:\ \boldsymbol{x}(v),\ a \leqslant v \leqslant b \tag{10.1}$$

在其中有 $\boldsymbol{x}(v)$上各点,比如说 $\boldsymbol{x}(v_0)$,$\boldsymbol{x}(v_1)$,$\boldsymbol{x}(v_2)$,…. 于是根据定理 10.2.1,我们在点 $\boldsymbol{x}(v)$,作出与 $C_0$ 在此点正交的测地线(图 10.2.1). 于是就有一测地线族,以 $C_0$ 上各点为这些测地线的弧长参数的起点,那么这些测地线就可表示为 $\boldsymbol{x}(s, v)$,比如过 $\boldsymbol{x}(v_0)$的这条测地线,现在就可以写为 $\boldsymbol{x}(s, v_0)$.

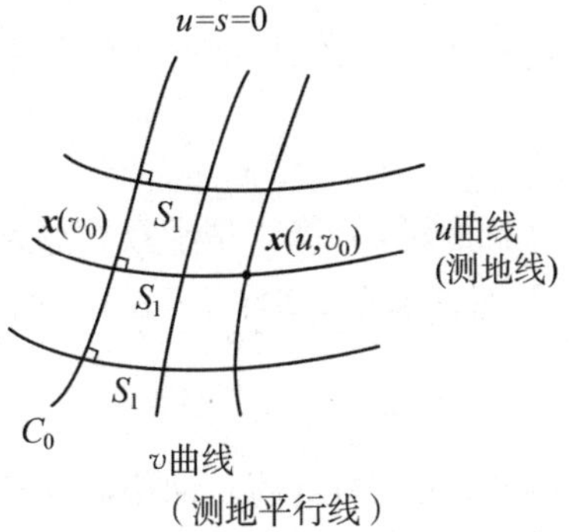

图 10.2.1

再把这些测地线上具有同一弧长 $s$ 的点连起来,就得到了与该测地线族相交的另一族线. 这族线中的任一条线上的各点与 $C_0$ 上的相应点(沿着相应的测地线)都具有同样的弧长. 所以,如果把弧长参数 $s$ 记为 $u$ 的话,那么图 10.2.1 上的点,在局部上都可表示为

$$\boldsymbol{x}(u, v),\ -\varepsilon < u < \varepsilon,\ a \leqslant v \leqslant b.$$

这里的局部指的是 $-\varepsilon < u < \varepsilon$,因为只有对足够小的 $\varepsilon$,才能保证这里的 $u$,$v$ 是一个正则参数组(参见参考文献[26]).

根据我们的构建,$\boldsymbol{x}(0, v) = \boldsymbol{x}(v)$,而且在各测地线上,$v$ 是不变的,而变化的只有弧长 $s$,即 $u$,所以它们构成 $u$ 曲线;在另一族线上,参数 $u$ 是不变的,而变化的只是 $v$,所以它们构成 $v$ 曲线.

当然,为了使这两族曲线族成为一个测地坐标系,还得证明这两族曲线是互相正交的,为此我们首先从 $F = \boldsymbol{x}_u \cdot \boldsymbol{x}_v$ 计算

$$F_u = \boldsymbol{x}_{uu} \cdot \boldsymbol{x}_v + \boldsymbol{x}_u \cdot \boldsymbol{x}_{vu} \tag{10.2}$$

其次因为此时 $u$ 是弧长参数,则从 $x_u = \frac{\mathrm{d}\boldsymbol{x}}{\mathrm{d}s}$,有 $E = \boldsymbol{x}_u \cdot \boldsymbol{x}_u = \boldsymbol{t} \cdot \boldsymbol{t} = 1$(参见(3.21),(4.1)).由此,有

$$E_v = 2\boldsymbol{x}_{uv} \cdot \boldsymbol{x}_u = 0 \tag{10.3}$$

于是(10.2)中右边的第二项为零.接下去,我们要证明其中的第一项也为零.因为 $u$ 是弧长参数,$\boldsymbol{x}_u$ 就是 $u$ 曲线的单位切向量,所以 $\boldsymbol{x}_{uu}$ 就是 $u$ 曲线的曲率向量.$u$ 曲线是测地线,而测地线的曲率向量与曲面的法线 $\boldsymbol{N}$ 共线(参见(9.9),$\kappa_g = 0$).因此,该曲率向量垂直于切平面,从而有 $\boldsymbol{x}_{uu} \cdot \boldsymbol{x}_v = 0$,这样就得出了

$$F_u = 0 \tag{10.4}$$

这就是说,沿着 $v$ 是常数的那条测地线,$F$ 是一个常数.考虑到这条测地线与 $C_0$ 是正交的,即在 $s = u = 0$ 时,$F = 0$,所以就得出了

$$F = 0, \ \forall v$$

因此,我们构造的 $u$ 曲线族与 $v$ 曲线族就相互正交了.也就是说,它们构成了一个测地坐标系.

**例 10.2.1** 设 $\boldsymbol{x} = \boldsymbol{x}(u, v)$ 给出一个测地坐标系,其中 $u$ 曲线是测地线族,那么从 $u$ 是弧长参数 $s$,就有 $E = \boldsymbol{x}_u \cdot \boldsymbol{x}_u = \boldsymbol{t} \cdot \boldsymbol{t} = 1$,再加上 $F = 0$,可知此时第一基本形式可表为

$$\mathrm{I} = \mathrm{d}u^2 + G(u, v)\mathrm{d}v^2 \tag{10.5}$$

**例 10.2.2** 按§6.8中例子的符号,讨论抛物面 $\boldsymbol{x}(u, v) = u\boldsymbol{i} + v\boldsymbol{j} + (u^2 + v^2)\boldsymbol{k}$.在采用 $\theta$, $r$ 参数:$u = r\cos\theta$, $v = r\sin\theta$ 后已算得 $E = r^2$, $F = 0$, $G = 1 + 4r^2$.因此,此时已得出 $r$ 曲线与 $\theta$ 曲线是两族正交的曲线.再者,从 $E_\theta = 0$,以及(9.16)可知

$$\kappa_g \bigg|_{\theta = c} = -\frac{E_\theta}{2E\sqrt{G}} = 0 \tag{10.6}$$

即对 $r$ 曲线上的各点,测地曲率为零,即它们是测地线,所以,此时的 $r$ 曲线,$\theta$ 曲线构成该抛物面上的一个测地坐标系.

顺便提一下，此时从 $G_r=8r$，有

$$\kappa_g\Big|_{r=c}=\frac{G_r}{2G\sqrt{E}}=\frac{4}{1+4r^2}\neq 0,\ r>0, \tag{10.7}$$

因此，这些 $r$ 曲线——测地平行线，都不是测地线.

## §10.3　用向量混合积、行列式及解析法来表示高斯曲率

在曲面上存在正交的 $u$，$v$ 曲率系，以及正交的测地坐标系. 因此，我们可以在 $u$，$v$ 曲线正交的条件下去讨论或论证一些问题.

在一般情况下，我们对曲面上的高斯曲率 $K$ 有下列结果(参见附录 8)

$$K(EG-F^2)^2=[\boldsymbol{x}_{uu}\ \boldsymbol{x}_u\ \boldsymbol{x}_v][\boldsymbol{x}_{vv}\ \boldsymbol{x}_u\ \boldsymbol{x}_v]-[\boldsymbol{x}_{uv}\ \boldsymbol{x}_u\ \boldsymbol{x}_v]^2 \tag{10.8}$$

其中$[\boldsymbol{x}_{uu}\ \boldsymbol{x}_u\ \boldsymbol{x}_r][\boldsymbol{x}_{vv}\ \boldsymbol{x}_u\ \boldsymbol{x}_v]$是 2 个行列式的乘积，同样$[\boldsymbol{x}_{uv}\ \boldsymbol{x}_u\ \boldsymbol{x}_v]^2$ 也是 2 个行列式的乘积. 利用 2 个行列式相乘的法则(参见(1.30))，我们能将(10.8)表达为(参见附录 9)

$$K(EG-F^2)^2=\left(F_{uv}-\frac{1}{2}E_{vv}-\frac{1}{2}G_{uu}\right)(EG-F^2)+\begin{vmatrix}0 & \frac{1}{2}E_u & F_u-\frac{1}{2}E_v\\ F_v-\frac{1}{2}G_u & E & F\\ \frac{1}{2}G_v & F & G\end{vmatrix}-\begin{vmatrix}0 & \frac{1}{2}E_v & \frac{1}{2}G_u\\ \frac{1}{2}E_v & E & F\\ \frac{1}{2}G_u & F & G\end{vmatrix} \tag{10.9}$$

将高斯曲率 $K$ 用行列式的形式表示出来，是德国数学家巴尔策(Heinrich Richard Baltzer, 1818—1887)在 1860 年作出的. (10.9)表明高斯曲率 $K$ 仅由曲面的第一基本形式的系数 $E$，$F$，$G$，及它们的导数表出：这又一次证明了高斯的“绝妙定理”.

如果采用正交的 $u$，$v$ 曲线系，那么此时 $F=0$，则从(10.8)，或(10.9)可得出高斯曲率的下列解析表达式(参见附录 10)

$$K=-\frac{1}{\sqrt{EG}}\left[\frac{\partial}{\partial u}\left(\frac{1}{\sqrt{E}}\frac{\partial\sqrt{G}}{\partial u}\right)+\frac{\partial}{\partial v}\left(\frac{1}{\sqrt{G}}\frac{\partial\sqrt{E}}{\partial v}\right)\right] \tag{10.10}$$

**例 10.3.1** 采用测地坐标系时,除了 $F=0$ 外,还有 $E=1$(参见(10.5)),因此(10.10)给出

$$K=-\frac{1}{\sqrt{G}}\frac{\partial^2\sqrt{G}}{\partial u^2}, \tag{10.11}$$

**例 10.3.2** 因为 $(\sqrt{G})_u=\dfrac{G_u}{2\sqrt{G}}$, $(\sqrt{E})_v=\dfrac{E_v}{2\sqrt{E}}$, 所以(10.10)又可写成

$$K=-\frac{1}{\sqrt{EG}}\left[\frac{\partial}{\partial u}\left(\frac{G_u}{2\sqrt{EG}}\right)+\frac{\partial}{\partial v}\left(\frac{E_v}{2\sqrt{EG}}\right)\right] \tag{10.12}$$

## § 10.4 曲线多边形与高斯-博内定理

图 10.4.1 表示的是曲面 $S$ 上由多条曲线构成的一个曲线多边形. 整个曲线 $C$ 已定向,其中每一条曲线称为该多边形的一条边,这些曲线的各接合点形成该多边形的各顶点 $P_1$, $P_2$, …,从而各顶点有外角 $\alpha_1$, $\alpha_2$, ….

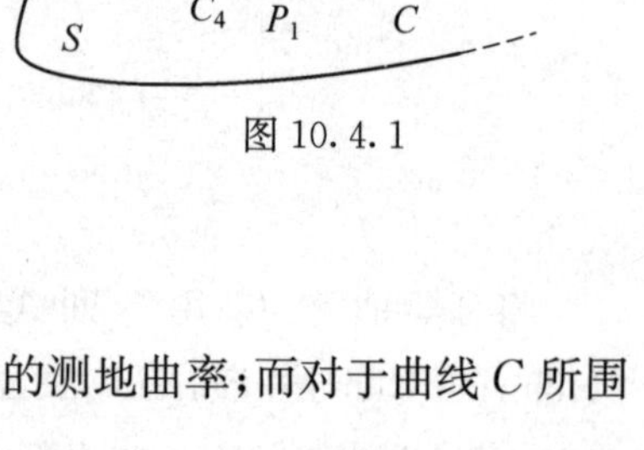

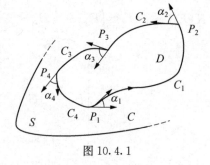

图 10.4.1

对于曲线 $C$,我们可构成积分

$$\oint_C \kappa_g\, ds \tag{10.13}$$

其中 $s$ 是曲线 $C$ 的弧长参数, $\kappa_g$ 是 $C$ 上各点的测地曲率;而对于曲线 $C$ 所围成的曲面 $D$,我们可构成积分

$$\iint_D K\, dS \tag{10.14}$$

其中 $K$ 为 $D$ 上各点的高斯曲率. 著名的高斯-博内定理断言,此时有

$$\oint_C \kappa_g \, ds + \iint_D K \, dS = 2\pi - \sum_i \alpha_i \tag{10.15}$$

若引入曲线 $C$ 各顶点处的内角

$$\beta_i = \pi - \alpha_i, \tag{10.16}$$

那么(10.15)就为

$$\oint_C \kappa_g \, ds + \iint_D K \, dS = 2\pi - \sum_i (\pi - \beta_i) \tag{10.17}$$

若曲线 $C$ 无顶点时,则(10.17)为

$$\oint_C \kappa_g \, ds + \iint_D K \, dS = 2\pi \tag{10.18}$$

**例 10.4.1** (10.17)对平面上三角形给出的结果.

对于平面上的直线而言,它们是测地线. 因此 $\kappa_g = 0$; 对于平面上的点而言,它们是平面点,因此 $K = 0$(参见§6.4). 所以(10.17)的左边为零,而它的右边因为 $i = 3$,就给出 $2\pi - (\pi - \beta_1 + \pi - \beta_2 + \pi - \beta_3) = 0$, 因此有

$$\beta_1 + \beta_2 + \beta_3 = \pi \tag{10.19}$$

即三角形的三个内角之和等于两个直角. 所以,从某种意义上来说,高斯-博内定理是这一论断的拓广(参见例 10.6.1).

**例 10.4.2** 就平面中半径为 $r$ 的圆的这一情况来验证(10.18).

平面曲线的曲率向量 $\boldsymbol{k} = \kappa \boldsymbol{n}$ 在该平面的切平面(即该平面)之中,因此由 $\boldsymbol{k} = \boldsymbol{k}_g + \boldsymbol{k}_n$ (参见(9.3)),可知 $\boldsymbol{k} = \boldsymbol{k}_g$,因此,$\boldsymbol{k} = \kappa \boldsymbol{n} = \kappa_g \boldsymbol{U}$. 取平面的 $\boldsymbol{N}$,使得 $\boldsymbol{n}$ 与 $\boldsymbol{U}$ 一致,则有 $\kappa = \kappa_g$. 对于半径为 $r$ 的圆,我们有 $\kappa = \dfrac{1}{r}$ (参见附录 1 中的例 1). 所以,此时有 $\kappa_g = \dfrac{1}{r}$. 再者平面上点的高斯曲率 $K$ 为零,于是(10.18)的左边给出

$$\oint_C \kappa_g \, ds = \frac{1}{r} \oint_C ds = \frac{2\pi r}{r} = 2\pi$$

这与(10.18)的右边一致.

博内(Pierre Ossian Bonnet, 1819—1892),法国数学家.他在曲面的微分几何方面作出了一些重要贡献,其中包括这里所阐明的高斯-博内定理.我们在§10.6中给出此定理的证明,为此在下一节中先讨论一下在证明中要用到的关于测地曲率 $\kappa_g$ 的刘维尔公式.

## §10.5 测地曲率 $\kappa_g$ 的刘维尔公式

刘维尔(Joscph Liouville, 1809—1882),法国数学家.他在数学、力学和天文学等方面成果丰富.1843年,他在法国科学院作报告,首次介绍了关于 $n$ 次多项式方程是否存在根式解的伽罗瓦理论,并在三年后出版了伽罗瓦的全部专题论文(参见参考文献[7]).他也是通过构建刘维尔数来证实超越数存在的第一人(参见参考文献[9]).

我们假定 $u$ 曲线与 $v$ 曲线是正交的,而对曲线 $C$ 用弧长 $s$ 作参数,而对点 $P$ 有 $\boldsymbol{x}=\boldsymbol{x}(u(s), v(s))$. 定义

$$\boldsymbol{g}_1=\frac{\boldsymbol{x}_u}{|\boldsymbol{x}_u|}=\frac{\boldsymbol{x}_u}{\sqrt{E}},\ \boldsymbol{g}_2=\frac{\boldsymbol{x}_v}{|\boldsymbol{x}_v|}=\frac{\boldsymbol{x}_v}{\sqrt{G}} \tag{10.20}$$

即它们分别是 $u$ 曲线与 $v$ 曲线上的单位切向量.于是对曲线 $C$ 在点 $P$ 的切向量 $\boldsymbol{t}$ 有

$$\boldsymbol{t}=a\boldsymbol{g}_1+b\boldsymbol{g}_2$$

令 $\theta=\measuredangle(\boldsymbol{t}, \boldsymbol{g}_1)$ (图10.5.1),则从 $\boldsymbol{t}\cdot\boldsymbol{g}_1=\cos\theta$, $\boldsymbol{t}\cdot\boldsymbol{g}_2=\cos(90^\circ-\theta)=\sin\theta$, 有

$$\boldsymbol{t}=\cos\theta\boldsymbol{g}_1+\sin\theta\boldsymbol{g}_2 \tag{10.21}$$

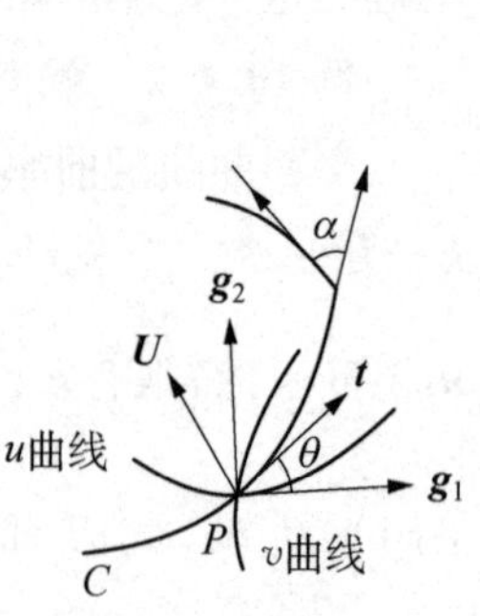

图10.5.1

这样定义的 $\theta=\theta(s)$, 在曲线 $C$ 的每一个顶点 $P_i$ 处有一个等于 $\alpha_i$ 的跳跃.如果我们把点 $P$ 的 $u$ 曲线 $(v=v_0)$ 的测地曲率记为 $k_1$,把点 $P$ 的 $v$ 曲线 $(u=u_0)$ 的测地曲率记为 $k_2$,那么对于曲线 $C$ 在点 $P$ 的测地曲率 $\kappa_g$ 有下列刘维尔公式(参见附录11)

$$\kappa_g=\frac{\mathrm{d}\theta}{\mathrm{d}s}+k_1\cos\theta+k_2\sin\theta. \tag{10.22}$$

注意到

$$t=\frac{\mathrm{d}\boldsymbol{x}}{\mathrm{d}s}=\boldsymbol{x}_u\frac{\mathrm{d}u}{\mathrm{d}s}+\boldsymbol{x}_v\frac{\mathrm{d}v}{\mathrm{d}s}$$

就有

$$\cos\theta=\boldsymbol{t}\cdot\boldsymbol{g}_1=\left(\boldsymbol{x}_u\frac{\mathrm{d}u}{\mathrm{d}s}+\boldsymbol{x}_v\frac{\mathrm{d}v}{\mathrm{d}s}\right)\cdot\frac{\boldsymbol{x}_u}{\sqrt{E}}=\frac{\boldsymbol{x}_u\cdot\boldsymbol{x}_u}{\sqrt{E}}\frac{\mathrm{d}u}{\mathrm{d}s}=\sqrt{E}\frac{\mathrm{d}u}{\mathrm{d}s} \tag{10.23}$$

同样地，

$$\sin\theta=\sqrt{G}\frac{\mathrm{d}v}{\mathrm{d}s} \tag{10.24}$$

因此，(10.22)也可表示为

$$\kappa_g=\frac{\mathrm{d}\theta}{\mathrm{d}s}+k_1\sqrt{E}\frac{\mathrm{d}u}{\mathrm{d}s}+k_2\sqrt{G}\frac{\mathrm{d}v}{\mathrm{d}s} \tag{10.25}$$

## § 10.6　证明高斯-博内定理

我们在 $u$ 曲线，$v$ 曲线是正交曲线族的情况下，用(10.25)来计算

$$\begin{aligned}\oint_C\kappa_g\mathrm{d}s&=\oint_C\left(\frac{\mathrm{d}\theta}{\mathrm{d}s}+k_1\sqrt{E}\frac{\mathrm{d}u}{\mathrm{d}s}+k_2\sqrt{G}\frac{\mathrm{d}v}{\mathrm{d}s}\right)\mathrm{d}s\\&=\oint_C\mathrm{d}\theta+\oint_C\left(k_1\sqrt{E}\frac{\mathrm{d}u}{\mathrm{d}s}+k_2\sqrt{G}\frac{\mathrm{d}v}{\mathrm{d}s}\right)\mathrm{d}s\end{aligned} \tag{10.26}$$

对此式右边的第二个积分应用格林公式(参[2],[10])，则有

$$\oint_C\kappa_g\mathrm{d}s=\oint_C\mathrm{d}\theta+\iint_{D'}\left[\frac{\partial}{\partial u}(k_2\sqrt{G})-\frac{\partial}{\partial v}(k_1\sqrt{E})\right]\mathrm{d}u\mathrm{d}v \tag{10.27}$$

这里 $D'$是定义曲线$C$: $\boldsymbol{x}=\boldsymbol{x}(u(s),v(s))$ 的参数 $u(s)$，$v(s)$在 $uv$ 平面中给出的内部与边界. 利用 $k_1$，$k_2$ 的已知结果(参见(9.16))

$$k_1=-\frac{E_v}{2E\sqrt{G}},\ k_2=\frac{G_u}{2G\sqrt{E}}$$

进而可将(10.27)写成

$$\oint_C \kappa_g \mathrm{d}s = \oint_C \mathrm{d}\theta + \iint_{D'} \left[ \frac{\partial}{\partial u}\left(\frac{G_u}{2\sqrt{EG}}\right) + \frac{\partial}{\partial v}\left(\frac{E_v}{2\sqrt{EG}}\right) \right] \mathrm{d}u\,\mathrm{d}v \tag{10.28}$$

对于上式右边的第二个积分中的被积函数，有

$$\begin{aligned} \frac{\partial}{\partial u}\left(\frac{G_u}{2\sqrt{EG}}\right) + \frac{\partial}{\partial v}\left(\frac{E_v}{2\sqrt{EG}}\right) &= \frac{\sqrt{EG}}{\sqrt{EG}} \left[ \frac{\partial}{\partial u}\left(\frac{G_u}{2\sqrt{EG}}\right) + \frac{\partial}{\partial v}\left(\frac{E_v}{2\sqrt{EG}}\right) \right] \\ &= \frac{1}{\sqrt{EG}} \left[ \frac{\partial}{\partial u}\left(\frac{G_u}{2\sqrt{EG}}\right) + \frac{\partial}{\partial v}\left(\frac{E_v}{2\sqrt{EG}}\right) \right] \sqrt{EG} = -K\sqrt{EG} \end{aligned} \tag{10.29}$$

其中用到了(10.12). 这样，我们就得出了

$$\oint_C \kappa_g \mathrm{d}s = \oint_C \mathrm{d}\theta - \iint_{D'} K\sqrt{EG}\,\mathrm{d}u\,\mathrm{d}v \tag{10.30}$$

再利用(5.50)，(5.51)可将对 $D'$的积分转换到对曲面 $D$ 的积分，即

$$\oint_C \kappa_g \mathrm{d}s = \oint_C \mathrm{d}\theta - \iint_D K\,\mathrm{d}S \tag{10.31}$$

最后来求$\oint_C \mathrm{d}\theta$. 首先

$$\oint_C \mathrm{d}\theta = \sum_i \int_{C_i} \mathrm{d}\theta \tag{10.32}$$

这是因为(10.32)的左边积分指的是 $\theta$ 沿着 $C$ 的各边所产生的改变的总量. 因此，当点 $P$ 绕 $C$ 一周回到同一点时，该积分加上单位切向量 $\boldsymbol{t}$ 在各顶点处的跳跃总量$\sum_i \alpha_i$，应有

$$\oint_C \mathrm{d}\theta + \sum_i \alpha_i = 2\pi n,\ n \in \mathbf{Z} \tag{10.33}$$

由此式，通过一些拓扑意义上的考虑，我们能证明(参见附录 12)，$n=1$. 所以最后有

$$\oint_C \mathrm{d}\theta = 2\pi - \sum_i \alpha_i \tag{10.34}$$

于是综合(10.31)与(10.34)，我们就证明了**高斯-博内定理**

$$\oint_C \kappa_g \mathrm{d}s + \iint_D K\mathrm{d}S = 2\pi - \sum_i \alpha_i \tag{10.35}$$

**例 10.6.1**　应用:研究曲面上由 3 根测地线构成的测地三角形的内角之和. 此时,对于内角 $\beta_i = \pi - \alpha_i$, $i = 1, 2, 3$, 由 $\kappa_g = 0$, 则从(10.35)与(10.16)可得

$$\iint_D K\mathrm{d}S = (\beta_1 + \beta_2 + \beta_3) - \pi$$

对于半径为 $a$ 的球面, $K = \dfrac{1}{a^2}$ (参见例 6.4.2),因此令 $A = \iint_D \mathrm{d}S$, 即此测地三角形的面积,那么就有

$$\beta_1 + \beta_2 + \beta_2 = \pi + \frac{A}{a^2}.$$

这就表明了球面上测地三角形的内角之和与 180°有偏差,此偏差正比于该三角形的面积.

## § 10.7　闭曲面上的高斯-博内定理

我们来研究可定向的,即可确定外法线的,闭曲面 $S$(如球面 $S^2$ 与环面 $T^2$)上的高斯-博内定理.

为此,在这种曲面上作出一些曲线,把它分为有限个曲线多(凸)边形 $D_i$, $i = 1, 2, \cdots, m$. 这就给出了曲面 $S$ 的一个剖分. $D_i$ 由其边界曲线 $C_i$,及其内部区域 $W_i$ 构成. 曲线 $C_i$ 的方向由曲面的法线方向决定(图 10.7.1).

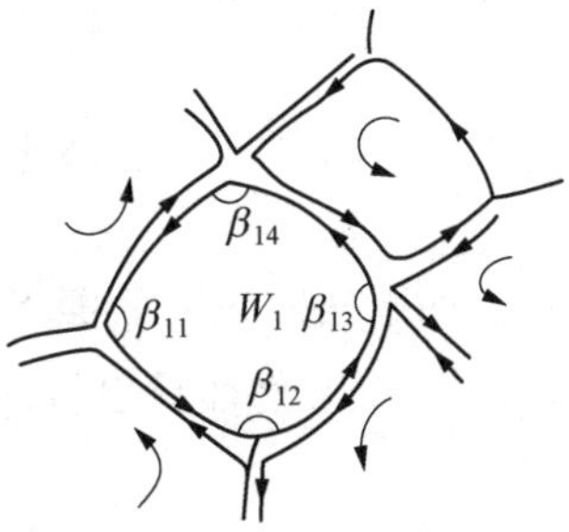

图 10.7.1

由于我们在这里用的是曲线多边形的内角,所以我们对每一个 $D_i$ 应用(10.17),而有

$$\oint_{C_i} \kappa_g \mathrm{d}s + \iint_{D_i} K\mathrm{d}S = 2\pi - l_i\pi + \sum_{j=1}^{l_i} \beta_{ij} \tag{10.36}$$

其中 $l_i$ 是 $D_i$ 的边数，而 $\beta_{ij}$，$j=1, 2, \cdots, l_i$ 是 $D_i$ 的各内角.

现在对(10.36)的两边对 $i$ 求和，那么因为每一边在此和式中以相对的方向包含各 1 次，所以 $\sum_i \oint_{C_i} \kappa_g \mathrm{d}s = 0$，这就得出

$$\oiint_S K\,\mathrm{d}S = \sum_i \iint_{D_i} K\,\mathrm{d}S = 2\pi m - \pi \sum_{i=1}^{m} l_i + \sum_{i=1}^{m}\sum_{j=1}^{l_i} \beta_{ij} \tag{10.37}$$

又因为在 $\sum_{i=1}^{m} l_i$ 中每一条边出现 2 次，而每一个顶点应对和 $\sum_{i=1}^{m}\sum_{j=1}^{l_i}\beta_{ij}$ 有 $2\pi$ 的贡献，所以若令在该剖分中的

$$\begin{aligned} &\text{顶点数为}\quad V \\ &\text{边数为}\qquad E \\ &\text{面数为}\qquad F \end{aligned} \tag{10.38}$$

则(10.37)就可写成

$$\oiint_S K\,\mathrm{d}S = 2\pi F - 2\pi E + 2\pi V = 2\pi(F - E + V) \tag{10.39}$$

式中的 $F-E+V$，因为出现了符号+，−，+，则称为是 $F$，$E$，$V$ 的一个交错和，而 $F$，$E$，$V$ 分别是英语中 face(面)，edge(边)，vertex(顶点)的首字母.

## § 10.8　欧拉示性数 $\chi(S)$

如果我们在闭曲面 $S$ 上再给出一个剖分，一般而言，此时我们有不同的 $V'$，$E'$，$F'$. 然而导出(10.39)的论证同样适用于这一剖分，也即同样有

$$\oiint_S K\,\mathrm{d}S = 2\pi(V' - E' + F') \tag{10.40}$$

将(10.39)与(10.40)比较，它们的左边是一样的，因此就有

$$V' - E' - F' = V - E + F \tag{10.41}$$

这说明量

$$\chi(S) \equiv V - E + F \tag{10.42}$$

是一个由曲面 $S$ 决定的,而与剖分无关的量. $\chi(S)$称为曲面 $S$ 的欧拉示性数. 这样就得到闭曲面的下列高斯-博内定理:

**定理 10.8.1** 如果 $S$ 是一个可定向的闭曲面,则

$$\oiint_S K\,\mathrm{d}S = 2\pi\chi(S) \tag{10.43}$$

式中 $K$ 是曲面 $S$ 的高斯曲率,而它的面积分,即(10.43)左边的积分称为曲面的总曲率.

**例 10.8.1** 立方体的 6 个表面给出的闭曲面的欧拉示性数.

按图 10.8.1 有:$V=8$, $E=12$, $F=6$,因此此曲面的欧拉示性数等于 2.

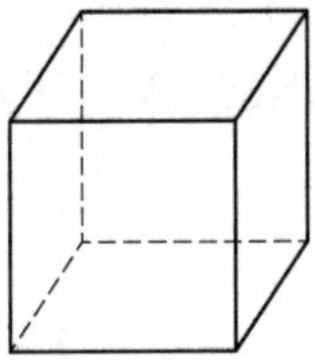

图 10.8.1

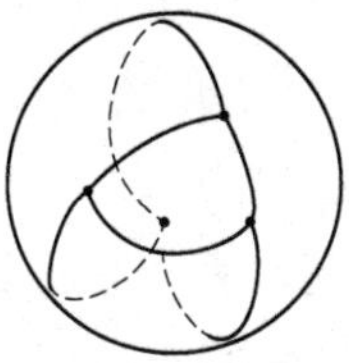

图 10.8.2

**例 10.8.2** 球面 $S^2$ 的欧拉示性数.

按图 10.8.2 的剖分:$V=4$, $E=6$, $F=4$,故

$$\chi(S^2)=4-6+4=2.$$

这两例中的曲面具有同样的欧拉示性数是有深刻的拓扑学上的背景的.

## §10.9 欧拉示性数是一个拓扑不变量

在§10.8 中,我们对同一闭曲面,给出了它的两个不同剖分而得出了该曲面的欧拉示性数是与剖分无关的一个量的结论. 现在我们倒过来:在一个闭曲面 $S$ 上固定一个剖分,而让曲面 $S$ 连续地变化,看看会有什么结论.

这里的连续变换可以形象化地描绘为:把该曲面想象为由一张橡皮膜构成的,我们可以对这张橡皮膜,带着其上的剖分,进行任意的拉伸,压缩来改变它的形状,只要保持该膜的完好. 对于这样形变得出的曲面 $S'$,原来曲面 $S$ 上选定的剖分现在是曲面 $S'$的一个剖分,因而有

$$\oiint_S K\,\mathrm{d}S = 2\pi\chi(S) = 2\pi(V - E + F)$$
$$\oiint_{S'} K\,\mathrm{d}S = 2\pi\chi(S) = 2\pi(V - E + F) \tag{10.44}$$

因而

$$\oiint_S K\,\mathrm{d}S = \oiint_{S'} K\,\mathrm{d}S \tag{10.45}$$

即闭曲面的总曲率在连续变换下不变——一个拓扑不变量. 因此欧拉示性数 $\chi(S)$也是一个拓扑不变量.

**例 10.9.1** 图 10.8.1 所示的曲可以通过连续的变换变换成球面,反之亦然. 因此它们有同样的欧拉示性数.

**例 10.9.2** 求环面 $T^2$ 的欧拉示性数.

把环面 $T^2$ 连续形变为图 10.9.1 所示的,有一个"洞"的立方体. 图中的线段已给出该曲面的一个剖分,从而得出一系列的凸曲线多边形. 此时 $V=16$, $E=32$, $F=16$,故 $\chi(T^2)=0$.

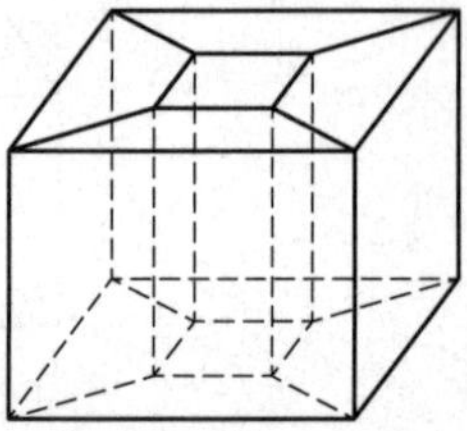

图 10.9.1

## §10.10 应用:一些闭曲面的亏格

图 10.10.1 表明:

环面 $T^2$ 经连续的形变可以变为带有 1 个手柄的球面,因此带有 1 个手柄的球面的欧拉示性数也为零. 那么,带有 2 个手柄的球面的欧拉示性数是多少呢?

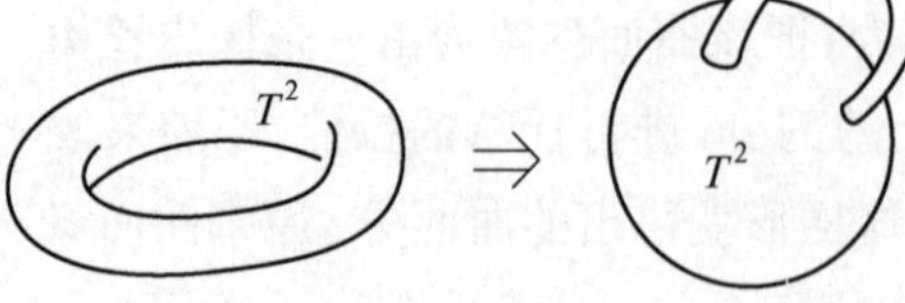


图 10.10.1

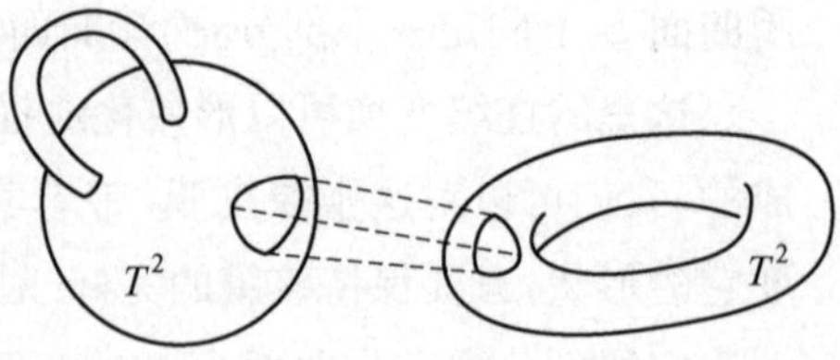


图 10.10.2

我们可以如下构造一个带有 2 个手柄的球面. 在图 10.10.2 中，从左边所示的带有 1 个手柄的球面的剖分中找出一个曲线 3 边形，或构建一个曲面 3 边形(这不会影响该曲面的欧拉示性数)，在右边所示的环面 $T^2$ 上也取出一个曲线 3 边形. 将这两个 3 边形从各自的曲面中挖去，并将这样得出的两个新曲面在切断处黏合在一起，以形成它们的连通和，记为 $T^2 \# T^2$. 对于 $T^2 \# T^2$，由于左、右两曲面的面数各减少 1，边数一共减少 3，顶点数一共减少 3，这就得出了

$$\chi(T^2 \# T^2)=\chi(T^2)+\chi(T^2)-3+3-2=0+0-2=-2.$$

将此操作过程推广到一个有 $p$ 个手柄的球面上去，不难得出

$$\chi(\text{有 } p \text{ 个手柄的球面})=2(1-p) \tag{10.46}$$

这里的 $p$ 称为该曲面的亏格，它表示了曲面上的手柄个数，或曲面上的“洞”数. 显然有

$$p=1-\frac{\chi}{2} \tag{10.47}$$

**例 10.10.1**　对于球面 $S^2$，$p=0$，因此 $\chi(S^2)=2$. 对于有一个手柄的球面，$p=1$，因此 $\chi(T^2)=0$. 对于有 2 个手柄的球面，$p=2$，因此 $\chi(T^2 \# T^2)=-2$.

在闭曲面 $S$ 上的高斯-博内定理

$$\oiint_S K\,\mathrm{d}S=2\pi\chi(S)=4\pi(1-p)$$

中，等式左边的被积函数 $K$ 表示了曲面 $S$ 的局部微分几何性质，而右边的量 $\chi(S)$ 是表示曲面 $S$ 整体性质的拓扑量，它对带有不同手柄的曲面取一些分立的值. 高斯-博内定理却把这些性质联系了起来.

由此，很自然就会产生这样的一个问题：如何把这一定理推广到更高的维数上去？这是一个十分困难的问题. 事实上，这在经过了好几十年的努力才得以成功，其中特别有陈省身先生在 1944 年所作出的重要工作，以至于高维的高斯-博内定理现在已被称为高斯-博内-陈省身公式.

陈省身先生的非凡发现使人们对现代微分几何有了更深刻的洞悉,并在该门学科中引出了许多新课题,从而导致了黎曼几何与拓扑学之间的一系列重大的基本关系的发现.他所引入的陈氏示性类与陈—Simons 形式已深入到数学以外的其他领域,成为了理论物理学的重要数学工具.

# 附　录



这里一共有12个附录，是正文的补充与扩展.

其中，附录1、2、7讨论了曲线的曲率、测地曲率与法曲率.曲线的曲率一定是非负的，但测地曲率与法曲率有可能取负值.附录11证明了计算测地曲率的刘维尔公式.

附录3给出了主曲率应满足的方程，而附录6讨论了曲率线族能够构成 $u$、$v$ 参数曲线的这一问题.附录8、9、10论述了高斯曲率的3种表达式.

在附录4中，我们证明了变分法中的欧拉-拉格朗日方程，并在附录5中，用它证明了最速降线就是摆线的结论.

我们在附录12中说明了：在证明曲面上闭曲线的高斯-博内定理时，会用到的一个拓扑上的考虑.

# 附录 1

## 曲线曲率的几何意义

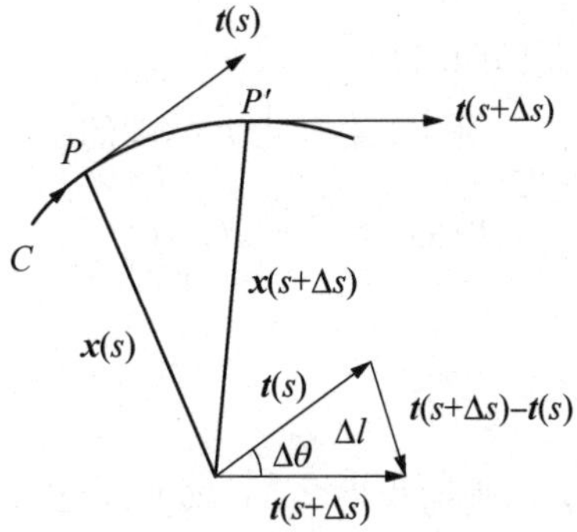

图 1

曲率 $\kappa$ 表示曲线的弯曲程度，即曲线上点 $P$ 的单位切向量$\boldsymbol{t}(s)$的变化率. 据此，我们按图 1 将点 $P$ 的曲率定义为

$$\kappa=\lim_{\Delta s\to 0}\left|\frac{\Delta\theta}{\Delta s}\right|,$$

其中 $\Delta\theta$ 为点 $P$ 的切向量 $\boldsymbol{t}(s)$与它的邻近点 $P'$的切向量 $\boldsymbol{t}(s+\Delta)$ 之间的夹角. 记 $\Delta l=|\boldsymbol{t}(s+\Delta s)-\boldsymbol{t}(s)|$，则从

$$\Delta l=2|\boldsymbol{t}(s)|\sin\frac{\Delta\theta}{2}=2\sin\frac{\Delta\theta}{2},$$

有

$$\lim_{\Delta s\to 0}\left|\frac{\Delta l}{\Delta\theta}\right|=\lim_{\Delta s\to 0}\frac{2\cdot\frac{\Delta\theta}{2}}{\Delta\theta}=1,$$

另外，从

$$\left|\frac{\boldsymbol{t}(s+\Delta s)-\boldsymbol{t}(s)}{\Delta s}\right|=\left|\frac{\Delta l}{\Delta s}\right|=\left|\frac{\Delta l}{\Delta\theta}\frac{\Delta\theta}{\Delta s}\right|$$

可知

$$\boldsymbol{k}(s)\equiv\dot{\boldsymbol{t}}=\frac{\mathrm{d}\boldsymbol{t}}{\mathrm{d}s}=\lim_{\Delta s\to 0}\frac{\boldsymbol{t}(s+\Delta s)-\boldsymbol{t}(s)}{\Delta s}$$

的大小为

$$\lim_{\Delta s\to 0}\left|\frac{\Delta l}{\Delta s}\right|=\lim_{\Delta s\to 0}\left|\frac{\Delta l}{\Delta \theta}\right|\lim_{\Delta s\to 0}\left|\frac{\Delta \theta}{\Delta s}\right|=\kappa$$

即(参见§4.3)

$$\kappa=|\boldsymbol{k}(s)|.$$

于是若 $\boldsymbol{n}$ 表示沿 $\dot{\boldsymbol{t}}=\frac{\mathrm{d}\boldsymbol{t}}{\mathrm{d}s}$ 的单位向量，那么就有

$$\boldsymbol{k}=\dot{\boldsymbol{t}}=\kappa\boldsymbol{n}$$

此即(4.11).

**例 1** 半径为 $r$ 的圆的曲率.

由 $\Delta s=\frac{2\pi r}{2\pi}\Delta\theta$，有

$$\kappa=\lim_{\Delta s\to 0}\left|\frac{\Delta \theta}{\Delta s}\right|=\frac{1}{r}$$

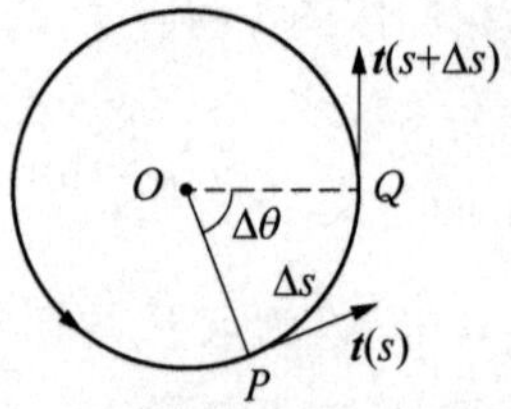

图 2

$r$ 称为曲率半径，$r$ 越大，曲率 $\kappa$ 越小.

# 附录 2

## $\kappa_n = \dfrac{\mathrm{II}}{\mathrm{I}}$ 的另一种证明

设曲面 $S$ 上过点 $P$ 的曲线 $C$：$\boldsymbol{x}=\boldsymbol{x}(u^1(t),\ u^2(t))$，而令 $c^i=\dfrac{\mathrm{d}u^i}{\mathrm{d}t}$，$i=1$，2，就有

$$\boldsymbol{x}'=\frac{\mathrm{d}\boldsymbol{x}}{\mathrm{d}t}=\frac{\partial \boldsymbol{x}}{\partial u^1}\frac{\mathrm{d}u^1}{\mathrm{d}t}+\frac{\partial \boldsymbol{x}}{\partial u^2}\frac{\mathrm{d}u^2}{\mathrm{d}t}=c^1\boldsymbol{x}_1+c^2\boldsymbol{x}_2=c^i\boldsymbol{x}_i$$

于是在点 $P$ 的 $C$ 的切向量

$$\boldsymbol{t}=\frac{\boldsymbol{x}'}{|\boldsymbol{x}'|}=\frac{c^l\boldsymbol{x}_l}{\sqrt{g_{ij}c^ic^j}}$$

对 $\boldsymbol{t}$ 关于参数 $t$ 再求一次导数，则有

$$\boldsymbol{t}'=\frac{\mathrm{d}}{\mathrm{d}t}\left(\frac{\boldsymbol{x}'}{|\boldsymbol{x}'|}\right)=\frac{\mathrm{d}}{\mathrm{d}t}\left(\frac{c^l}{\sqrt{g_{ij}c^ic^j}}\right)\boldsymbol{x}_l+\frac{c^l}{\sqrt{g_{ij}c^ic^j}}\frac{\mathrm{d}}{\mathrm{d}t}\boldsymbol{x}_l$$

令 $Q^l=\dfrac{\mathrm{d}}{\mathrm{d}t}\left(\dfrac{c^l}{\sqrt{g_{ij}c^ic^j}}\right)$，且从 $\dfrac{\mathrm{d}\boldsymbol{x}_l}{\mathrm{d}t}=\dfrac{\partial \boldsymbol{x}_l}{\partial u^k}\dfrac{\mathrm{d}u^k}{\mathrm{d}t}\equiv \boldsymbol{x}_{lk}c^k$，有

$$\boldsymbol{t}'=Q^l\boldsymbol{x}_l+\frac{c^l}{\sqrt{g_{ij}c^ic^j}}c^k\boldsymbol{x}_{lk}$$

为了把此式与曲线 $C$ 在点 $P$ 的曲率 $\kappa$ 联系起来，我们应用费雷内-塞雷公式(参见(4.28))中的

$$\dot{\boldsymbol{t}}=\frac{\mathrm{d}\boldsymbol{t}}{\mathrm{d}s}=\kappa\boldsymbol{n}$$

以及(参见例 4.3.2)

$$\dot{\boldsymbol{t}}=\frac{\boldsymbol{t}'}{|\boldsymbol{x}'|}=\frac{\boldsymbol{t}'}{\sqrt{g_{ij}c^ic^j}}$$

这就有

$$\dot{\boldsymbol{t}}=\kappa\boldsymbol{n}=\frac{Q^i}{\sqrt{g_{ij}c^ic^j}}\boldsymbol{x}_i+\frac{c^ic^j}{g_{ij}c^ic^j}\boldsymbol{x}_{ij}$$

将此式的两边与曲面 $S$ 在点 $P$ 的单位法向量 $\boldsymbol{N}$ 作内积，因为 $\boldsymbol{x}_i\cdot\boldsymbol{N}=0$，$i=1, 2$，这就推得

$$\kappa\boldsymbol{n}\cdot\boldsymbol{N}=\frac{c^ic^j}{g_{ij}c^ic^j}\boldsymbol{x}_{ij}\cdot\boldsymbol{N}$$

此式右边的两个因式分别为

$$\frac{c^ic^j}{g_{ij}c^ic^j}=\frac{\frac{\mathrm{d}u^i}{\mathrm{d}t}\frac{\mathrm{d}u^j}{\mathrm{d}t}}{g_{ij}\frac{\mathrm{d}u^i}{\mathrm{d}t}\frac{\mathrm{d}u^j}{\mathrm{d}t}}=\frac{\mathrm{d}u^i\mathrm{d}u^j}{g_{ij}\mathrm{d}u^i\mathrm{d}u^j}$$

$$\boldsymbol{x}_{ij}\cdot\boldsymbol{N}=\begin{cases}\boldsymbol{x}_{11}\cdot\boldsymbol{N}=L\\ \boldsymbol{x}_{12}\boldsymbol{N}=\boldsymbol{x}_{21}\boldsymbol{N}=M\quad(\text{参见 }5.63)\\ \boldsymbol{x}_{22}\cdot\boldsymbol{N}=N\end{cases}$$

于是最后得出

$$\kappa\boldsymbol{n}\cdot\boldsymbol{N}=\frac{\mathrm{II}}{\mathrm{I}}$$

当 $C$ 是曲面上过点 $P$ 的一般曲线时，由 $\boldsymbol{n}\cdot\boldsymbol{N}=\cos\measuredangle(\boldsymbol{n}, \boldsymbol{N})$，而令 $\kappa_n=\kappa\cos\measuredangle(\boldsymbol{n}, \boldsymbol{N})$，就有

$$\kappa_n=\frac{\mathrm{II}}{\mathrm{I}}$$

这就是(6.9).

当 $C$ 是曲面上过点 $P$ 的法截线时，由 $\boldsymbol{N}=\pm\boldsymbol{n}$，就有

$$x=\frac{\mathrm{II}}{\mathrm{I}}$$

其中

$$x=\kappa\boldsymbol{n}\cdot\mathbf{N}=\pm\kappa$$

这两个式子就是(6.12),(6.13),我们可以把 $x$ 称为“带附号的”曲率.

# 附录 3

## 曲面上点 $P$ 的带符号的曲率 $\kappa$ 取极值时应满足的方程式

下面用由(6.12),(6.13)给出的

$$x=\frac{\text{II}}{\text{I}}=\frac{L\mathrm{d}u^2+2M\mathrm{d}u\mathrm{d}v+N\mathrm{d}v^2}{E\mathrm{d}u^2+2F\mathrm{d}u\mathrm{d}v+G\mathrm{d}v^2},\tag{1}$$

$$x=\pm\kappa.\tag{2}$$

来求对应于 $x$ 的极值,即点 $P$ 的主曲率,此时的主方向应满足的方程式可如下求得. 从(1),可得

$$x(E\mathrm{d}u^2+2F\mathrm{d}u\mathrm{d}v+G\mathrm{d}v^2)-(L\mathrm{d}u^2+2M\mathrm{d}u\mathrm{d}v+N\mathrm{d}v^2)=0,\tag{3}$$

因为对于点 $P$ 而言, $E$, $F$, $G$; $L$, $M$, $N$ 都是常数,那么 $x$ 就仅是方向 $\mathrm{d}u:\mathrm{d}v$, $\mathrm{d}u^2+\mathrm{d}v^2\neq0$ 的函数. 不失一般性,设 $\mathrm{d}v\neq0$,而令 $\mu=\frac{\mathrm{d}u}{\mathrm{d}v}$,这样(3)就可写成

$$(xE-L)\mu^2+2(xF-M)\mu+(xG-N)=0\tag{4}$$

把其中的 $2(xF-M)\mu$ 分成两项,那么(4)又可写成

$$[(xE-L)\mu+(xF-M)]\mu+[(xF-M)\mu+(xG-N)]=0\tag{5}$$

在(4)中关于 $\mu$ 求导数,有

$$2[(xE-L)\mu+(xF-M)]+(E\mu^2+2F\mu+G)\frac{\mathrm{d}x}{\mathrm{d}\mu}=0\tag{6}$$

其中对于 $x$ 的逗留值有，$\dfrac{\mathrm{d}x}{\mathrm{d}\mu}=0$，这就推得

$$(xE-L)\mu+(xF-M)=0 \tag{7}$$

再把此式代入(5)，又得出

$$(xF-M)\mu+(xG-N)=0 \tag{8}$$

反过来，若(7)，(8)成立，则(5)，或(4)成立，即(6)成立.(6)与(7)给出

$$(E\mu^2+2F\mu+G)\frac{\mathrm{d}x}{\mathrm{d}\mu}=0 \tag{9}$$

其中 $E\mu^2+2F\mu+G$ 的判别式 $\Delta=4F^2-4EG<0$，从而对任意 $\mu\in\mathbf{R}$，$E\mu^2+2F\mu+G\neq0$，这样就有

$$\frac{\mathrm{d}x}{\mathrm{d}\mu}=0 \tag{10}$$

因此，(7)，(8)是(1)有极值的充要条件.

把 $\mu=\dfrac{\mathrm{d}u}{\mathrm{d}v}$ 代入(7)，(8)可得

$$\begin{aligned}(xE-L)\mathrm{d}u+(xF-M)\mathrm{d}v&=0\\(xF-M)\mathrm{d}u+(xG-N)\mathrm{d}v&=0\end{aligned} \tag{11}$$

此即(6.15).

# 附录 4

## 变分法中的欧拉–拉格朗日方程

我们来讨论使积分

$$I(x(t))=\int_{t_0}^{t_1}F(t,x,\dot{x})\mathrm{d}t$$

取得极值时的条件，其中 $\dot{x}=\dfrac{\mathrm{d}x}{\mathrm{d}t}$，且参数 $t_0$，$t_1$ 给出 $x(t)$ 的端点值 $x(t_0)$，$x(t_1)$.

考虑与 $x(t)$ 非常邻近的函数 $\bar{x}(t)=x(t)+\varepsilon\eta(t)$，其中邻近在数学上是指 $\varepsilon$ 为极小，且是与 $t$ 无关的变量，而 $\eta(t)$ 是任意函数，只不过要求 $\eta(t_0)=\eta(t_1)=0$，以保证 $\bar{x}(t)$ 与 $x(t)$ 有同样的端点值. 构造积分

$$I(\varepsilon)=\int_{t_0}^{t_1}F(t,\bar{x},\dot{\bar{x}})\mathrm{d}t=\int_{t_0}^{t_1}F(t,x+\varepsilon\eta,\dot{x}+\varepsilon\dot{\eta})\mathrm{d}t$$

它在 $\varepsilon=0$ 时有极值，因此

$$\left.\frac{\mathrm{d}I}{\mathrm{d}\varepsilon}\right|_{\varepsilon=0}=0$$

通过对被积函数求导来计算这个导数(参见参考文献[22])，就有

$$\begin{aligned}\left.\frac{\mathrm{d}I}{\mathrm{d}\varepsilon}\right|_{\varepsilon=0}&=\int_{t_0}^{t_1}\left(\frac{\partial F}{\partial x}\eta+\frac{\partial F}{\partial\dot{x}}\dot{\eta}\right)\mathrm{d}t\\&=\int_{t_0}^{t_1}\frac{\partial F}{\partial x}\eta\mathrm{d}t+\left.\frac{\partial F}{\partial\dot{x}}\eta\right|_{t_0}^{t_1}-\int_{t_0}^{t_1}\eta\frac{\mathrm{d}}{\mathrm{d}t}\left(\frac{\partial F}{\partial\dot{x}}\right)\mathrm{d}t\\&=\int_{t_0}^{t_1}\eta\left(\frac{\partial F}{\partial x}-\frac{\mathrm{d}}{\mathrm{d}t}\left(\frac{\partial F}{\partial\dot{x}}\right)\right)\mathrm{d}t=0\end{aligned}$$

计算中采用了分部积分，以及用到了 $\eta(t_0)=\eta(t_1)=0$. 因为 $\eta(t)$是任意的，这就得出

$$\frac{\partial F}{\partial x}-\frac{\mathrm{d}}{\mathrm{d}t}\left(\frac{\partial F}{\partial \dot{x}}\right)=0$$

此即**欧拉-拉格朗日方程**. 对于

$$I=\int_{t_0}^{t_1} F(t,\ u^1(t),\ \dot{u}^1(t),\ u^2(t),\ \dot{u}^2(t))\mathrm{d}t$$

其中 $\dot{u}^i(t)=\frac{\mathrm{d}u^i}{\mathrm{d}t}$, $i=1,\ 2$, 同样可以证得

$$\frac{\mathrm{d}}{\mathrm{d}t}\left(\frac{\partial F}{\partial \dot{u}^i}\right)-\frac{\partial F}{\partial u^i}=0,\ i=1,\ 2.$$

# 附录 5

## 最速降线是摆线

我们要对 $F(y, y') = \sqrt{\frac{1+y'^2}{2gy}}$，求解方程

$$\frac{\partial F}{\partial y} - \frac{\mathrm{d}}{\mathrm{d}x}\left(\frac{\partial F}{\partial y'}\right) = 0 \tag{1}$$

其中 $y' = \frac{\mathrm{d}y}{\mathrm{d}x}$. 先计算

$$\begin{aligned}\frac{\mathrm{d}}{\mathrm{d}x}\left(F(y, y') - y'\frac{\partial F}{\partial y'}\right) &= \frac{\partial F}{\partial y}\frac{\partial y}{\partial x} + \frac{\partial F}{\partial y'}\frac{\mathrm{d}y'}{\mathrm{d}x} - \frac{\mathrm{d}y'}{\mathrm{d}x}\frac{\partial F}{\partial y'} - y'\frac{\mathrm{d}}{\mathrm{d}x}\left(\frac{\partial F}{\partial y'}\right) \\ &= y'\left[\frac{\partial F}{\partial y} - \frac{\mathrm{d}}{\mathrm{d}x}\left(\frac{\partial F}{\partial y'}\right)\right]\end{aligned} \tag{2}$$

由(1)可知(2)为零，因此

$$F(y, y') - y'\frac{\partial F}{\partial y'} = c.$$

或

$$\sqrt{\frac{1+y'^2}{2gy}} - y'\left(\frac{y'}{\sqrt{2gy}\sqrt{1+y'^2}}\right) = c$$

经化简后有

$$y(1+y'^2) = \frac{1}{2gc^2} \tag{3}$$

这是最速降线应满足的微分方程. 令 $2gc^2 = \frac{1}{2r}$，而有

$$y(1+y'^2)=2r \tag{4}$$

我们将其解给出的曲线 $y=y(x)$，用参数 $\theta$ 表示为 $y=y(\theta)$，$x=x(\theta)$，而其中的 $\theta$ 由下式定义

$$y'=\cot\frac{\theta}{2}, \tag{5}$$

于是从

$$\frac{1}{1+\cot^2\theta}=\frac{1}{1+\dfrac{\cos^2\theta}{\sin^2\theta}}=\sin^2\theta$$

就可把(4)写成

$$y=\frac{2r}{1+y'^2}=\frac{2r}{1+\cot^2\dfrac{\theta}{2}}=2r\sin^2\frac{\theta}{2}=r(1-\cos\theta). \tag{6}$$

这是最速降线 $y$ 坐标的参数方程. 为了求得它的 $x$ 坐标的参数方程，我们对(6)关于 $\theta$ 求导，由此得出

$$\frac{\mathrm{d}y}{\mathrm{d}\theta}=r\sin\theta$$

然后从

$$\frac{\mathrm{d}y}{\mathrm{d}\theta}=\frac{\mathrm{d}y}{\mathrm{d}x}\frac{\mathrm{d}x}{\mathrm{d}\theta}=y'\frac{\mathrm{d}x}{\mathrm{d}\theta}=\cot\frac{\theta}{2}\frac{\mathrm{d}x}{\mathrm{d}\theta}$$

有

$$\frac{\mathrm{d}x}{\mathrm{d}\theta}=\frac{r\sin\theta}{\cot\dfrac{\theta}{2}}=2r\sin^2\frac{\theta}{2}=r(1-\cos\theta)$$

对此式积分给出

$$x=r(\theta-\sin\theta)+c_0. \tag{7}$$

按端点条件 $x=0$ 时，$y=0$，则先由(6)得出 $\theta_0=0$，再由(7)得出 $c_0=0$. 因

此，最后有最速降线的下列参数方程

$$\begin{aligned} x &= r(\theta - \sin\theta), \\ y &= r(1 - \cos\theta). \end{aligned} \tag{8}$$

这正是摆线的参数方程，所以最速降线是摆线(参见参考文献[16]). 摆线又称旋轮线，它指的是一个半径为 $r$ 的圆沿一条直线运动时，圆边界上一定点随运动而划出的轨迹. 摆线有许多奇妙的特性，例如圆旋转一周后，摆线的长度是 $s=8r$，且此时摆线下的面积 $S=3(\pi r^2)$ 等. 特别地，最速降线又是等时曲线：从最速降线上任意一点静止出发的质点 $m$ 到达 $A$ 点的时间是一样的.(参见图 8.2.1)

# 附录 6

## 引入参数 $\bar{u}$，$\bar{v}$ 使曲率线族成为 $\bar{u}$ 参数族与 $\bar{v}$ 参数族

曲率线族为

$$(EM-LF)\mathrm{d}u^2+(EN-LG)\mathrm{d}u\mathrm{d}v+(FN-MG)\mathrm{d}v^2=0 \tag{1}$$

的解(参见(6.29)).由于(1)的判别式(不包含脐点①时)

$$\Delta=(EN-LG)^2-4(EM-LF)(FN-MG)>0 \tag{2}$$

(参见§6.5，[2])，因此(1)可分解为两族曲率线方程(参见§6.8)②

$$A_i\mathrm{d}u+B_i\mathrm{d}v=0,\ i=1,\ 2 \tag{3}$$

其中 $A_i$，$B_i$ 是 $u$，$v$ 的函数.设 $\lambda_i$，$i=1$，2 为(3)的任意一个积分因子，即由下面定义的

---

① 对于非脐点，在(1)的系数 $(EM-LF)$，$(EN-LG)$，$(FN-MG)$ 中至少有一个不为零(参见例 6.6.4)，不失一般性，可设 $EM-LF\neq 0$.

② 设 $\frac{\mathrm{d}u}{\mathrm{d}v}=x$，则(1)可写成

$$(EM-LF)x^2+(EN-LG)x+(FN-MG)=0$$

再设它的 2 个不同根为 $x_1$，$x_2$，则由代数基本定理(参见参考文献[9])可知上式可表为

$$(x-x_1)(x-x_2)=0$$

而由 $x-x_1=0$，给出 $\frac{\mathrm{d}u}{\mathrm{d}v}=x_1\equiv-\frac{B_1}{A_1}$，即

$$A_1\mathrm{d}u+B_1\mathrm{d}v=0.$$

由 $x-x_2=0$，给出 $\frac{\mathrm{d}u}{\mathrm{d}v}=x_2=-\frac{B_2}{A_2}$，即

$$A_2\mathrm{d}u+B_2\mathrm{d}v=0.$$

$$d\bar{u}=\lambda_1 A_1 du+\lambda_1 B_1 dv \tag{4}$$

$$d\bar{v}=\lambda_2 A_2 du+\lambda_2 B_2 dv \tag{5}$$

都是全微分，以此引入

$$\begin{aligned}\bar{u}&=\bar{u}(u,\ v)\\ \bar{v}&=\bar{v}(u,\ v)\end{aligned} \tag{6}$$

因为在曲面的每一点上，两个主方向相互垂直，也即曲率线互不相切，因此行列式①

$$\begin{vmatrix} A_1 & B_1 \\ A_2 & B_2 \end{vmatrix} \neq 0 \tag{7}$$

所以，由参数变换(6)给出的雅可比行列式

$$\begin{aligned}\frac{\partial(\bar{u},\ \bar{v})}{\partial(u,\ v)}&=\begin{vmatrix} \dfrac{\partial \bar{u}}{\partial u} & \dfrac{\partial \bar{v}}{\partial u} \\ \dfrac{\partial \bar{u}}{\partial v} & \dfrac{\partial \bar{v}}{\partial v} \end{vmatrix}=\begin{vmatrix} \lambda_1 A_1 & \lambda_2 A_2 \\ \lambda_1 B_1 & \lambda_2 B_2 \end{vmatrix}\\ &=\lambda_1\lambda_2\begin{vmatrix} A_1 & A_2 \\ B_1 & B_2 \end{vmatrix}\neq 0\end{aligned} \tag{8}$$

因此，$\bar{u}$，$\bar{v}$ 可作曲率线的新参数，且在由 $A_1 du+B_1 dv=0$ 给出的曲率线族上，$d\bar{u}=\lambda_1 A_1 du+\lambda_1 B_1 dv=0$，即 $\bar{u}$ 不变，因而给出了 $\bar{v}$ 曲线. 类似地，在由 $A_2 du+B_2 dv=0$ 给出的曲率线族上，$d\bar{v}=\lambda_2 A_2 du+\lambda_2 B_2 dv=0$，因此这些曲率线族给出了 $\bar{u}$ 曲线.

---

① 由 $A_1 du+A_2 dv=0$ 给出的积分曲线在点 P 的切线方向为 $du:dv=-A_2:A_1$. 同样，由 $B_1 du+B_2 dv=0$ 给出的积分曲线在点 P 的切线方向为 $du:dv=-B_2:B_1$. 若在点 $P$ 有 $\begin{vmatrix} A_1 & A_2 \\ B_1 & B_2 \end{vmatrix}=0$，则存在 $\mu\in\mathbf{R}$，使得 $B_1=\mu A_1$，$B_2=\mu A_2$，因此

$$-B_2:B_1=-\mu A_2:\mu A_1=-A_2:A_1$$

这表明这两个切线方向一致. 因此，这两条曲率线在点 P 就相切了.

# 附录 7

## 测地曲率 $\kappa_g$ 的计算公式

为了使用(9.11)的 $[\dot{\boldsymbol{x}}\ddot{\boldsymbol{x}}\boldsymbol{N}]$ 来计算 $\kappa_g$,我们先从用弧长 $s$ 作参数的 $\boldsymbol{x}=\boldsymbol{x}(u(s),\ v(s))$ 求出 $\dot{\boldsymbol{x}}$ 与 $\ddot{\boldsymbol{x}}$:

$$\dot{\boldsymbol{x}}=\frac{\mathrm{d}\boldsymbol{x}}{\mathrm{d}s}=\frac{\partial\boldsymbol{x}}{\partial u}\frac{\mathrm{d}u}{\mathrm{d}s}+\frac{\partial\boldsymbol{x}}{\partial v}\frac{\mathrm{d}v}{\mathrm{d}s}=\boldsymbol{x}_u\frac{\mathrm{d}u}{\mathrm{d}s}+\boldsymbol{x}_v\frac{\mathrm{d}v}{\mathrm{d}s}.$$

$$\begin{aligned}\ddot{\boldsymbol{x}}&=\frac{\mathrm{d}}{\mathrm{d}s}\left(\frac{\mathrm{d}\boldsymbol{x}}{\mathrm{d}s}\right)=\left(\frac{\mathrm{d}}{\mathrm{d}s}\boldsymbol{x}_u\right)\frac{\mathrm{d}u}{\mathrm{d}s}+\boldsymbol{x}_u\frac{\mathrm{d}^2u}{\mathrm{d}s^2}+\left(\frac{\mathrm{d}}{\mathrm{d}s}\boldsymbol{x}_v\right)\frac{\mathrm{d}v}{\mathrm{d}s}+\boldsymbol{x}_v\frac{\mathrm{d}^2v}{\mathrm{d}s^2}\\&=\left(\frac{\partial\boldsymbol{x}_u}{\partial u}\frac{\mathrm{d}u}{\mathrm{d}s}+\frac{\partial\boldsymbol{x}_u}{\partial v}\frac{\mathrm{d}v}{\mathrm{d}s}\right)\frac{\mathrm{d}u}{\mathrm{d}s}+\boldsymbol{x}_u\frac{\mathrm{d}^2u}{\mathrm{d}s^2}+\left(\frac{\partial\boldsymbol{x}_v}{\partial u}\frac{\mathrm{d}u}{\mathrm{d}s}+\frac{\partial\boldsymbol{x}_v}{\mathrm{d}v}\frac{\mathrm{d}v}{\mathrm{d}s}\right)\frac{\mathrm{d}v}{\mathrm{d}s}+\boldsymbol{x}_v\frac{\mathrm{d}^2v}{\mathrm{d}s^2}\\&=\boldsymbol{x}_{uu}\left(\frac{\mathrm{d}u}{\mathrm{d}s}\right)^2+2\boldsymbol{x}_{uv}\frac{\mathrm{d}u}{\mathrm{d}s}\frac{\mathrm{d}v}{\mathrm{d}s}+\boldsymbol{x}_{vv}\left(\frac{\mathrm{d}v}{\mathrm{d}s}\right)^2+\boldsymbol{x}_u\frac{\mathrm{d}^2u}{\mathrm{d}s^2}+\boldsymbol{x}_v\frac{\mathrm{d}^2v}{\mathrm{d}s^2}\end{aligned}\tag{1}$$

于是用向量混合积的分配律(参见例 1.11.1)展开 $\kappa_g=[\dot{\boldsymbol{x}}\ddot{\boldsymbol{x}}\boldsymbol{N}]$ 就有

$$\begin{aligned}\kappa_g&=[\dot{\boldsymbol{x}}\ddot{\boldsymbol{x}}\boldsymbol{N}]\\&=[\boldsymbol{x}_u\boldsymbol{x}_{uu}\boldsymbol{N}]\left(\frac{\mathrm{d}u}{\mathrm{d}s}\right)^3+\Big(2[\boldsymbol{x}_u\boldsymbol{x}_{uv}\boldsymbol{N}]+[\boldsymbol{x}_v\boldsymbol{x}_{uu}\boldsymbol{N}]\Big)\left(\frac{\mathrm{d}u}{\mathrm{d}s}\right)^2\frac{\mathrm{d}v}{\mathrm{d}s}+\\&\quad([\boldsymbol{x}_u\boldsymbol{x}_{vv}\boldsymbol{N}]+2[\boldsymbol{x}_v\boldsymbol{x}_{uv}\boldsymbol{N}])\frac{\mathrm{d}u}{\mathrm{d}s}\left(\frac{\mathrm{d}v}{\mathrm{d}s}\right)^2+[\boldsymbol{x}_v\boldsymbol{x}_{vv}\boldsymbol{N}]\left(\frac{\mathrm{d}v}{d\mathrm{s}}\right)^3+\\&\quad[\boldsymbol{x}_u\boldsymbol{x}_v\boldsymbol{N}]\left(\frac{\mathrm{d}u}{\mathrm{d}s}\frac{\mathrm{d}^2v}{\mathrm{d}s^2}-\frac{\mathrm{d}^2u}{\mathrm{d}s^2}\frac{\mathrm{d}v}{\mathrm{d}s}\right)\end{aligned}\tag{2}$$

下面来计算式中的$[\boldsymbol{x}_u\boldsymbol{x}_{uu}\boldsymbol{N}]$等 7 个混合积,先计算$[\boldsymbol{x}_u\boldsymbol{x}_{uu}\boldsymbol{N}]$. 为此应用(7.4): $\boldsymbol{x}_{uu}=\Gamma_{11}^1\boldsymbol{x}_u+\Gamma_{11}^2\boldsymbol{x}_v+L\boldsymbol{N}$, 有

$$\begin{aligned}[\boldsymbol{x}_u\boldsymbol{x}_{uu}\boldsymbol{N}]&=[\boldsymbol{x}_u(\Gamma_{11}^1\boldsymbol{x}_u+\Gamma_{11}^2\boldsymbol{x}_v+L\boldsymbol{N})\boldsymbol{N}]\\&=\Gamma_{11}^1[\boldsymbol{x}_u\boldsymbol{x}_u\boldsymbol{N}]+\Gamma_{11}^2[\boldsymbol{x}_u\boldsymbol{x}_v\boldsymbol{N}]+L[\boldsymbol{x}_u\boldsymbol{N}\boldsymbol{N}]=\Gamma_{11}^2[\boldsymbol{x}_u\boldsymbol{x}_v\boldsymbol{N}]\end{aligned}$$

其中用到了混合积的分配律，以及$[\boldsymbol{x}_u\boldsymbol{x}_u\boldsymbol{N}]=[\boldsymbol{x}_u\boldsymbol{N}\boldsymbol{N}]=0$，而最后的$[\boldsymbol{x}_u\boldsymbol{x}_v\boldsymbol{N}]=[\boldsymbol{N}\boldsymbol{x}_u\boldsymbol{x}_v]=\boldsymbol{N}\cdot\boldsymbol{x}_u\times\boldsymbol{x}_v=|\boldsymbol{x}_u\times\boldsymbol{x}_v|=\sqrt{g}$（参见(5.13)，(5.48)）.所以最后有

$$[\boldsymbol{x}_u\boldsymbol{x}_{uu}\boldsymbol{N}]=\Gamma_{11}^2\sqrt{g}=\Gamma_{11}^2\sqrt{EG-F^2},$$

同样可得(作为练习)

$$[\boldsymbol{x}_v\boldsymbol{x}_{uu}\boldsymbol{N}]=-\Gamma_{11}^1\sqrt{EG-F^2},\ [\boldsymbol{x}_u\boldsymbol{x}_{uv}\boldsymbol{N}]=\Gamma_{12}^2\sqrt{EG-F^2}$$

$$[\boldsymbol{x}_v\boldsymbol{x}_{uv}\boldsymbol{N}]=-\Gamma_{12}^1\sqrt{EG-F^2},\ [\boldsymbol{x}_u\boldsymbol{x}_{vv}\boldsymbol{N}]=\Gamma_{22}^2\sqrt{EG-F^2},$$

$$[\boldsymbol{x}_v\boldsymbol{x}_{vv}\boldsymbol{N}]=-\Gamma_{22}^1\sqrt{EG-F^2},$$

把它们代入(2)中，即可得

$$\kappa_g=\left[\Gamma_{11}^2\left(\frac{\mathrm{d}u}{\mathrm{d}s}\right)^3+(2\Gamma_{12}^2-\Gamma_{11}^1)\left(\frac{\mathrm{d}u}{\mathrm{d}s}\right)^2\frac{\mathrm{d}v}{\mathrm{d}s}+(\Gamma_{22}^2-2\Gamma_{12}^1)\frac{\mathrm{d}u}{\mathrm{d}s}\left(\frac{\mathrm{d}v}{\mathrm{d}s}\right)^2-\Gamma_{22}^1\left(\frac{\mathrm{d}v}{\mathrm{d}s}\right)^3+\frac{\mathrm{d}u}{\mathrm{d}s}\frac{\mathrm{d}^2v}{\mathrm{d}s^2}-\frac{\mathrm{d}^2u}{\mathrm{d}s^2}\frac{\mathrm{d}v}{\mathrm{d}s}\right]\sqrt{EG-F^2}.$$

此即正文中的(9.12).

# 附录 8

## 证明 $K(EG-F^2)^2=[\boldsymbol{x}_{uu}\boldsymbol{x}_u\boldsymbol{x}_v][\boldsymbol{x}_{vv}\boldsymbol{x}_u\boldsymbol{x}_v]-[\boldsymbol{x}_{uv}\boldsymbol{x}_u\boldsymbol{x}_v]^2$

正如(6.19)所示

$$K=\frac{LN-M^2}{EG-F^2} \tag{1}$$

其中的 $EG-F^2=g=|\boldsymbol{x}_u\times\boldsymbol{x}_v|^2$(参见(5.48)),而 $L$, $M$, $N$ 由(5.63)给出:

$$\begin{aligned}L&=\boldsymbol{x}_{uu}\cdot\boldsymbol{N}=\boldsymbol{x}_{uu}\cdot\frac{\boldsymbol{x}_u\times\boldsymbol{x}_v}{|\boldsymbol{x}_u\times\boldsymbol{x}_v|}=\frac{[\boldsymbol{x}_{uu}\,\boldsymbol{x}_u\,\boldsymbol{x}_v]}{\sqrt{g}}\\ M&=\boldsymbol{x}_{uv}\cdot\boldsymbol{N}=\boldsymbol{x}_{uv}\cdot\frac{\boldsymbol{x}_u\times\boldsymbol{x}_v}{|\boldsymbol{x}_u\times\boldsymbol{x}_v|}=\frac{[\boldsymbol{x}_{uv}\,\boldsymbol{x}_u\,\boldsymbol{x}_v]}{\sqrt{g}}\\ N&=\boldsymbol{x}_{vv}\cdot\boldsymbol{N}=\boldsymbol{x}_{vv}\cdot\frac{\boldsymbol{x}_u\times\boldsymbol{x}_v}{|\boldsymbol{x}_u\times\boldsymbol{x}_v|}=\frac{[\boldsymbol{x}_{vv}\,\boldsymbol{x}_u\,\boldsymbol{x}_v]}{\sqrt{g}}\end{aligned} \tag{2}$$

将它们代入(1)就得出所要求的结果

$$K=\frac{[\boldsymbol{x}_{uu}\,\boldsymbol{x}_u\,\boldsymbol{x}_v][\boldsymbol{x}_{vv}\,\boldsymbol{x}_u\,\boldsymbol{x}_v]-[\boldsymbol{x}_{uv}\,\boldsymbol{x}_u\,\boldsymbol{x}_v]^2}{(EG-F^2)^2} \tag{3}$$

# 附录 9

## 高斯曲率的行列式表达式

由附录 8 中证明的

$$K(EG-F^2)^2=[\boldsymbol{x}_{uu}\,\boldsymbol{x}_u\,\boldsymbol{x}_v][\boldsymbol{x}_{vv}\,\boldsymbol{x}_u\,\boldsymbol{x}_v]-[\boldsymbol{x}_{uv}\,\boldsymbol{x}_u\,\boldsymbol{x}_v]^2 \tag{1}$$

用(1.30)表明的方法计算上式的右边

$$[\boldsymbol{x}_{uu}\,\boldsymbol{x}_u\,\boldsymbol{x}_v][\boldsymbol{x}_{vv}\,\boldsymbol{x}_u\,\boldsymbol{x}_v]-[\boldsymbol{x}_{uv}\,\boldsymbol{x}_u\,\boldsymbol{x}_v]^2$$

$$=\begin{vmatrix} \boldsymbol{x}_{uu}\cdot\boldsymbol{x}_{vv} & \boldsymbol{x}_{uu}\cdot\boldsymbol{x}_u & \boldsymbol{x}_{uu}\cdot\boldsymbol{x}_v \\ \boldsymbol{x}_u\cdot\boldsymbol{x}_{vv} & \boldsymbol{x}_u\cdot\boldsymbol{x}_u & \boldsymbol{x}_u\cdot\boldsymbol{x}_v \\ \boldsymbol{x}_v\cdot\boldsymbol{x}_{vv} & \boldsymbol{x}_v\cdot\boldsymbol{x}_u & \boldsymbol{x}_v\cdot\boldsymbol{x}_v \end{vmatrix}-\begin{vmatrix} \boldsymbol{x}_{uv}\cdot\boldsymbol{x}_{uv} & \boldsymbol{x}_{uv}\cdot\boldsymbol{x}_u & \boldsymbol{x}_{uv}\cdot\boldsymbol{x}_v \\ \boldsymbol{x}_u\cdot\boldsymbol{x}_{uv} & \boldsymbol{x}_u\cdot\boldsymbol{x}_u & \boldsymbol{x}_u\cdot\boldsymbol{x}_v \\ \boldsymbol{x}_v\cdot\boldsymbol{x}_{uv} & \boldsymbol{x}_v\cdot\boldsymbol{x}_u & \boldsymbol{x}_v\cdot\boldsymbol{x}_v \end{vmatrix}$$

$$=\begin{vmatrix} \boldsymbol{x}_{uu}\cdot\boldsymbol{x}_{vv} & \boldsymbol{x}_{uu}\cdot\boldsymbol{x}_u & \boldsymbol{x}_{uu}\cdot\boldsymbol{x}_v \\ \boldsymbol{x}_u\cdot\boldsymbol{x}_{vv} & E & F \\ \boldsymbol{x}_v\cdot\boldsymbol{x}_{vv} & F & G \end{vmatrix}-\begin{vmatrix} \boldsymbol{x}_{uv}\cdot\boldsymbol{x}_{uv} & \boldsymbol{x}_{uv}\cdot\boldsymbol{x}_u & \boldsymbol{x}_{uv}\cdot\boldsymbol{x}_v \\ \boldsymbol{x}_u\cdot\boldsymbol{x}_{uv} & E & F \\ \boldsymbol{x}_v\cdot\boldsymbol{x}_{uv} & F & G \end{vmatrix} \tag{2}$$

再利用例 7.1.1 的结果

$$\begin{aligned} &\boldsymbol{x}_{uu}\cdot\boldsymbol{x}_u=\frac{1}{2}E_u,\ \boldsymbol{x}_{uu}\cdot\boldsymbol{x}_v=F_u-\frac{1}{2}E_v \\ &\boldsymbol{x}_u\cdot\boldsymbol{x}_{vv}=F_v-\frac{1}{2}G_u,\ \boldsymbol{x}_v\cdot\boldsymbol{x}_{vv}=\frac{1}{2}G_v \\ &\boldsymbol{x}_{uv}\cdot\boldsymbol{x}_u=\frac{1}{2}E_v,\ \boldsymbol{x}_v\cdot\boldsymbol{x}_{uv}=\frac{1}{2}G_u \end{aligned} \tag{3}$$

代入(2)中得出

$$[\boldsymbol{x}_{uu}\,\boldsymbol{x}_u\,\boldsymbol{x}_v][\boldsymbol{x}_{vv}\,\boldsymbol{x}_u\,\boldsymbol{x}_v]-[\boldsymbol{x}_{uv}\,\boldsymbol{x}_u\,\boldsymbol{x}_v]^2$$

$$=\begin{vmatrix} \boldsymbol{x}_{uu}\cdot\boldsymbol{x}_{vv} & \frac{1}{2}E_u & F_u-\frac{1}{2}E_v \\ F_v-\frac{1}{2}G_u & E & F \\ \frac{1}{2}G_v & F & G \end{vmatrix}-\begin{vmatrix} \boldsymbol{x}_{uv}\cdot\boldsymbol{x}_{uv} & \frac{1}{2}E_v & \frac{1}{2}G_u \\ \frac{1}{2}E_v & E & F \\ \frac{1}{2}G_u & F & G \end{vmatrix}, \tag{4}$$

(4)中还有 $\boldsymbol{x}_{uu}\cdot\boldsymbol{x}_{vv}$，$\boldsymbol{x}_{uv}\cdot\boldsymbol{x}_{uv}$ 有待解答，因为除了这 2 个元以外，(4)中的其他元都是曲面上的第一基本形式的系数 $E$，$F$，$G$ 及它们的导数构成的.

注意到在这 2 个行列式中的 $\boldsymbol{x}_{uu}\cdot\boldsymbol{x}_{vv}$，$\boldsymbol{x}_{uv}\cdot\boldsymbol{x}_{uv}$ 有相同的代数余子式 $\begin{vmatrix} E & F \\ F & G \end{vmatrix}$，于是利用它们的第一行(或第一列)展开，从(4)就能得到

$$K(EG-F^2)^2=(\boldsymbol{x}_{uu}\cdot\boldsymbol{x}_{vv}-\boldsymbol{x}_{uv}\cdot\boldsymbol{x}_{uv})\begin{vmatrix} E & F \\ F & G \end{vmatrix}$$

$$+\begin{vmatrix} 0 & \frac{1}{2}E_u & F_u-\frac{1}{2}E_v \\ F_v-\frac{1}{2}G_u & E & F \\ \frac{1}{2}G_v & F & G \end{vmatrix}-\begin{vmatrix} 0 & \frac{1}{2}E_v & \frac{1}{2}G_u \\ \frac{1}{2}E_v & E & F \\ \frac{1}{2}G_u & F & G \end{vmatrix}$$

再利用例 7.1.2 的结果

$$\boldsymbol{x}_{uu}\cdot\boldsymbol{x}_{vv}-\boldsymbol{x}_{uv}\cdot\boldsymbol{x}_{uv}=F_{uv}-\frac{1}{2}E_{vv}-\frac{1}{2}G_{uu},$$

我们便得出了§10.3 中(10.9)的结论：

$$K(EG-F^2)^2=\left(F_{uv}-\frac{1}{2}E_{vv}-\frac{1}{2}G_{uu}\right)(EG-F^2)$$

$$+\begin{vmatrix} 0 & \frac{1}{2}E_u & F_u-\frac{1}{2}E_v \\ F_v-\frac{1}{2}G_u & E & F \\ \frac{1}{2}G_v & F & G \end{vmatrix}-\begin{vmatrix} 0 & \frac{1}{2}E_v & \frac{1}{2}G_u \\ \frac{1}{2}E_v & E & F \\ \frac{1}{2}G_u & F & G \end{vmatrix}. \tag{5}$$

# 附录 10

## 高斯曲率 $K$ 在正交坐标系下的一个表达式

我们先对正文中(10.9)式等号右边的,或附录 9 中(5)式等号右边的第一项和第二项

$$\left(F_{uv}-\frac{1}{2}E_{vv}-\frac{1}{2}G_{uu}\right)(EG-F^2)+\begin{vmatrix} 0 & \frac{1}{2}E_u & F_u-\frac{1}{2}E_v \\ F_v-\frac{1}{2}G_u & E & F \\ \frac{1}{2}G_v & F & G \end{vmatrix} \tag{1}$$

作下列改写. 因为 $EG-F^2=\begin{vmatrix} E & F \\ F & G \end{vmatrix}$, 于是根据行列式的第一行(或第一列)展开就可知(1)中的这两项可归并为下列行列式

$$\begin{vmatrix} F_{uv}-\frac{1}{2}E_{vv}-\frac{1}{2}G_{uu} & \frac{1}{2}E_u & F_u-\frac{1}{2}E_v \\ F_v-\frac{1}{2}G_u & E & F \\ \frac{1}{2}G_v & F & G \end{vmatrix} \tag{2}$$

于是正文中的(10.9),或附录 9 中的(5)就可表为

$$K(EG-F^2)^2=\begin{vmatrix} F_{uv}-\frac{1}{2}E_{vv}-\frac{1}{2}G_{uu} & \frac{1}{2}E_u & F_u-\frac{1}{2}E_v \\ F_v-\frac{1}{2}G_u & E & F \\ \frac{1}{2}G_v & F & G \end{vmatrix}-\begin{vmatrix} 0 & \frac{1}{2}E_v & \frac{1}{2}G_u \\ \frac{1}{2}E_v & E & F \\ \frac{1}{2}G_u & F & G \end{vmatrix},\tag{3}$$

这是高斯曲率的巴尔策表述(参见§10.3)的常见形式.

如果我们采用正交坐标系,那么 $F=0$. 于是(3)就简化为

$$K=\frac{1}{(EG)^2}\begin{vmatrix} -\frac{1}{2}E_{vv}-\frac{1}{2}G_{uu} & \frac{1}{2}E_u & -\frac{1}{2}E_v \\ -\frac{1}{2}G_u & E & 0 \\ \frac{1}{2}G_v & 0 & G \end{vmatrix}-\frac{1}{(EG)^2}\begin{vmatrix} 0 & \frac{1}{2}E_v & \frac{1}{2}G_u \\ \frac{1}{2}E_v & E & 0 \\ \frac{1}{2}G_u & 0 & G \end{vmatrix}\tag{4}$$

把这 2 个行列式展开,经过一些运算就能得出

$$\begin{aligned} K&=-\frac{1}{\sqrt{EG}}\left[\left(\frac{(\sqrt{G})_u}{\sqrt{E}}\right)_u+\left(\frac{(\sqrt{E})_v}{\sqrt{G}}\right)_v\right] \\ &=-\frac{1}{\sqrt{EG}}\left[\frac{\partial}{\partial u}\left(\frac{1}{\sqrt{E}}\frac{\partial\sqrt{G}}{\partial u}\right)+\frac{\partial}{\partial v}\left(\frac{1}{\sqrt{G}}\frac{\partial\sqrt{E}}{\partial v}\right)\right] \end{aligned}\tag{5}$$

这就是正文中的(10.10).

# 附录 11

## 证明测地曲率 $\kappa_g$ 的刘维尔公式

我们在 $u$ 曲线与 $v$ 曲线是正交，即 $F=\boldsymbol{x}_u\cdot\boldsymbol{x}_v=0$ 的条件下，证明刘维尔公式.

针对 § 10.5 引入的 $\boldsymbol{g}_1=\dfrac{\boldsymbol{x}_u}{\sqrt{E}}$, $\boldsymbol{g}_2=\dfrac{\boldsymbol{x}_v}{\sqrt{G}}$，按图 10.5.1，有

$$\boldsymbol{t}=\cos\theta\boldsymbol{g}_1+\sin\theta\boldsymbol{g}_2, \tag{1}$$

$$\boldsymbol{U}=\cos(90^\circ+\theta)\boldsymbol{g}_1+\sin(90^\circ+\theta)\boldsymbol{g}_2=-\sin\theta\boldsymbol{g}_1+\cos\theta\boldsymbol{g}_2. \tag{2}$$

$\boldsymbol{g}_1$, $\boldsymbol{g}_2$ 是在切平面中的，再引入

$$\boldsymbol{g}_3=\boldsymbol{g}_1\times\boldsymbol{g}_2=\boldsymbol{N}. \tag{3}$$

其中的最后一个等式是因为 $\boldsymbol{g}_3$ 必是切平面的法线 $\boldsymbol{N}$. 因此，$\boldsymbol{g}_1$, $\boldsymbol{g}_2$, $\boldsymbol{g}_3$ 就是曲面 $S$ 上的一个活动坐标系，且是一个标准正交系，即

$$\boldsymbol{g}_i\cdot\boldsymbol{g}_j=\delta_{ij} \tag{4}$$

据此，对 $(\boldsymbol{g}_i)_u=\dfrac{\partial\boldsymbol{g}_i}{\partial u}$, $(\boldsymbol{g}_i)_v=\dfrac{\partial\boldsymbol{g}_i}{\partial v}$, $i=1, 2, 3$ 分别用 $\boldsymbol{g}_1$, $\boldsymbol{g}_2$, $\boldsymbol{g}_3$ 展开就有

$$(\boldsymbol{g}_i)_u=\sum_{j=1}^{3}a_{ij}\boldsymbol{g}_j,\quad (\boldsymbol{g}_i)_v=\sum_{j=1}^{3}b_{ij}\boldsymbol{g}_j,\ i=1, 2, 3. \tag{5}$$

利用(4)，根据(5)容易得出

$$a_{ij}=(\boldsymbol{g}_i)_u\cdot\boldsymbol{g}_j,\quad b_{ij}=(\boldsymbol{g}_i)_v\cdot\boldsymbol{g}_j,\ i, j=1, 2, 3 \tag{6}$$

又根据(4)有 $(\boldsymbol{g}_i)_u\cdot\boldsymbol{g}_j+\boldsymbol{g}_i(\boldsymbol{g}_j)_u=0$，因此得出

$$a_{ij}=-a_{ji},\quad i,j=1,2,3 \tag{7}$$

同样可得(作为练习)

$$b_{ij}=-b_{ji},\quad i,j=1,2,3 \tag{8}$$

这两个等式表明 $a_{ij}$，$b_{ij}$ 关于它们的下标是反对称的.

利用(6)可以求出 $a_{ij}$，$b_{ij}$. 为此先计算

$$\begin{aligned}(\boldsymbol{g}_1)_u&=\left(\frac{\boldsymbol{x}_u}{\sqrt{E}}\right)_u=\frac{\boldsymbol{x}_{uu}}{\sqrt{E}}+\left(\frac{1}{\sqrt{E}}\right)_u\boldsymbol{x}_u,\\(\boldsymbol{g}_1)_v&=\left(\frac{\boldsymbol{x}_u}{\sqrt{E}}\right)_v=\frac{\boldsymbol{x}_{uv}}{\sqrt{E}}+\left(\frac{1}{\sqrt{E}}\right)_v\boldsymbol{x}_u,\\(\boldsymbol{g}_2)_u&=\left(\frac{\boldsymbol{x}_v}{\sqrt{G}}\right)_u=\frac{\boldsymbol{x}_{vu}}{\sqrt{G}}+\left(\frac{1}{\sqrt{G}}\right)_u\boldsymbol{x}_v,\\(\boldsymbol{g}_2)_v&=\left(\frac{\boldsymbol{x}_v}{\sqrt{G}}\right)_v=\frac{\boldsymbol{x}_{vv}}{\sqrt{G}}+\left(\frac{1}{\sqrt{G}}\right)_v\boldsymbol{x}_v.\end{aligned} \tag{9}$$

于是，例如对 $a_{12}$ 就可如下算得

$$a_{12}=-a_{21}=-(\boldsymbol{g}_2)_u\cdot\boldsymbol{g}_1=-\frac{\boldsymbol{x}_{uv}\cdot\boldsymbol{x}_u}{\sqrt{EG}} \tag{10}$$

其中用到了 $F=\boldsymbol{x}_u\cdot\boldsymbol{x}_v=0$. 再从 $E=\boldsymbol{x}_u\cdot\boldsymbol{x}_u$，有 $E_v=2\boldsymbol{x}_{uv}\cdot\boldsymbol{x}_u$，

那么(10)就可表为

$$a_{12}=-a_{21}=-\frac{E_v}{2\sqrt{EG}}, \tag{11}$$

同样可得(参见 §5.13，作为练习)

$$\begin{gathered}a_{13}=-a_{31}=\frac{L}{\sqrt{E}},\ a_{23}=-a_{32}=\frac{M}{\sqrt{G}},\\b_{12}=-b_{21}=\frac{G_u}{2\sqrt{EG}},\ b_{13}=-b_{31}=\frac{M}{\sqrt{E}},\ b_{23}=-b_{32}=\frac{N}{\sqrt{G}}.\end{gathered} \tag{12}$$

如果我们采用求微分的话，则可将(5)中的两组等式合并在一起. 为此对 $\mathrm{d}\boldsymbol{g}_i$ 用 $\boldsymbol{g}_1$，$\boldsymbol{g}_2$，$\boldsymbol{g}_3$ 展开，而有

$$\mathrm{d}\boldsymbol{g}_i=\sum_{j=1}^{3}w_{ij}\boldsymbol{g}_j,\ i=1,\ 2,\ 3 \tag{13}$$

然而

$$\mathrm{d}\boldsymbol{g}_i=(\boldsymbol{g}_i)_u\mathrm{d}u+(\boldsymbol{g}_i)_v\mathrm{d}v,\ i=1,\ 2,\ 3 \tag{14}$$

因此利用(5),有

$$\mathrm{d}\boldsymbol{g}_i=\sum_{j=1}^{3}w_{ij}\boldsymbol{g}_j=\Big(\sum_{j=1}^{3}a_{ij}\boldsymbol{g}_j\Big)\mathrm{d}u+\Big(\sum_{j=1}^{3}b_{ij}\boldsymbol{g}_j\Big)\mathrm{d}v$$

由此可得

$$w_{ij}=a_{ij}\mathrm{d}u+b_{ij}\mathrm{d}v \tag{15}$$

利用 $w_{ij}$ 的这一表达式,从 $a_{ij}$, $b_{ij}$ 的反对称性,先有

$$w_{ij}=-w_{ji} \tag{16}$$

即 $w_{ij}$ 关于它的下标也是反对称的. 其次把(11),(12)代入(15)不难得出

$$\begin{aligned}w_{12}&=-w_{21}=\frac{-E_v\mathrm{d}u+G_u\mathrm{d}v}{2\sqrt{EG}},\\ w_{23}&=-w_{32}=\frac{M\mathrm{d}u+N\mathrm{d}v}{\sqrt{G}},\\ w_{31}&=-w_{13}=-\frac{L\mathrm{d}u+M\mathrm{d}v}{\sqrt{E}}.\end{aligned} \tag{17}$$

至此,(13)中的各系数就有了明晰的表达式. 下面我们应用(13),按(1)来求

$$\begin{aligned}\mathrm{d}\boldsymbol{t}&=\mathrm{d}(\cos\theta\boldsymbol{g}_1+\sin\theta\boldsymbol{g}_2)=\cos\theta\mathrm{d}\boldsymbol{g}_1+\sin\theta\mathrm{d}\boldsymbol{g}_2+(-\sin\theta\boldsymbol{g}_1+\cos\theta\boldsymbol{g}_2)\mathrm{d}\theta\\ &=\cos\theta(w_{12}\boldsymbol{g}_2+w_{13}\boldsymbol{g}_3)+\sin\theta(w_{21}\boldsymbol{g}_1+w_{23}\boldsymbol{g}_3)+\boldsymbol{U}\mathrm{d}\theta\end{aligned} \tag{18}$$

其中用到了(2). 对于(18)中的

$$\begin{aligned}w_{13}\cos\theta\boldsymbol{g}_3+w_{23}\sin\theta\boldsymbol{g}_3&=(w_{13}\cos\theta+w_{23}\sin\theta)\boldsymbol{g}_3\\ &=(w_{13}\cos\theta+w_{23}\sin\theta)\boldsymbol{N},\end{aligned}$$

而

$$
\begin{aligned}
w_{12}\cos\theta\boldsymbol{g}_2+w_{21}\sin\theta\boldsymbol{g}_1&=w_{12}\cos\theta\boldsymbol{g}_2-w_{12}\sin\theta\boldsymbol{g}_1\\
&=w_{12}(\cos\theta\boldsymbol{g}_2-\sin\theta\boldsymbol{g}_1)\\
&=w_{12}\boldsymbol{U}.
\end{aligned}
$$

于是(18)最后可表达为

$$
\mathrm{d}\boldsymbol{t}=(w_{12}+\mathrm{d}\theta)\boldsymbol{U}+(w_{13}\cos\theta+w_{23}\sin\theta)\boldsymbol{N}. \tag{19}
$$

这样,从 $\boldsymbol{N}\cdot\boldsymbol{U}=0$, $\boldsymbol{U}\cdot\boldsymbol{U}=1$,有(参见(9.10))

$$
\kappa_g=\boldsymbol{k}\cdot\boldsymbol{U}=\dot{\boldsymbol{t}}\cdot\boldsymbol{U}=\frac{\mathrm{d}\boldsymbol{t}}{\mathrm{d}s}\cdot\boldsymbol{U}=\frac{w_{12}+\mathrm{d}\theta}{\mathrm{d}s}. \tag{20}
$$

若将(17)中的 $w_{12}$ 代入其中,则得出

$$
\kappa_g=\frac{\mathrm{d}\theta}{\mathrm{d}s}+\frac{1}{2\sqrt{EG}}\left(-E_v\frac{\mathrm{d}u}{\mathrm{d}s}+G_u\frac{\mathrm{d}v}{\mathrm{d}s}\right) \tag{21}
$$

为了求出其中的$\frac{\mathrm{d}u}{\mathrm{d}s}$, $\frac{\mathrm{d}v}{\mathrm{d}s}$,可以将下式

$$
\boldsymbol{t}=\frac{\mathrm{d}\boldsymbol{x}}{\mathrm{d}s}=\boldsymbol{x}_u\frac{\mathrm{d}u}{\mathrm{d}s}+\boldsymbol{x}_v\frac{\mathrm{d}v}{\mathrm{d}s}=\sqrt{E}\frac{\mathrm{d}u}{\mathrm{d}s}\boldsymbol{g}_1+\sqrt{G}\frac{\mathrm{d}v}{\mathrm{d}s}\boldsymbol{g}_2 \tag{22}
$$

与(1)相比,而有

$$
\frac{\mathrm{d}u}{\mathrm{d}s}=\frac{\cos\theta}{\sqrt{E}},\ \frac{\mathrm{d}v}{\mathrm{d}s}=\frac{\sin\theta}{\sqrt{G}} \tag{23}
$$

这样,(21)就成为

$$
\begin{aligned}
\kappa_g&=\frac{\mathrm{d}\theta}{\mathrm{d}s}-\frac{E_v}{2\sqrt{EG}}\frac{\cos\theta}{\sqrt{E}}+\frac{G_u}{2\sqrt{EG}}\frac{\sin\theta}{\sqrt{G}}\\
&=\frac{\mathrm{d}\theta}{\mathrm{d}s}-\frac{1}{2\sqrt{G}}\frac{\partial\ln E}{\partial v}\cos\theta+\frac{1}{2\sqrt{E}}\frac{\partial\ln G}{\partial u}\sin\theta
\end{aligned} \tag{24}
$$

利用(参见(9.16))

$$
\kappa_1=-\frac{1}{2\sqrt{G}}\frac{\partial\ln E}{\partial v},\ \kappa_2=\frac{1}{2\sqrt{E}}\frac{\partial\ln G}{\partial u} \tag{25}
$$

最后有

$$\kappa_g = \frac{\mathrm{d}\theta}{\mathrm{d}s} + \kappa_1 \cos\theta + \kappa_2 \sin\theta \tag{26}$$

此即正文中的刘维尔公式(10.22).

下面我们利用(24)来证明定理 10.2.1. 在此式中,令 $\kappa_g = 0$,这就有

$$\frac{\mathrm{d}\theta}{\mathrm{d}s} = \frac{1}{2\sqrt{G}} \frac{\partial \ln E}{\partial v} \cos\theta - \frac{1}{2\sqrt{E}} \frac{\partial \ln G}{\partial u} \sin\theta \tag{27}$$

这表示的是点 $P$ 的沿任意由 $\theta$ 给出的方向的测地线的微分方程,其中 $\cos\theta$, $\sin\theta$,由(23)给出

$$\cos\theta = \sqrt{E}\,\frac{\mathrm{d}u}{\mathrm{d}s},\ \sin\theta = \sqrt{G}\,\frac{\mathrm{d}v}{\mathrm{d}s} \tag{28}$$

这样,(27)加上(28),构成了自变量为 $s$,因变量为 $\theta$, $u$, $v$ 的 3 个一组的微分方程组. 它的解确定了曲面上的测地线. 对于分别给出初始点$(u_0, v_0)$和初始方向 $\theta_0$ 的初始条件

$$u = u(s_0) = u_0,\ v = v(s_0) = v_0,\ \theta(s_0) = \theta_0 \tag{29}$$

由微分方程理论可知上述微分方程组有唯一解

$$u = u(s),\ v = v(s),\ \theta = \theta(s) \tag{30}$$

这就证明了正文中的定理 10.2.1.

# 附录 12

## 关于在 $\oint_C \mathrm{d}\theta + \sum_i \alpha_i = 2\pi n$ 中，$n=1$ 的一个说明

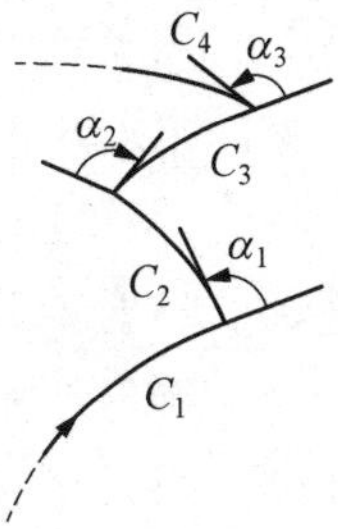


首先提一下：$\theta = \measuredangle(\boldsymbol{t}, \boldsymbol{g}_1)$，而 $\boldsymbol{g}_1$ 沿着积分曲线 $C$ 是在变化的. 再者，其中的外角 $\alpha_i$，$i=1, 2, \cdots$有些是正的(如逆时针的)，有些是负的(顺时针的)，如图 1 如示. 不过，当点 $P$ 经曲线 $C$ 一周而回到原来位置时，$\boldsymbol{t}$，$\boldsymbol{g}_1$ 都回到了原来的位置，因此应有

$$\oint_C \mathrm{d}\theta + \sum_j \alpha_i = 2\pi n, \ n \in \mathbf{Z} \tag{1}$$

下面我们将从拓扑的角度来论证 $n=1$.

我们对曲线 $C$ 作一些连续的形变，因此 $C_i$ 改变了，$\alpha_i$ 也可能改变了，$i=1, 2, \cdots$. 此时我们会得出(1)的左边可能会不变，也可能会有连续变化，但是仍然成立的(1)的右边却告诉我们它那一方要么不变，要么一变至少得改变 $2\pi$. 于是只能得出：(1)的左边在 $C_i$ 的连续变换下是保持不变的. 根据这一考虑，我们将曲线 $C$ 变为一个小小的圆，(1)仍成立. 小圆几乎在一个切平面之中，有与平面相同的线元素，从而作为 $u$ 曲线(此时可取为直线)的单位切向量 $\boldsymbol{g}_1$ 在小圆上几乎不改变方向，而 $\boldsymbol{t}$ 在小圆上仅转了一圈. 于是(1)的左边得出了 $2\pi$ 这一值，而(1)的右边相应地给出了 $n=1$ 的结论.

更详细的讨论可参见参考文献[2]，[20].

# 参考文献

[1] 苏步青,胡和生,沈纯理,潘养廉,张国樑. 微分几何[M]. 北京:高等教育出版社,1979.

[2] 吴大任. 微分几何讲义[M]. 北京:人民教育出版社,1980.

[3] 梅向明,黄敬之. 微分几何[M]. 北京:高等教育出版社,1981.

[4] 彭家贵,陈卿. 微分几何[M]. 北京:高等教育出版社,2002.

[5] 陈省身,陈维桓. 微分几何讲义[M]. 北京:北京大学出版社,1983.

[6] 侯伯元,侯伯宇. 物理学家用微分几何[M]. 北京:科学出版社,1995.

[7] 冯承天. 从一元一次方程到伽罗瓦理论[M]. 上海:华东师范大学出版社,2019.

[8] 冯承天. 从求解多项式方程到阿贝尔不可能性定理:细说五次方程无求根公式[M]. 上海:华东师范大学出版社,2019.

[9] 冯承天. 从代数基本定理到超越数:一段经典数学的奇幻之旅[M]. 上海:华东师范大学出版社,2019.

[10] 冯承天. 从矢量到张量:细说矢量与矢量分析,张量与张量分析[M]. 上海:华东师范大学出版社,2021.

[11] 冯承天,余扬政. Riemann 流形、外微分形式以及纤维丛理论——物理学中的几何方法[M]. 哈尔滨:哈尔滨工业大学出版社,2021.

[12] 戴维·斯蒂普. 优雅的等式:欧拉公式与数学之美[M]. 涂泓,冯承天译. 北京:人民邮电出版社,2018.

[13] 约翰·史迪威. 渴望不可能:数学的惊人真相[M]. 涂泓译,冯承天译校. 上海:上海科技教育出版社,2020.

[14] 阿尔伯特·爱因斯坦. 相对论,狭义与广义理论[M]. 哈诺克·古特弗洛因德,于尔根,雷恩编,涂泓,冯承天译. 北京:人民邮电出版社,2020.

[15] 纽曼 JR. 数学的世界 VI:从阿默士到爱因斯坦,数学文献小型图书馆[M]. 涂泓译,冯承天译校. 北京:高等教育出版社,2018.

[16] 阿尔弗雷德·S·波萨门蒂,罗伯特·格列施拉格尔. 神奇的圆——超越直线的数学探索[M]. 涂泓译,冯承天译校. 上海:上海科技教育出版社,2021.

[17] 野口宏. 拓扑学的基础和方法[M]. 郭卫中,王家彦译,孙以丰校. 北京:科学出

版社,1986.
[18] 佐佐木重夫. 微分几何学[M]. 苏步青译. 上海:上海科学技术出版社,1963.
[19] 矢野健太郎. 几何学[M]. 孙泽瀛译. 上海:上海科学技术出版社,1961.
[20] 小林昭七. 曲线与曲面的微分几何[M]. 王运达译. 沈阳:沈阳市数学会,1980.
[21] 矢野健太郎. 黎曼几何学入门[M]. 王运达译,王有道,任彦成校. 沈阳:东北工学院,1982.
[22] (美)John Oprea. 微分几何及其应用(第2版)[M]. 陈智奇,李君译. 北京:机械工业出版社,2006.
[23] do Carmo PM. Differential Geometry of Curves and Surfaces [M]. Prentice-Hall, Inc. 1976.
[24] Gray J. Ideas of Space [M]. Clavendon press. 2003.
[25] Kay DC. Tensor Calculus [M]. McGraw Hill, 2011.
[26] Lipschutz M. Differential Geometry [M]. McGraw-Hill, 1969.
[27] Millman RS, Parker GD. Elements of Differential Geometry [M]. Prentice-Hall, Inc. 1977.
[28] O'Neill B. Elementary Differential Geometry [M]. Elsevier, 2006.
[29] Spiege MR, Lipschutz S, Spcllman D. Vector Analysis [M]. McGraw Hill, 2009.
[30] Willmore T J. Introduction to Differential Geometry [M]. Dover Publications, Inc, 2012.